群の発見

数学, この大きな流れ

群の発見

原田耕一郎

岩波書店

はじめに

　数学を学習し，また研究しているとまもなく**群**ということばに出会う．群という概念に遭遇しないで数学を学ぶことはまず不可能である．現代の数学には多くの分野があるが，大きく分けて代数学，幾何学，そして解析学のどれかに属している．抽象的な意味での足し算やかけ算が可能な体系を研究する代数学，抽象的な空間における図形が研究対象である幾何学，そして，連続性，微分可能性，積分可能性などを研究する解析学がある．そして，そのいずれにも群は関係している．

　群ということばそのものは表面には出てこないこともある．しかし，その場合でも群というものの考え方は背後に現われていることが多い．群の性質をそれとは意識せずに用いているのである．このように群は数学という学問のすみずみにまで行きわたっているのである．現代の数学のどの分野も群というものの考え方から解き放たれることはないであろうとすらいえる．

　数学の歴史を辿ってみるとわかるように，群は代数方程式の解法という中世のころからの数学の大きな問題から生じたのである．数学の歴史そのものは 2000 年，3000 年の長さにわたっているが，群というものの考え方は長くみても生まれてから 200 年ほどしか経ってはいない．

　今から 170 年あまりも前，20 歳にもならないガロアは，代数方程式と群に関する理論を作り，それによって，数百年もそれ以上も続いていた代数方程式論に(そして，同時に自らの命にも)終止符を打ったのである．それは見事にも美しく完成された終止符であった．代数方程式論は「方程式に付随した群」という考え方が発見されると，長い数学の歴史から見ればほんの一瞬のうちに完結されてしまったのである．

　代数方程式ばかりでなく，幾何学では多様体，そして解析学では微分方程式などのさまざまな数学的対象にはその背後に群(または群のようなもの)が隠れていることがある．その隠れた群を発見することができるとその

学問は大きく発展する．それから本質的な深い研究が始まるのである．群という考え方が生まれてから数学のいろいろな分野が初めて近代化されたともいえる．

代数方程式の解法の理論は，ガロアによって解明されたのであるが，彼の理論そのものがほかの数学者によく理解されるまでにはさらに30年ほどの歳月が必要であった．しかし，それが理解されてからはシンメトリーという考え方を通して数学の研究そのものが大きく変わってゆくのである．たとえば，上で触れたが，微分方程式にも代数方程式のように何かの群が背後に隠されているのではないか，という疑問からリーは解析群論（後にリー群と呼ばれる）を始めた．19世紀の終わりごろのことである．

このように重要な群という考え方が実際どのようにして，人間の思考の中に現れてきたかを歴史的に見てゆくのが本書の主目的である．数学者でいえば，ラグランジュ，アーベル，そしてガロアの仕事を中心にして述べることになる．群にもいろいろの種類があるが，本書では上にあげた3人の代数的方程式論を主として追ってゆくので，元の個数が有限の群をあつかう．元の個数が無限の群としては，第5章で一番簡単なリー群にふれる．

先輩の近藤武さんと朋友浅井哲也さんは原稿の段階で，宮本雅彦さんは校正の段階で，全文を綿密に読んで下さり，多くの有用な助言を寄せられた．岩波書店編集部の吉田宇一さんは本書の構成に深い配慮を払われた．また，家族，友人も励ましてくれた．ここに深く感謝する．

今から5年前の12月，岩波書店の宮内久男さんに，『小説群論』のようなものを胸に描いています，と申しあげたことがある．それに対して，宮内さんは，賛意を示され，激励して下さったが，その翌々年の秋，若くして帰らぬ人となられた．この書を故宮内久男さんに捧げたい．

2001年10月

原田耕一郎

本書の読み方

　正方形や正6角形のような正多角形は対称(シンメトリック)であることがすぐわかる．では「それらはどの程度対称なのだろうか」という問にどう答えたらよいだろうか．また，正6角形と正4面体(テトラポッド状のもの)はどちらも対称な図形だが，どちらがどれだけ対称性が大きい(高い)だろうか．これらの問にはいちがいには答えられない．しかし，いちがいにいえなくともなんらかの答えをしたい．

　たとえば，よく暑いとか寒いとかいう．そんなに寒くはないと反論されるときもある．どちらが正しいのかはすぐには決められない．そのうちに，温度計が発明されて，暑さ寒さが数値となって表示されるようになると，暑さ寒さのたしかな尺度があたえられるようになる．

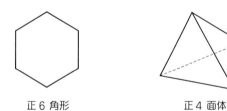

正6角形　　　　　　　正4面体

　同じように，対称性を計る尺度はないものだろうか．建物とは違って，正多角形や正多面体ではどの辺が上でどれが下とは言えない．見る方向を変えてもやはり同じ形の正多角形や正多面体である．見る方向を変えないとすれば，正多角形や正多面体はいろいろと動かしてもやはり同じ正多角形や正多面体となるといってもよい．そこで考えられるのは，正多角形や正多面体を動かしてもと通りの位置に重ね合わす動かし方を数える方法である．そのような動かし方を**シンメトリー**と呼ぼう．たとえば，上の図の正6角形を60°回転させるのはシンメトリーである．正方形よりも正6角形の方がより多くのシンメトリーを持っていることもすぐわかる．円はもっと多く無限個のシンメトリーを持っている．回転角として無限に異なった

ものがとれるからである．これらの例により，シンメトリーの個数が多ければ多いほど対称性が大きいといってよさそうである．

　ところがよく調べてみると，正多角形や正多面体の対称性は温度のように，高い低いだけでは正確には記述できないことがわかってくる．シンメトリー全部の集合は実は複雑な構造を持っているのである．たとえば，正6角形と正4面体はどちらもシンメトリーを全部で12個持っていることがわかるが，正4面体のシンメトリー全部の集合のほうが正6角形のシンメトリー全部の集合よりも複雑な構造を持っている．

　正多角形や正多面体の対称性ばかりでなく，シンメトリーという考えかたは，数学の他の分野でも重要なことであり，ある数学的対象のシンメトリー全部の集合を**群**と呼ぶのである．こうして対称性の尺度を計るものとして，群という考えかたが生まれたのである．本書によって初めて群という概念に接する読者はまずシンメトリーという考え方をしっかり把握して欲しい．それからひとつひとつのシンメトリーの性質を調べるのではなくシンメトリー全部をひとつの構造物として考えることの重要さを理解して欲しい．

　第1章では，目で実際に見ることのできるシンメトリーを用いて群というものの概念を理解する．正多角形のシンメトリー群を通して巡回群，2面体群という構造の最も簡単な群を学ぶのである．文字の集合にもシンメトリーは考えられる．それらは対称群，交代群やそのほかの置換群である．次に，正多面体のシンメトリー群を考え，それらが文字の個数の小さい対称群や交代群と同じものであることを学ぶ．第1章では，群論の最も基礎的な定理であるラグランジュの定理やコーシーの定理を学ぶ．しかし，それらの証明は第4章で述べることにする．第1章の最後の節では空間自体の持っているシンメトリーについてふれる．

　歴史的に群という概念がどのようにして起こってきたかについて述べるのが第2章の目的である．17世紀，18世紀の数学界では，5次代数方程式の解法が差し迫った問題であった．しかし，多くの人の努力にもかかわらず，長い年月がなすこともなくすぎていった．2次方程式はペルシャの時代にはすでに（部分的な）解法が知られていたといわれる．面積計算やそのほかの実用的な問題に2次方程式が現われるから，数学的興味以外に解決

したい理由があったのである．

しかし3次方程式の解法となるとこれは難しかった．何百年の空白の時代を経て，16世紀前半にイタリアでその解法が発見される．3次方程式の解法が発見されると4次方程式の解法も間もなく発見された．やはりイタリアでのことである．しかし，5次方程式の解法はなかなか発見されなかった．それもそのはずである，結局，最終的には解法は存在しないとわかるからである．しかし，その結論が出るまでにさらに300年もの年月が流れる．

解法が存在しないなどということを数学者ははじめは考えもしなかった．
$$f(x) = x^5 + 2x^4 - 3x^3 + 5x^2 - x + 7$$
のように多項式の係数が定まっていれば，$f(x) = 0$という方程式の解も定まっているはずである．xが負の数でその絶対値が大きければ$f(x)$の値は負であり，xが大きい正の数ならば$f(x)$は正である．だからどこかで$f(x) = 0$となっているはずである．その数xは方程式の係数で決まっているはずである．決まっているならば係数で表現できるはずである，そうであれば，根号($\sqrt{\cdots}, \sqrt[3]{\cdots}\sqrt[5]{\cdots}$など)を用いて根が表現できるはずである，と当然のことのように思っていたのである．

18世紀の後半，ラグランジュは，なぜ3次方程式，4次方程式には解法があるのか，ということを考えた．それまでの人が考えもしなかったことである．何次の方程式でも解法があるに決まっていると思っていたから，なぜ解法があるかなどとは考えもしなかったのである．彼の研究により，代数方程式はその解法の秘密をすこし見せてくれることになる．ラグランジュは根の置き換えということを考えたのである．1770-71年のことである．この年を群という考え方に初めて芽がでた時といってもよい．

ラグランジュは，はっきりとは意識はしていなかったが，
$$x^5 + a_1 x^4 + a_2 x^3 + a_3 x^2 + a_4 x + a_5 = 0$$
のように(文字を係数とする)方程式の根の間のシンメトリーを考えていたのである．正方形のシンメトリーと違って，上の方程式をいくらよくみてもシンメトリーがあるようには思えない．いったい何が方程式のシンメトリーだろうか．それは隠れているのである．隠れているものを発見するからすばらしいことに結びつくのである．わかってしまえばなんでもないこ

とを発見するのに，人類は長い時間が必要だったのである．先人の努力の跡を辿りながら，それを再発見するのが第 2 章の目的でもある．

ラグランジュは $x^5 + a_1x^4 + a_2x^3 + a_3x^2 + a_4x + a_5 = 0$ のように係数が文字の方程式を考えた．アーベルもそれを用いて 5 次方程式の根の，根号による解法の不可能なことを証明した．それに対してガロアは $x^5 + 2x^4 - 3x^3 + 5x^2 - x + 7 = 0$ のように数値を係数として持つ方程式にもシンメトリー群(後にガロア群と呼ばれるようになる)が対応していることを発見し，群論を創始した．そしてガロア群の持っている構造の複雑さが方程式が根号で解けるかどうかを決定していることを見抜き，方程式論を終結させたのである．これらのことを語るのが第 3 章，第 4 章の主な目的である．本書は第 6 章まであるのだが，ここではそれらの章に関してはふれない．ともかく本文を読みはじめてほしい．

本書の読者は群に関する予備知識を持っている必要はない．しばらくは**群**を群れと読んでいてもよい．ガロアにとって**群**は「群れ=groupe」であったのだ．群れと思っていたから，群自身も，また群から派生するさまざまな集合や構造(剰余群，コセットなど)もガロアは**群**と呼んだのである．しかし，本書で群論をすこし学ぶと，シンメトリー全部の集まりである**群**は単なる群れとは違うことがわかってくる．それから**群**と呼べばよい．本書では，ベクトル空間，体，環などの概念の多くは必要が生じてから述べてある．また定理の証明は必ずしも論理的な近道を通ってはいない．

問をいくつか出してある．〈ちょっと考えよう〉という形にして，読者がそこで立ちどまって本文のなかで何が議論されているかをふりかえられるようにした．場合によっては，その後につづく重要なメッセージであったりする．問を考えることは本文を読むぐらい重要なことと思ってほしい．また，研究課題もいくつか提出してある．その中には本書に述べた知識だけでは解けないような難しいものもある．それらを考えながら，本書を越えて学習を続けてほしい．また，巻末に問と研究課題の一覧表がある．学習の進度に合わせて，チェックマークなどをつけるとよいと思う．

記号/用語について

本書で用いられる記号や用語について，そのおもなものの意味や用法を以下にまとめた．

$\mathbb{Z}, \mathbb{Q}, \mathbb{R}, \mathbb{C}$：それぞれ整数環，有理数体，実数体，複素数体を表わす．

$\mathbb{Q}^\times, \mathbb{R}^\times, \mathbb{C}^\times$：$\mathbb{Q}, \mathbb{R}, \mathbb{C}$ の 0 ではない元からなる乗法群を表わす．

$\mathbb{N}$：自然数の集合(0 も含める)．

$K[x]$：x を変数とし，K を係数体にもつ多項式全体のなす環．

$K(x)$：$K[x]$ の元の商からなる元全体のなす体．K の上の有理関数体と呼ばれる．

$\forall a, \exists b, a \in S\ (S \ni a)$：論理記号でそれぞれ，すべての a に対して，b が存在する(して)，a は S に含まれる，などを意味する．

$P \iff Q$：命題 P は命題 Q に同値．

$T = \{a \in S \mid \cdots\cdots\}$：集合 S の元 a で条件 $\cdots\cdots$ を満たすもの全部からなる部分集合 T．

真部分集合：部分集合で集合全体ではないもの．真部分群などはそれに準ずる．

$S \backslash T = \{a \in S \mid a \notin T\}$：$S$ には含まれているが，T には含まれない元 a 全部の集合．

$\emptyset$：空集合を表わす．

$|S|$：集合 S に含まれている元の個数．

$S \dot{\cup} T$：互いに共通部分のない集合 S, T の和集合．S と T の直和とも呼ばれる．

$S \times T = \{(s, t) \mid s \in S,\ t \in T\}$：$S$ と T の直積集合．

$H \times K = \{(h, k) \mid h \in H,\ k \in K\}$：群 H, K の直積で，積は $(h, k)(h', k') = (hh', kk')$．

$\langle a, b, c, \cdots \mid \cdots\cdots \rangle$：元 $a, b, c, \cdots$ で生成され，生成関係(基本関係) $\cdots\cdots$ を満たす群，環など．

$G \triangleright H, H \triangleleft G$：$H$ は G の正規部分群である．

C_n：位数 n の巡回群．

$\mathbb{Z}_n = \mathbb{Z}/n\mathbb{Z}$：$n$ を法として考えた整数の環．群としては C_n に同型．

約数/倍数：このような術語は多項式にも用いる．例えば，$x - 1$ と $x^2 - 1$ は約数/倍数の関係にある．また，割り切る，ということばは「2 は 6 を割り切る」のように用いる．割って余りがないことである．この術語は多項式にも用いる．例えば，$x - 1$ は $x^2 - 1$ を割り切る．

写像/関数：集合 S の任意の元 s に対して，集合 T の元 t がある規則 f によって，ただひとつ定まっているとき，f を S から T への写像/関数といい，$f(s) = t$ と表わす．t は f による s の像(イメージ)と呼ばれ，また s は t の逆像(のひと

つ)と呼ばれる．f は s を t に移す(写す)ともいう．また S を f の定義域，T を f の値域という．f による像全部の集合 $f(S)$ を $\mathrm{Im} f$ と書く．$f(s) = f(s')$ ならばつねに $s = s'$ となるとき，f を **1 対 1** の写像/関数と呼ぶ．またいかなる T の元 t に対しても，$f(s) = t$ となる S の元 s が存在するとき，f は上への写像/関数であるという．

作用：S, T を集合とするとき，直積集合 $S \times T$ から T への写像が与えられているとき，S は T（の上）に作用するという．作用という術語が実際に用いられるときには，S の群や環などであり，さらに条件が加わる．

i^σ：置換 σ が文字 i に作用したときの像．

解：「根号による解(法)」と「ベキ根による解(法)」は本書では同義語である．それは，代数方程式の根が係数体のベキ根拡大に入っていることと定義する．

固定(する，される)：シンメトリーなどの変換で正多面体などの直線や面が固定されるということは，直線や面が全体として固定されるという意味で，直線や面の上の点がすべて固定されるということではない．

目　　次

はじめに

本書の読み方

記号/用語について

第1章　シンメトリー ──────────── 1
1.1　正多角形のシンメトリー──巡回群，2面体群 …… 3
1.2　集合のシンメトリー──対称群，交代群 ………… 19
1.3　正多面体のシンメトリー ………………………… 25
1.4　空間のシンメトリー ……………………………… 38

第2章　代数方程式の解法と群の誕生 ──── 41
2.1　方程式の解 ………………………………………… 41
2.2　3次，4次代数方程式の解法 ……………………… 52
2.3　代数方程式の根の置換(対称群と根の関係) …… 59
2.4　5次方程式の解法の不可能性 …………………… 72

第3章　ガロア理論 ──────────── 89
3.1　体のシンメトリー ………………………………… 90
3.2　ガロア拡大 ……………………………………… 110
3.3　ガロア対応 ……………………………………… 114

第4章　群論の基礎 ──────────── 123
4.1　ラグランジュの定理，コーシーの定理 ………… 126
4.2　シローの定理 …………………………………… 135
4.3　準同型定理 ……………………………………… 138

4.4　対称群の共役類 ……………………………… 151
　4.5　ガロア理論——第2部—— ………………… 155

第5章　ガロアの最後の手紙 ——————— 177
　5.1　行列と変換群 ………………………………… 182
　5.2　射影変換群 …………………………………… 189
　5.3　有限体上の射影変換群 ……………………… 197
　5.4　楕円曲線 ……………………………………… 203

第6章　アーベルとガロア ——————— 215
　6.1　アーベルの歩み ……………………………… 216
　6.2　ガロアの歩み ………………………………… 227

　群の発見の歴史 …………………………………… 235
　あ と が き ………………………………………… 237
　問一覧, 研究課題一覧 …………………………… 243
　索　引 ……………………………………………… 245

第1章
シンメトリー

　自然界に存在するものには**対称**(シンメトリック)なものが多い．野原を彩る花がそうである．雪の結晶もまた対称形である．このように，1年を通じて自然界の対称形のものがわれわれの目に入ってくる．太陽も月もまるい．虫たちでさえ少なくとも左右対称にはできている．どんな単細胞生物でもすでに何らかの対称性をもつことはDNA[1]の構造が示している．すると，地球上にそれらが存在した瞬間から何らかの対称性を持っていたのだろうか．それとも，自然界のものは進化の過程で長い時間をかけてすべて対称形をとるようになってしまったのだろうか．自然淘汰されて対称形のものだけが残されるのだろうか．授粉をつかさどる昆虫たちにも花は対称形のほうが美しく見えるのだろうか．それとも，長い間の風雪に耐えるためには対称形のほうが良いのだろうか．

　人類の文化史は古代から対称なものが尊ばれていたことを物語っている．スメリア人は対称の絵を好んで描いたり，また彫刻に刻んだ．彼らの対称は線対称が多く，1本の線を軸として反転させても同じ形のものができている．日本を見れば，武家に伝わる家紋が対称形であることが多い．

　蝶，菊の花，円，球などの対称な形を次々に見ると，その対称性の度合がだんだんと大きく(強く)なっていることがわかる．はっきりとは言えな

---

[1] デオキシリボ核酸．生物の遺伝子を作りあげる高分子物質で，2重らせん構造をしている．

図 1.1 蝶，国旗，家紋，雪の結晶

くても，少なくとも感覚的には，そう思えるであろう．正方形と立方体ではどうだろうか．正方形には平面的な対称性しかないのに，立方体には空間的な対称性も備わっている．だから，立方体のほうが対称性が大きいと結論する人が多いだろう．

　それでは，「正方形と比べて立方体はどのぐらい対称性が大きいか数値で表せ」と言われると困る．また，「正6角形の対称性と正4面体の対称性はどちらがどの程度大きいか，また，どのように異なるか」と問われるともう困るばかりである．なぜなら，対称性の大きさは全体としては同じ程度のようだが，正4面体の対称性のほうが，正6角形の対称性よりも，複雑のように見えるからである（「本書の読み方」の図参照）．

　温度計というものができてからは，寒さや暑さは気温で判断できるようになった．「朝晩は，もう気温が5°以下になります」という便りを受け取れば，かの地では冬が近いことがわかる．「だんだん寒くなりました」では寒さの程度はよくわからない．

それでは、蝶、菊の花、円、球などの対称性を計る'対称計'はあるだろうか．温度は高い低いでよい．しかし、正6角形の対称性と立方体の対称性の例からもわかるように、対称計は、対称性の大きさだけでなく、その複雑さも計るものでなければならない．風向・風力ばかりでなく、風向・風力の変化ぐあい、風の中の渦の様子などがわかる計器にたとえられようか．いよいよ**群**の出番である．

1.1　正多角形のシンメトリー——巡回群，2面体群

下の図 1.2 にあるような正 3 角形，正 4 角形(正方形)のような正多角形を見てみよう．正 3 角形を $120°$ **回転**させるともとの正 3 角形に重なる．回転しているところを実際に見ていなければ，正 3 角形が回転したことはわからない．$240°$ 回転しても同じことが起こる．そして $360°$ 回転すると正真正銘もとの位置に戻る．これらの回転は時計まわりでもその逆でもよい．正 4 角形では $90°$ の倍数の回転で始めの位置にあった正 4 角形に重なる．一般の正 n 角形では $\dfrac{360°}{n}$ の倍数の回転で始めの位置にあった正 n 角形に重なる．やはり時計まわりでも，また，その逆でもよい．

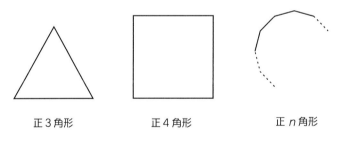

図 **1.2**　正 3 角形，正 4 角形，正 n 角形

今までは平面内での回転だけ考えてきたが，次は，空間内で考えよう．正多角形を，その中心と 1 つの頂点を通る直線を軸として空間内で $180°$ 回転させれば，もとの位置の正多角形に重なる．

このように，ある形(数学的対象・事象)を適当に動かして，もとの形に重ねることができるとき，その動かし方を**シンメトリー**(**対称変換**の意味．

英語を用いたのはことばとしての印象を強めるため)という．正多角形などを上下左右に複雑に動かして，もとの正多角形に重ねることもできる．しかし，ここでいうシンメトリーは途中経過を含めた意味の変換ではない．動かした後の結果だけを考えている．

　正3角形の平面内でのすべてのシンメトリーを考えよう．正3角形の各々の頂点に $\{1,2,3\}$ と番号を付けておけば異なる動かし方が区別できる．$120°$ の倍数の角度だけ時計まわりや逆まわりの回転をさせれば，正3角形の平面内でのすべてのシンメトリーが得られる．$360°$ の回転で正3角形は真の意味でもとの位置に戻る．すなわち，$360°$ 回転させると正3角形がもとの正3角形に頂点に付けられた番号も含めて重なる．$360°$ 回転させるということは，結果としては何も回転しないことと同じである．それゆえ，何も動かさない $0°$ の回転もシンメトリーと考えるのが便利である．

　これからは，数学的対象・事象に対しては，何も動かさない変換もシンメトリーと呼ぶことにする．ゆえに，どんなに非対称に見えるものでさえ，少なくとも1つのシンメトリーはもっていることになる．これを**単位シンメトリー**と呼ぶ(何も動かさない変換であることを強調するときには**恒等シンメトリー**とも呼ぶ)．

　正3角形の時計まわりの $120°$ や $240°$ の回転は，反時計まわりの $240°$ や $120°$ の回転と，どちらもそれぞれ結果としては同じ回転となる．時計まわりと反時計まわりでは動かし方は異なるが，シンメトリーという概念は途中経過は無視して移動させた後の結果だけを考えているということが大切な点である．すなわち，頂点 $\{1,2,3\}$ が最終的にどこへ移ったかということだけを問題にしているのである．

　これだけ準備をすれば，正3角形の平面内でのすべてのシンメトリーを数えあげることができる．すなわち，$0°$ の回転，$120°$ の回転，$240°$ の回転がすべてである．ただし，度数は断わらない限り反時計まわりで数えるものとする．数学では，反時計まわりで角度を数えるのが規則となっているのである．1度そのように決まったことを変えるのはなかなか大変である．人間の歴史の中で，時計が逆に回ったことがあるだろうか．いろいろの疑問も起こるが，ともかく群論を学ぼう．

■ シンメトリーを数学のことばで…

A, B, C, a, b, c などの文字で 1 つのことを表わすのは，抽象的でなにか取っ付きにくい．しかし，文字を使わなければ，その後の発展がままならないこともある．それで正 3 角形を反時計まわりに $120°$ 回転させるシンメトリーを A と書こう．$240°$ の回転は $120°$ の回転を 2 度くり返したものである．すなわち，A を 2 度くり返したものである．これを $A \cdot A$ と書いてもよいだろう．しかし，A^2 と書けばもっと簡明である．この記号に従えば，A^3 は $360°$ の回転である．そして，これは単位シンメトリーと呼ばれているものに等しいのであった．単位シンメトリーを I と書くことにすると，$A^3 = I$ である．

これで，正 3 角形の平面内でのすべてのシンメトリーは

$$I, \ A, \ A^2$$

の 3 つの異なる元からなることがわかった．**元**とはある集合の中に含まれている**要素**のことをいう．

$\{I, A, A^2\}$ は正 3 角形の平面内でのシンメトリー全部の集合である．2 つのシンメトリーを続けて行うことをシンメトリーの**合成**といい，これもシンメトリーである．また，1 つの回転の逆回転もやはりシンメトリーであるが，これをもとの元の**逆元**という．たとえば，A の逆元 A' は時計まわりの $120°$ の回転である．A と A' の合成は合成の順序にかかわらず単位シンメトリーとなる．すなわち $AA' = A'A = I$ である．一般に，ある元 g の逆元とは，元 g' であって，合成 gg' と $g'g$ がともに単位シンメトリーになっているものをいう．この例からもわかるように，合成は積として記述されるので，合成と呼ばれるよりも，むしろ**積**と呼ばれることが多い．

正 3 角形の平面内におけるシンメトリー全体 $\{I, A, A^2\}$ はちょうど 3 つの元をもつ集合であるが，その任意の 2 つの元の積は $\{I, A, A^2\}$ の元であり，また逆元もやはり $\{I, A, A^2\}$ の元である．群の定義はもうすぐ厳密に述べるが，$\{I, A, A^2\}$ は 3 つの元を持つ**群**の構造をもっている．また，正 3 角形ばかりでなく，どんな数学的対象・事象に対してもそのシンメトリー全部の集合は群をなしている．ここで $\{I, A, A^2\}$ のいかなる真部分集合も群をなさないことに注意しよう．ただし，単位シンメトリーだけからなる部分集合 $\{I\}$ は群であり，**単位群**と呼ばれる．

もう少し一般的に，正 n 角形の平面内でのシンメトリー全部のなす集合 H を考えよう．正 n 角形の中心に関しての $\dfrac{360°}{n}$ の回転を A とすれば
$$H = \{I, A, A^2, \cdots, A^{n-1}\}$$
である．すなわち集合 H は n 個の元をもつ．$0 \leq i \leq n-1$ のとき，A^i は $\dfrac{360°}{n}$ の回転を i 回くり返したものであり，それは $\dfrac{360}{n}i°$ の回転に等しい．また，A の n 個の積 A^n は単位シンメトリー I である．すなわち，$A^n = I$ である．正 n 角形に対しても正 3 角形のときと同じように，任意の 2 つのシンメトリーの積はやはりシンメトリーであり，また，シンメトリーの逆元(逆回転)もシンメトリーである．

そろそろ群の定義をきっちりとしなくてはいけないのだが，例をもう 1 つあげることにする．(3 次元)空間内における正 n 角形のすべてのシンメトリーのなす集合 G を考えよう．上で定義した H は正 n 角形の平面内でのシンメトリー全体として定義したが，空間内で考えると，正 n 角形を裏返すことも考えられる．H は G の部分集合であるが，G は H より多くの元を含む．G は H よりどのくらい多くの元を含むだろうか．

1 つの頂点と中心を通る直線を軸として正 n 角形を 180° 回転させること(**裏返し**)はシンメトリーである．n が奇数の場合にはそのような 180° の回転がちょうど n 個ある．n が偶数の場合は同じものが 2 度ずつ現われるから $\dfrac{n}{2}$ 個だけ異なったものがある．しかし，この場合には，一辺の中心とそれと反対側にある辺の中心を通る直線に関する 180° の回転もやはりシンメトリーである．そのようなシンメトリーが全部で $\dfrac{n}{2}$ 個ある．合わせると，n が偶数の場合もちょうど n 個の裏返しがあることになる．

このように n が奇数の場合も偶数の場合も全部で $2n$ 個のシンメトリーを数えあげることができた．この他には，シンメトリーはないのだが，それは明白であるとは言い切れない．たとえば，ある裏返しと回転の積も，裏返しであろうか．2 つの異なる裏返しの積はどういうシンメトリーであろうか．

2 つのシンメトリーの積は，何かわからなくても，やはりそれもシンメトリーには違いない．それが正 n 角形のいかなる頂点も辺の上の点も固定しないとき，またはそれがある頂点または辺上の点を固定するとき，の 2 つの場合に分けて考えれば，次の問が証明できる．細部は読者にまかせよ

う[2]．

――〈ちょっと考えよう◉問 1.1〉――
正 n 角形のシンメトリーは上に数えあげたもの以外にはないことを示せ．ゆえに，G は集合としてちょうど $2n$ 個の元を含む．

この G も群となり，正 n 角形の**シンメトリー群**と呼ばれる．通常，単にシンメトリー群といえば，それは 3 次元空間内のシンメトリー群を示す．今後，とくに断わらない限り，空間は 3 次元空間とする．さて，群の定義をしよう．

■ 群の定義

集合 G が次の性質(数学的構造)をもつとき，G を**群**といい，(1), (2), (3)を**群の公理**という．

(1) G の任意の 2 つの元 x, y に対してその積(合成) xy が定義されていて，xy も G の元である．G の任意の 3 個の元 x, y, z に対して**結合律** $(xy)z = x(yz)$ が成り立つ[3]．

(2) G には**単位元**と呼ばれる元 e が存在し，G のすべての元 x に対して，$xe = ex = x$ が成り立つ．単位元は通常 1 と書かれる．しかし，この意味の 1 は数字の 1 とは限らない．誤解の生ずるおそれのある時は e と書く．

(3) x を G の任意の元とするとき，G は $xx' = x'x = e$ を満たす元 x' を含んでいる．この x' を x の**逆元**と呼び，x' は x^{-1} と書く．

群の定義はわかりやすいとはいえないであろう．群に含まれている 1 つの元は，正 n 角形の 1 つのシンメトリーのようなものである．しかしそれらのシンメトリーを 1 つとか数個考えただけでは通常は群にはならない．

---
[2] 本書ではこのような問を数多く出してある．本文を完全に理解するためにはそれらの問を解く必要がある．
[3] 一般の群に対しては群には通常は G, H のように大文字を用い，G の元には a, b, c, g, h, x, y, z などと小文字を用いる．正多角形のシンメトリーとして A, B のように大文字を用いたのは A, B に特別な意味があったからである．

今から 200 年以上も前にラグランジュは (群の) 元を 1 つ 1 つ考えたが，それら全体の集合を群としては考えていなかった．それらの集まりである群という概念がガロアによって生み出されるまでに，ラグランジュのときから数えて 60 年ほどの時間が経過している．ガロアは，シンメトリー全部の集合を考えると，1 つ 1 つを考えたのではわからなかったことがわかるということを発見したのである．1 つのものを知るのには多くのもの全体を群として考えたほうがよいということを人類は発見したのである．

しかし，群論を誕生させたと言われているガロアですら，群を明確には定義していない．方程式の群という抽象的な群と同時に，有限体上の 2 次元射影変換群と呼ばれる群 (例えば $PGL_2(F_p)$．第 5 章で述べる) もガロアは考えているのだから，群という概念そのものはガロアにとっては明確だったと思われる．しかし，群のどの性質が群を群として定義しているかということは，ガロアもその頃の人も考えなかった．群の定義がきちんとなされるまでにはさらに半世紀の時が必要であった．群の必要性と有用性が少しずつ意識されて群という概念が形成されるためには時間がかかったのである．歴史的にそうであったように，群ということばに初めて出会った読者にとっても，その概念が自分の体内にしっかりと形成されるまでにはかなりの時間が必要であろう．群の定義は書物の第 1 ページで与えることができるのだが，群の概念を自分の脳裏の中に絵を描くように把握できるためには，本書の半分は熟読しなければならないだろう．

群の公理は結晶である．群の公理を見ることは完成された結晶を見るようなものである．群の公理を初めて学ぶことはこれから登る山の頂きを遠くから見つめることと同じとも言えよう．群は集合ではあるが，単なる集合ではない．群のそれぞれの元は積と呼ばれる関係で連絡しあっている．それら全体が 1 つの閉じた世界を作っているのである．'閉じた' とは外の世界とは独立に群をなしているということである．

整数の集合を考えれば，$x+y$ も 1 つの合成であり，また $x-y$ も別の合成である．2 つの元を組み合わせて新しい元をつくり出すことを合成というのである．x, y, z がどんな整数であっても $x+(y+z) = (x+y)+z$ であるから足し算は結合律を満たし，$1-(2-3) = 2$, $(1-2)-3 = -4$ であるから引き算は結合律を満たさない．結合律を満たさない合成もあるので

ある．しかし，群である限り，そこで用いられる合成は結合律を満たさなければならない．すでに述べたように一般の群では合成を xy と積のように書き，またそれを実際に積とも呼ぶ．

結合律を別の例で考えよう．汽車で博多から，大阪，東京を経て仙台まで旅行するとしよう．キップを博多—大阪，大阪—東京，東京—仙台の3枚を買ってもよいし，博多—東京，東京—仙台，また博多—大阪，大阪—仙台のように2枚ずつ買ってもよい．すなわち，キップの合成は結合律を満たしている．

それでは正 n 角形のシンメトリーを続けて行うという意味の合成ではどうだろうか．n 個の頂点の移り先をきめれば正 n 角形のシンメトリーはただ1つに決まってしまう．すなわち，正 n 角形のシンメトリーはその頂点の移り先によって完全に記述できるのである．そうすると，頂点がシンメトリーというキップを買って旅行をすると思えば結合律が成立するのは一目瞭然であろう．数学では計算を実際に実行してみないと確信がもてないということもある．しかし，シンメトリーが結合律を満たすということは汽車のキップの合成程度に明らかなことなのである．そのように思えるようになれば群論は第1歩を踏み出したことになる．この例を用いれば，逆元は帰りのキップであるし，単位元は入場券である．群では，積 xyz の逆元は $z^{-1}y^{-1}x^{-1}$ となる．汽車のキップで述べれば，行きと反対の順序で帰ってくることを意味している．

さて，集合 G を正3角形や正 n 角形のシンメトリー群としてみて，G が群の性質(1),(2),(3)を満たすかどうかしっかり考えてみよう．2つのシンメトリーの積はそれらのシンメトリーを続けて行うことであり，積もやはりシンメトリーであることはもうすでに何度も述べた．すなわち2つの元の積は G に属する．3つの元の積に対して，結合律 $(xy)z = x(yz)$ が成り立っているということも，上でキップを例にして説明した通りであり，正 n 角形のシンメトリーは結合律を満たす．

単位シンメトリーが単位元になっていることも明白である．また，どのシンメトリーにもその逆元が存在し，それもまたシンメトリーである．これで，正 n 角形のシンメトリー群はたしかに群となっていることがわかった．シンメトリー群では単位シンメトリーはただ1つであり，またある1

つのシンメトリーに対してその逆シンメトリーは唯一に定まる．シンメトリー群は具体的にわかっている群であるからこれらのことは明白であるが，G を任意の群としても，同じように，単位元 e, 元 g に対する逆元 g^{-1} は唯一に定まる．このことの証明はあとで問として提出する．いまは，群の公理のどこにも，単位元や逆元がただ 1 つと書いてないことを注意しておこう[4]．

正 n 角形のシンメトリー群のほかにも群は多くある．すこし例をあげよう．$\mathbb{Z}$ を整数全体の集合とする．$\mathbb{Z}$ は 2 つの元 x,y の和 $x+y$ をその合成（積と呼んでもよいが，$\mathbb{Z}$ が自然に持っている積と区別する必要がある）として群をなす．これを $\mathbb{Z}$ の**加法群**という．0 が単位元であり，また $-x$ が x の逆元である．

また，$\mathbb{Q}, \mathbb{R}, \mathbb{C}$ をそれぞれ，有理数全体，実数全体，複素数全体のなす集合とするとき，それらは同じようにして加法群となる．$\mathbb{Q}^\times, \mathbb{R}^\times, \mathbb{C}^\times$ を対応する $\mathbb{Q}, \mathbb{R}, \mathbb{C}$ から 0 を除いた集合とすると，それらは乗法に関して群となる．これらを $\mathbb{Q}, \mathbb{R}, \mathbb{C}$ の**乗法群**という．しかし，$\mathbb{Z}$ から 0 を除いた集合 $\mathbb{Z}^\times$ は乗法群とはならない．逆元が $\mathbb{Z}^\times$ の中に存在しないこともあるからである．次の問の一部はすでに述べたことであるが，実例を作りながら解いてほしい．

⟨ちょっと考えよう●問 1.2⟩

$\mathbb{Z}, \mathbb{Q}, \mathbb{R}, \mathbb{C}$ の 2 つの元 x,y の合成として「引き算 $x-y$」を採用すると，どれも群にはならない．$\mathbb{Q}^\times, \mathbb{R}^\times, \mathbb{C}^\times$ の 2 つの元 x,y の合成として「割算 $x \div y$」を採用すると，どれも群にはならない．なぜか．

[ヒント] 単位元が存在しないことや，また結合律が成立しないことを数

---

[4] 群の公理を完成された結晶のようなものだと書いたが，現代になってからもその定義には多少の変遷はある．たとえば，(1)はそのままだが，(2)と(3)はやや弱い次の条件に置き換えることができる．$(2')$ G のすべての元 x に対して，$xe' = x$（または $e''x = x$）となる右単位元 e'（または左単位元 e''）が存在する．$(3')$ x を G の任意の元とするとき，G は $xx' = e'$（または $x''x = e''$）を満たす元 $x'(x'')$ を含んでいる．この $x'(x'')$ を x の右(左)逆元と呼ぶ．右または左の一方が$(2'),(3')$を通じて成立すれば，群の公理の$(2),(3)$が成立することが証明できる．公理はなるべく一般的であるほうがよい．それゆえ上で述べた条件$(2'),(3')$が$(2),(3)$の代わりに採用されたときもあった．しかし，最近では$(2),(3)$を採用する傾向がある．$(2'),(3')$は無駄な一般化と思われる．

値を用いて確かめよ．問には出さなかったが，脚注に右単位元，右逆元(または左単位元，左逆元)の存在から群が定義できると述べてある．この弱い定義を用いると，問に与えられた例では，群の公理のどれが不成立か．例えば $\mathbb{Z}$ に引き算を合成として採用しても右単位元はある(それは何か？)．

■ 巡回群とはなんだろう

正 n 角形の平面内におけるシンメトリー群は
$$G = \{I, A, A^2, A^3, \cdots, A^{n-1}\}$$
であった．このように1つの元のベキですべての元が表示できるとき，G を**巡回群**という．巡回して $A^n = I$ と単位元に戻ってくることがことばの起源であろう．なお，$A^{-1} = A^{n-1}$ である．

一般に群 G の中に含まれている元の個数を G の**位数**といい，$|G|$ で表わす．これらのことばを用いれば，正 n 角形の平面内におけるシンメトリー群は位数 n の巡回群であるということができる．位数が有限の群を**有限群**という．

巡回群は有限群とは限らない．集合
$$\left\{\cdots, \frac{1}{8}, \frac{1}{4}, \frac{1}{2}, 1, 2, 4, 8, \cdots\right\}$$
はすべての元が2のベキ(負ベキもベキに含める)で表示されているから，巡回群をなす．しかし，この群では，巡回群とはいうものの，2のいかなるベキも1に等しくないから，巡回して1に戻ってくることはない．
$$\left\{\cdots, \frac{1}{8}, \frac{1}{4}, \frac{1}{2}, 1, 2, 4, 8, \cdots\right\}$$
は，0を除いた有理数全体の乗法群 $\mathbb{Q}^\times$ の部分集合でそれ自身が群となっているものである．同じように，一般の群 G に対して，その部分集合 H が G と同じ積(合成)を採用して群をなしているとき，H を G の**部分群**と呼ぶ．

$i = \sqrt{-1}$ とおくと，$i^4 = 1$ であって $\mathbb{C}^\times$ の部分集合 $\{1, i, -1, -i\}$ は $\{1, i, i^2, i^3\}$ と同じであるから，それは位数4の巡回部分群である．$\omega = \dfrac{-1 + \sqrt{-3}}{2}$ とおくと，$\omega^3 = 1$ であるから，$\{1, \omega, \omega^2\}$ は $\mathbb{C}^\times$ の位数3の巡回部分群である．一般に $x^n = 1$ となる複素数 x は **1の n 乗根**と呼ばれるが，

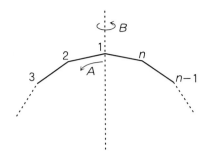

図 1.3 正 n 角形の空間でのシンメトリー

1 の n 乗根は全部でちょうど n 個あり，それらはすべて $e^{2\pi ik/n}$, $0 \leq k \leq n-1$ と書けるから $\mathbb{C}^\times$ の位数 n の巡回部分群をなす(問 1.6 参照)．

正 n 角形の平面内におけるシンメトリー群は位数 n の巡回群であり，また 1 の n 乗根全体も位数 n の巡回群である．これらの 2 つの群は集合としては異なったものであっても，群としては同じ構造をもち，**同型**であるという．同型のきちんとした定義はまもなく述べる．

次に，正 n 角形の空間における本来のシンメトリー群を G とおこう．正 n 角形の任意の頂点を 1 つ選び，それに 1 と番号をつけ，ほかの頂点には，1 から反時計まわりに $2, 3, 4, \cdots, n$ と番号をつける．その頂点 1 と中心を通る直線に関する 180° の回転を B とおく(図 1.3)．

シンメトリーの積の表記法についての注意　ここでシンメトリーの積の表記法について注意をしておこう．後で定義するが，置換の積の表記法のときに特に問題になってくる．シンメトリーを 1 つだけ考えるときには問題にならないが，AB と続けて作用させるときにはどちらを先にするかが問題となる．i を文字とし，x をシンメトリーとする．x によって i は n 個の文字のどれかに移るのだが，その移り先を i^x と書くことにする．

i^x の代わりに $x(i)$ と書くこともできる．1 つのシンメトリーを考えているかぎり，これらの記法に差異はないが，シンメトリーの合成 xy による文字 i の移り先を考えると，その差異があらわれる．一方では $i^{xy} = (i^x)^y$ で表わされ，これは，i がまず x によって新しい文字 i^x に移り，その文字が y によってまた他の文字に移ることを示す．しかし，$x(i)$ という記法を採用すると，$(xy)(i) = x(y(i))$ とせざるをえず，y がまず文字 i の変換をし，その結果に x が作用することになる．

xy と書くとき，y を先に書く人はいないであろう．群は，そもそも変換群，置換群としてこの世に登場してきたのであるが，変換されるものが第 2 義的になったとき，群論は大きい発展をとげるのである．それゆえ，本書でも，文字の置換のときは主として i^x という記法を採用する．

$\sin\log$ と書くときも $\sin$ を先に書き，$\log$ を後から書くであろう．しかし，関数のときは $(\sin\log)(x) = \sin(\log(x))$ という古くからの伝統的記法に従うことにする．$\sin x$ のように，変数 x も通常一緒に書いておくものは伝統的記法に従うのである．どちらかの記法に統一することもできるが，2 つの記法の両方に慣れることも必要である．

$\{I, A, A^2, \cdots, A^{n-1}\}$ は G の位数 n の巡回部分群である．G 全体は
$$G = \{I, A, A^2, \cdots, A^{n-1}, B, AB, A^2B, \cdots, A^{n-1}B\} \quad (1.1)$$
であることを示そう．問 1.1 により，G の位数は $2n$ であるから，右辺に表示されてある元がすべて異なることを言えばよい．

[(**1.1**)の証明] $\{I, A, A^2, \cdots, A^{n-1}\}$ は明白に n 個の元からなる．$\{B, AB, A^2B, \cdots, A^{n-1}B\}$ もちょうど n 個の元からなるが，それは群が次の問で述べる簡約律を満足するからである．

――〈ちょっと考えよう●問 1.3（簡約律）〉――
a, b, c を群の元とするとき，$ab = ac$ または $ba = ca$ ならば $b = c$ が成り立つことを示せ．

[ヒント] 元 a の逆元 a^{-1} を左，右からそれぞれ掛ければ，単位元が生じ，$b = c$ がどちらの式からも導かれる．

――〈ちょっと考えよう●問 1.4（単位元，逆元の唯一性）〉――
次のことを示せ．群 G は単位元 e をただ 1 つもち，また G の各元 a は逆元 a' をただ 1 つもつ．a' の逆元は a である．

[ヒント] e' を G のもう 1 つの単位元として $ee', e'e$ などを計算してみよ．a'' をもう 1 つの a の逆元として $a''aa'$ などを計算してみよ．

最後に $\{I, A, A^2, \cdots, A^{n-1}\} \cap \{B, AB, A^2B, \cdots, A^{n-1}B\} = \emptyset$（空集合）で

あることを証明しよう．共通部分が空でなければ，$A^i = A^j B$がある$0 \leq i, j \leq n-1$に対して成り立っていなくてはならないが，それはBがAのあるベキであることを意味する．Bは頂点1を固定し，Aのベキは平面内の回転であるからそれが単位元Iに等しくないかぎり，どの頂点をも固定しない．そうすると，B自身が単位元となり，これはありえないことである．

これで，正n角形のシンメトリー群Gのすべての元は
$$G = \{I, A, A^2, \cdots, A^{n-1}, B, AB, A^2B, \cdots, A^{n-1}B\}$$
と表示できることがわかった．

Gは群であるから，それに含まれる任意の2つの元の積はふたたびGの元である．とくにBAはGの元である．しかし，元BAは上の表示にはない．

――〈ちょっと考えよう●問 1.5〉――
$BA = A^{n-1}B = A^{-1}B$であることを確かめよ．

[ヒント] $A^{n-1} = A^{-1}$と図1.3を用い，積BAにより各頂点がどこに移るかを調べよ．たとえば，$1 \to 1 \to 2$, $2 \to n \to 1$, $3 \to n-1 \to n$となる．一方，積$A^{-1}B$によると，$1 \to n \to 2$, $2 \to 1 \to 1$, $3 \to 2 \to n$となって，頂点1, 2, 3に関するかぎり$BA = A^{-1}B$となっている．一般の頂点iはどうなるか．

この問でも，$i^{BA} = (i^B)^A$で定義される記法に従っているが，$(BA)(i) = B(A(i))$という記法を採用しても，関係式$BA = A^{n-1}B = A^{-1}B$は同じものが得られる．

与えられた1つの正n角形から，その3次元空間内のシンメトリー全体のなす群Gを得て，それらの元の間の関係式も得られた．

一般の群Gの元aに対して，$a^m = 1$となる最小の正整数mをaの**位数**という．群Gそのものにも位数があり，Gの元aにも位数という概念があるのである．aのすべてのベキからなる部分集合はGの巡回部分群をなすが，それを$\langle a \rangle$と書く．群$\langle a \rangle$の位数が元aの位数なのである．Gの元aに対してそのような正整数mが存在しないときは，aの位数は無限であ

るという. $a^\infty = 1$ となっているのではないが,便宜上 a を無限位数の元と呼ぶのである.このときは $\langle a \rangle$ は**無限巡回群**である.位数ということばを使えば,複素数の乗法群 $\mathbb{C}^\times$ の中の有限位数の元が **1 のベキ根**と呼ばれているのである.1 のベキ根 ζ の位数が n のとき,ζ を **1 の原始 n 乗根**と呼ぶ.たとえば,$\omega = \dfrac{-1+\sqrt{-3}}{2}$,$i = \sqrt{-1}$,$e^{2\pi i/n}$ はすべての 1 のベキ根であり,その位数はそれぞれ $3, 4, n$ だから原始 $3, 4, n$ 乗根である.

〈ちょっと考えよう●問 1.6〉

n を与えられた自然数とし,G を 1 の n 乗根全体からなる $\mathbb{C}^\times$ の部分群とする.このとき,G は位数 n の巡回群である.$d \geq 1$ を n の任意の約数とする.そのとき G は 1 の d 乗根をすべて含む.とくに 1 の原始 d 乗根を含む.これらのことを示せ.

[ヒント] これは巡回群の性質を述べている問である.$a = e^{2\pi i/n} = \cos\dfrac{2\pi}{n} + i\sin\dfrac{2\pi}{n}$ とおけば $G = \{a^k \mid k = 0, 1, \cdots, n-1\}$ である.G は位数 n の巡回群であり,a の位数も n である.d は n の約数だから $n = df$ と書けば,$b = a^f$ の位数は d である.G には位数 d の元がいくつ含まれているだろうか.$\mathbb{C}^\times$ には位数 d の元がいくつあるだろうか.

■ **2 面体群とは何だろう**

群 G の 1 つの元 a のベキで他のすべての元が表示できるとき,G を巡回群と呼んだ.a は G の**生成元**と呼ばれ,$G = \langle a \rangle$ と書かれる.また,a の位数が n であれば $G = \langle a \mid a^n = 1 \rangle$ とも書くことができる.たとえば,正 n 角形の平面内のシンメトリー群は $H = \langle A \mid A^n = 1 \rangle$ と書かれ,A がその生成元である.巡回群は記述が一番簡単な群である.数学的には構造の一番簡単な群である.

正 n 角形の(空間内での)シンメトリー群は $G = \{I, A, A^2, \cdots, A^{n-1}, B, AB, A^2B, \cdots, A^{n-1}B\}$ であったが,これも簡明に表示しよう.

一般に位数がそれぞれ n と 2 の 2 つの元 a, b を用いてすべての元が表示され,$ba = a^{-1}b$ という関係式で定義される群 G を

$$G = \langle a, b \mid a^n = b^2 = 1,\ ba = a^{-1}b \rangle$$

と表示し,位数 $2n$ の **2 面体群**と呼ぶ.a, b を G の生成元という.一般に

群 G のすべての元がそのいくつか(無限個でもよい)の元 $a, b, c, \cdots$ を用いて表示できるとき，G は $\{a, b, c, \cdots\}$ で生成されるといい，$a, b, c, \cdots$ をその**生成元**という．

この定義によれば，正 n 角形のシンメトリー群は位数 $2n$ の2面体群なのである．2面体というのは，面が2個の正多面体の1種と考えているのである．

正 n 角形のシンメトリー群 G のような数学的構造を考えた理由は，対称性のあるものがどの程度対称なのか，その対称性の大きさ(強さ)や複雑さを知りたいからだった．n を変数として正 n 角形のシンメトリー群を G_n と書くことにすると，G_n は位数 $2n$ の2面体群である．n が大きくなるにつれて，正 n 角形の対称性が大きくなっていることは感覚としてはわかるが，シンメトリー群 G_n の位数 $2n$ がだんだん大きくなっているということでその量的変化が表わされている．

正 n 角形の平面内におけるシンメトリー群 H_n は位数 n の巡回群である．だから，正 $2n$ 角形の平面内におけるシンメトリー群 H_{2n} は位数 $2n$ の巡回群である．ゆえにそれは，正 n 角形の空間におけるシンメトリー群 G_n と量的には同じものである．しかし，H_{2n} が位数 $2n$ の巡回群であるのに対して，G_n は位数が同じ $2n$ であっても，それは巡回群ではなく，生成元が2つ必要な2面体群である．

一般の群 G の任意の2つの元 a, b が $ab = ba$ を満たしているとき，G は**アーベル群(可換群)** と呼ばれる．位数 n の巡回群である H_n はアーベル群である．しかし，$AB \neq BA$ であるので，G_n は**非アーベル群(非可換群)** である．このように考えると，$|H_{2n}| = |G_n|$ であるが，H_{2n} と G_n は質的に違う．H_{2n} と G_n は背の高さは同じだが，一方は子供で，もう一方は大人と思えばよいだろう．平面内で考えたときの H_n と H_{2n} は単なる量的な大きさの変化にすぎないが，空間内で考えたときの G_n は質的にも変化をしていることがわかった．

正 n 角形のような対称形はそもそも簡明なものであるから，それらのシンメトリー群 G_n を考えても正 n 角形のもっている性質を新しく発見するということは期待できない．しかし，シンメトリー群を考えると，それらの対称性の大きさや複雑さを計ることができるのである．対称性を計る'温

度計'すなわち'対称計'がこれでできたのである．もちろん，この対称計は，考えている対象が正 n 角形である必要はない．その威力を本書は少しずつ見てゆくのである．

■ 正 n 角形の n を ∞ にしたら…

正 n 角形の n を無限大にしたらどうなるだろうか．仮に正 ∞ 角形があるとすると，そのシンメトリー群は
$$G_\infty = \langle A, B \mid B^2 = 1,\ BA = A^{-1}B \rangle$$
となろう．元 A の位数は無限であり，群 G_∞ の位数も**可算**(無限)である．正 n 角形の辺の数の n を無限大にしたら幾何学的にはどうなるだろう．円となるという主張も感覚的には正しかろう．しかし，円のシンメトリー群は
$$G_{\text{circle}} = \langle R(\theta), T \mid 0 \leq \theta < 2\pi,\ T^2 = I,\ TR(\theta) = R(-\theta)T \rangle$$
で定義される群となる．$R(\theta)$ は円の中心を通る垂直線を回転軸とする θ(ラジアン)の回転である．$R(\theta) = e^{\sqrt{-1}\theta}$ と書いてもよい．また，T は 1 つのきめられた裏返し操作である．この考察から，群 G_{circle} の位数は**非可算**(無限)である．異なるシンメトリー群をもつのだから，正 ∞ 角形は，群論的には円とは言えない．正 ∞ 角形は幾何学的には表現できないが，対応するシンメトリー群 G_∞ は存在するのである[5]．

正 ∞ 角形は円であるという主張は，図形的には，その中間には何も考えられないということであるが，何も考えられないということと何もないということとは同じではない．代数は，そのような，感覚的に陥りやすい即断からわれわれを救ってくれる．

群 G_∞ を幾何学的な図形のシンメトリー群として表わすことは難しいが，具体的に G_∞ を表示することはできる．そのために，整数全体からなる加法群 $\mathbb{Z}$ を考えよう．$\mathbb{Z}$ から $\mathbb{Z}$ への写像 A', B' を次のように定義しよう．

$$A' : z \to z + 1$$
$$B' : z \to -z$$

---

[5] ここで可算と非可算ということばがでてきた．自然数の集合 $\mathbb{N}$ の元の個数を表わすのに可算(数えられる)ということばが用いられ，実数全体の集合 $\mathbb{R}$ の元の個数(またはそれ以上)を表わすのに非可算(数えられない)ということばが用いられる．$\mathbb{N}$ と $\mathbb{R}$ との間に 1 対 1 の対応が付けられないことは集合論で知られている．

そこで合成写像 $A'B'$ を考えよう．いまの場合は A', B' は関数であるから，$A'(z), B'(z)$ と書くほうが普通であるが，右からの作用の記号に慣れる意味で $z^{A'} = z+1$, $z^{B'} = -z$ と書こう．作用ということばを定義せずに用いているが，ある数学的対象に何らかの変移をおこさせるものを総称して作用という．

A' の逆写像 $(A')^{-1}$ は $z^{(A')^{-1}} = z-1$ で定義され，B'^2 は恒等写像の I である．また，$z^{B'A'} = (-z)^{A'} = -z+1 = z^{(A')^{-1}B'}$ であるから，$B'A' = (A')^{-1}B'$ である．群 G を A' と B' で生成された群とすれば，G は
$$G = \langle A', B' \mid B'^2 = I, \ B'A' = (A')^{-1}B' \rangle$$
と定義される．すなわち，G と G_∞ は元の呼び方の違いを無視すれば，群としてはまったく同じものである．

正 ∞ 角形は，それが円ではないと群論的には結論できるのだが，幾何学的に実在するとは考えにくい．しかし，対応するシンメトリー群 G_∞ が作用する数学的対象としては整数全体の加法群 $\mathbb{Z}$ が身近に存在するのである．上で G と G_∞ は群としては同じと述べたが，そのことを数学的にしっかり定義しておこう．

準同型と同型 一般に G と G' を群として，G から G' への写像 f を考える．$g, h \in G$, $g', h' \in G'$ に対して，$f(g) = g'$, $f(h) = h'$ のとき，$f(gh) = g'h'$ が常に成り立っているならば，f を G から G' への**準同型写像**という．さらに f が 1 対 1 で上への写像のとき，f を**同型写像**と呼び，G と G' は**同型**であるといい，$G \cong G'$ と書く．

この意味で
$$G_\infty = \langle A, B \mid B^2 = I, \ BA = A^{-1}B \rangle$$
と
$$G = \langle A', B' \mid B'^2 = I, \ B'A' = (A')^{-1}B' \rangle$$
は同型である．G_∞ と G は群の構造だけを考えるならばまったく同じものなのである．

1.2 集合のシンメトリー——対称群,交代群

前節で群の定義をし,その例として,巡回群,2面体群,加法群 $\mathbb{Z}$, $\mathbb{R}$ や,乗法群 $\mathbb{Q}^\times$, $\mathbb{C}^\times$ などを学んだが,この節では n 次の対称群 S_n と交代群 A_n を定義する.対称群はシンメトリック群(symmetric group)であり,シンメトリー群(symmetry group)とは異なる.しかし,まぎらわしいので,本書ではシンメトリック群ということばは用いない.ただし,これから定義するように,対称群,交代群もシンメトリー群の1種なのである.

n 個の玉の集合を考えよう.それらの玉は見た目にはまったく同じなのだが,1つ1つを割ってみると,中に番号が1から n まで書いてあるとする.その玉を一直線に並べておく.すると,それらの玉の並び方を変えても,見た目には,まったく同じである.その場にいなければ,並べ替えられたことすらわからない.このように,並べ替えは n 個の玉の集合のシンメトリーである.

見た目にはわからなくても,玉を割ってみると,番号がもとの並べ方とは違っているから,並べ替えられたことがわかる.それでは,そのような並べ替えは全部でいくつあるだろうか.最初の玉は n 通りの置き場所があるがそのうちの1つを決めると,その次の玉は $n-1$ 通りの置き場所がある.このように次々に考えれば,全部で $n! = n(n-1)(n-2)\cdots 2\cdot 1$ 個の並べ替えがあることがわかる.n 個の玉の集合には $n!$ 個のシンメトリーがあることがわかった.これらが全体として群をなすことは,もう説明の必要がないであろう.シンメトリーとわかった瞬間にそれら全体が群をなすのである.これを n 次の**対称群**と呼び,S_n と書く.n 個の玉のシンメトリー群が n 次の対称群なのである.また,その位数は $n!$ である.

さて,それでは n 個の玉のシンメトリー群はいったい,どのようなものであろうか.それを知るためには,1つ1つのシンメトリーを区別する記号が必要である.シンメトリー,すなわち玉の並べ替えを表わす記号が必要なのである.

並べ替えは見た目にはわからないのだから,玉の中に書いてある番号で記述するしかない.そこで,$\Omega = \{1, 2, \cdots, n\}$ とおく.記述を簡単にするた

めに n 個の自然数の集合としたが，Ω は n 個の異なる元からなっていれば何でもよい．それゆえ，1, 2, 3 などを数とか番号とはいわず文字ということにしよう．玉の並べ替えは，文字の並べ替えと同じであり，またそれは Ω から Ω への 1 対 1 の写像と同じものである．

■ **置換群とは何だろう**

一般に，Ω を集合とするとき，Ω から Ω への 1 対 1 の対応を Ω の上の**置換**という．置換の表記法のところで述べたが，置換は文字の置き換えという意味である．なお，ここでは有限集合 Ω を考えている．

そこで，S_Ω を Ω の上の置換全体からなる集合とすると，S_Ω は置換の合成を積とする群をなす．S_Ω の元 σ, τ などによる文字 i の移り先は i^σ, i^τ などと書く．置換にギリシャ文字を使うのはひとつの慣例である．$\Omega = \{1, 2, \cdots, n\}$ として $1^\sigma = i_1, 2^\sigma = i_2, \cdots, n^\sigma = i_n$ であれば，

$$\sigma = \begin{pmatrix} 1 & 2 & \cdots & n \\ i_1 & i_2 & \cdots & i_n \end{pmatrix}$$

と表示する．たとえば，

$$\sigma = \begin{pmatrix} 1 & 2 & 3 & 4 & 5 \\ 3 & 5 & 4 & 1 & 2 \end{pmatrix}$$

と書く．これは上の文字がそのすぐ下の文字に置き換えられることを示す記号である．しかし，この表記法はやや冗長である．σ の作用は $1 \to 3 \to 4 \to 1$, $2 \to 5 \to 2$ である．ゆえに

$$\sigma = (1\ 3\ 4)(2\ 5)$$

と表示して，4 は 1 に戻り，5 は 2 に戻るという約束をしておけば，σ の作用は完全にわかる．一般に $\tau = (i_1\ i_2\ i_3 \cdots i_k)$ を $(k$ 項$)$**巡回置換**と呼び，その作用は

$$\tau : i_1 \to i_2 \to i_3 \to \cdots \to i_k \to i_1$$

である．書かれていない文字は固定されるものとする．上の例の $\sigma = (1\ 3\ 4)(2\ 5)$ のように S_Ω の任意の元は互いに共通文字のない巡回置換の積として表示することができる．そのように表示しておけば，逆元も容易で

$$\sigma^{-1} = (4\ 3\ 1)(5\ 2)$$

のように文字列を逆向きに並べればよい．$(4\ 3\ 1) = (3\ 1\ 4) = (1\ 4\ 3)$ のように，巡回置換の表示は一意的ではない．

また，$\tau = (1\ 3\ 5\ 4)$ として，合成 $\sigma\tau = (1\ 3\ 4)(2\ 5)(1\ 3\ 5\ 4)$ を表示してみよう．1 は $(1\ 3\ 4)$ によって 3 に移り，3 は $(2\ 5)$ によって固定され，その 3 は $(1\ 3\ 5\ 4)$ によって 5 に移る．ゆえに，合成 $\sigma\tau$ によって 1 は 5 に移る．同じようにして，5 は $5 \to 5 \to 2 \to 2$ だから 2 に移る．他の文字も同様にしてその移り先を計算すれば

$$\sigma\tau \;:\; 1 \to 5 \to 2 \to 4 \to 3 \to 1$$

となる．よって，

$$\sigma\tau = (1\ 3\ 4)(2\ 5)(1\ 3\ 5\ 4) = (1\ 5\ 2\ 4\ 3)$$

である．

〈ちょっと考えよう●問 1.7〉

(1) 任意の巡回置換は
$$(i_1\ i_2\ \cdots\ i_k) = (i_1\ i_2)(i_1\ i_3)\cdots(i_1\ i_k)$$
と 2 項巡回置換の積の形に書くことができることを示せ．

(2) $\sigma \in S_\Omega$ のとき，σ の位数が奇数ならばそれは偶数個の 2 項巡回置換の積として書けることを示せ．

[ヒント] $(1\ 2\ 3) = (1\ 2)(1\ 3)$ である[6]．一般の場合はどうなるか．

S_Ω の任意の元 σ は巡回置換の積に書くことができるから，σ は 2 項巡回置換の積に書くことができる．

2 項巡回置換は**互換**と呼ばれる．r と s が異なる 2 つの文字で，どちらも 1 でないとすると，

$$(r\ s) = (1\ r)(1\ s)(1\ r)$$

であるから，S_Ω の元の互換の積への表示は一意的ではない．しかし，表示に現われる互換の数が偶数であるか，奇数であるかということはどのような表示をしても一定である．この「**偶奇性が一定である**」ということは簡

[6) もし $\sigma(i)$ という記法を採用すると $(1\ 2\ 3) = (1\ 3)(1\ 2)$ となる．$(1\ 2)$ が先に作用しそれから $(1\ 3)$ が作用するからである．

単な事実であるが，一般的に証明するのは必ずしも容易ではない．1 つの置換には

$$(2\ 3) = (1\ 2)(1\ 3)(1\ 2) = (1\ 4)(2\ 4)(1\ 4)(1\ 3)(1\ 2)$$

などといくらでも異なった表現がある．同じ元の異なった表現の中から表現に依存しない一定値を見つけなくてはならないのである．つまり，置換の表現には依存しない不変量を見つけなくてはならないのである．数学では不変量を発見するということは重要なことである．しかし，その発見も証明も容易にはできないことが多い．置換の偶奇性もその 1 つである．証明を 1 つ記すのでよく味わってほしい．まず問を出す．

───〈ちょっと考えよう●問 1.8〉───

n 変数 $x_1, x_2, \cdots, x_n$ の多項式

$$\Delta = \prod_{1 \leq i < j \leq n} (x_i - x_j)$$

を考え，それに S_Ω の元 σ を

$$\Delta^\sigma = \prod_{1 \leq i < j \leq n} (x_{i^\sigma} - x_{j^\sigma})$$

として作用させる．このとき次のことを証明せよ．
 (1) σ が互換のときは $\Delta^\sigma = -\Delta$.
 (2) σ が偶数個の互換の積に表示できるときは $\Delta^\sigma = \Delta$.
 (3) σ が奇数個の互換の積に表示できるときは $\Delta^\sigma = -\Delta$.

上の問により σ を互換の積に表示したときの互換の数の偶奇は決まっている．(Δ^σ と作用を肩に書き，i^σ の代わりに $\sigma(i)$ と通常の関数のように記してある本もある．また $\sigma(\Delta)$，$\sigma^{-1}(i)$ と記してある本もある．それは Δ を多項式関数とみなしているからである．S_Ω が n 変数の多項式全体の上に置換群として作用すると考えるときには，両方とも，群論的記法または伝統的記法でよい．まぎらわしいが，いまのところ重要なことではない．)

S_Ω の元 σ で偶数個の互換の積に表示できるものは**偶置換**と呼ばれ，そうでない元は**奇置換**と呼ばれる．すべての文字を固定する元は単位元であるが，それは $(1\ 2)(1\ 2)$ に等しいから，偶置換である．S_Ω の偶置換全体か

らなる集合は部分群をなし A_Ω と書かれる.

対称群と交代群 Ω' を別の n 個の文字からなる集合とすれば, S_Ω と $S_{\Omega'}$ は同型である. S_Ω の構造は $|\Omega|$ のみに依存する. n 個の文字のシンメトリー群 S_n を n 次の**対称群**と呼ぶ. S_n と書いたのは n 個であれば何でもよかったからである. A_Ω は S_Ω のすべての偶置換からなる部分群であったが,この群も文字の個数 n だけでその構造が定まる.それゆえ, A_Ω は A_n と書かれ, n 次の**交代群**と呼ばれる.

n 次の対称群 S_n の位数は $n!$ であるが,具体的にすこし計算してみると次のようになる. $|S_2| = 2, |S_3| = 6, |S_4| = 24, |S_5| = 120, |S_6| = 720, |S_7| = 5{,}040, |S_8| = 40{,}320, |S_9| = 362{,}880, |S_{10}| = 3{,}628{,}800, \cdots$. このように, S_n の位数は n が大きくなるにつれて急速に大きくなる.群論的には用いられたことはないであろうが, n が十分大きいところでは

$$n! \sim \sqrt{2\pi n} \left(\frac{n}{e}\right)^n$$

というスターリングの近似公式も知られている. 20 世紀の後半から現在にかけて脚光をあびているモンスターと呼ばれている位数の著しく大きい群があるが,その位数は 10^{54} 程度である.しかし, $|S_{50}|$ はスターリングの公式を用いると 10^{64} 程度であることがわかる. 50 文字の対称群は非常に大きい群なのである.

σ を S_n の任意の元とする. σ が奇置換であれば, $\sigma = (1\ 2)(1\ 2)\sigma$ と書くとき, $\sigma' = (1\ 2)\sigma$ は偶置換であるから, $\sigma' \in A_n$ であり, $\sigma = (1\ 2)\sigma'$ となる.ゆえに

$$S_n = A_n \cup (1\ 2)A_n$$

と共通部分のない和集合として表わされる. $(1\ 2)\sigma = (1\ 2)\tau$ ならば群の簡約律により, $\sigma = \tau$ であるから, $|A_n| = |(1\ 2)A_n|$ となり, $|A_n| = \dfrac{n!}{2}$ と結論される.ただし, $n \geq 2$ としてある. n 次の交代群 A_n の位数は対称群 S_n の位数のちょうど半分なのである.ここで $(1\ 2)A_n$ という記法が出てきたが,一般に g を群 G の元, H をその部分集合とするとき, $gH = \{gh \mid h \in H\}$ であり, K も G の部分集合のとき, $KH = \{kh \mid k \in K, h \in H\}$ と定義さ

れる．

　一般に群 G の部分群を H とするとき，G の位数が H の位数のちょうど n 倍であるとき，H を G の**指数** n の部分群という．交代群 A_n の S_n における指数は 2 である．群 G の位数が部分群 H の位数の倍数でないということが起こるだろうか．例えば，位数 100 の群 G のある部分群 H の位数が 30 である，ということが可能だろうか．それは，実は不可能なのであり，ラグランジュが，原始的な形ながら，初めてそのことを正しく述べた．

　ラグランジュの定理　H を有限群 G の部分群とするとき，$|G|$ は $|H|$ の倍数である．

　この定理により，位数 100 の群の部分群の位数は 30 ではあり得ない．位数 100 の群の中の 30 個の元からなる部分集合をどのように上手にとってきてもそれを部分群にすることはできないのである．また，位数 15 の群 G の中の元 a をどのように選んでも a の位数が 7 になることはない．$\langle a \rangle$ は G の部分群であり，部分群 $\langle a \rangle$ の位数と元 a の位数は同じだからである．位数 15 の群 G の元の位数は $1, 3, 5, 15$ の 4 つだけ可能なのである．しかし，それが 4 つとも全部実際に可能であるかということは別の問題である．ラグランジュの定理の他にこれからコーシーの定理，シローの定理などを少しずつ学ぶのであるが，それらを用いると，位数 15 の群 G に対してはそれらが全部実際可能な位数であることがわかる．とくに G は位数 15 の元を含む．そうすると G は巡回群である．15 個の元からなる集合を群にする方法はいくらでもありそうなのに，巡回群がただ 1 つだけということになってしまうのである．

　これまで本書で述べてきた群論では，群には積が定義され，単位元，逆元などが存在するが，群 G と集合 G との違いは著しいものとはいえなかった．しかし，このラグランジュの定理は群 G と集合 G の違いを明白に示していて，群論の第 1 ページに飾られるべき定理である．集合は単にものの集まりにすぎないが，群は構造をもっているのである．集合を乱雑に並べた建築材料とすれば群は建築物なのである．建築材料のどんな一部を採ってもやはり建築材料であるが，建物のどんな一部を採っても部屋である

とはいえない．むしろ部屋などあまりないのである．そのことをラグランジュの定理は述べているのである．ラグランジュの定理の証明はやさしいが，第 4 章「群論の基礎」の中で述べる．

この節では，集合 Ω の上の置換からなる群を 2 つ学んだ．対称群 S_Ω と交代群 A_Ω である．一般に Ω の上の置換からなる集合 G が置換の合成を積として群をなすときには，G は Ω の上の**置換群**であるという．S_Ω の部分群を置換群というのである．本書であつかう Ω は有限集合である場合が多いが，そのときには Ω の上の置換群は有限群である．

1.3 正多面体のシンメトリー

さて，対称群や交代群を学んだので，正多角形よりも複雑な正多面体のシンメトリー群を考えよう．辺の数は無制限に増やすことができるので正多角形は無限個あるが，正多面体は正 4 面体，正 6 面体，正 8 面体，正 12 面体，正 20 面体の 5 種類だけが存在する（図 1.4）．

これらの正多面体は対称形で誰が見ても美しく完全な形をしている．古くから知られていて，プラトン (B.C. 427-347) の立体と呼ばれることもあ

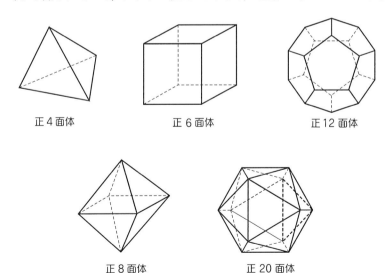

図 **1.4** 正多面体

る．古代ギリシャでは，正4面体，正6面体，正8面体，正20面体は，それぞれ，火，空気，土，水を表わすものとされた．そして，最後に発見され，しかも一番美しい正12面体は宇宙そのものを表わすものとされた．正4面体が火とされたのは，炎が3角形状に立ち上るからだろうか．いずれにしても，自然の構成要素は安定で美しい対称の立体であると信じられていたのであろう．

　自然界の微小なものには，そのような正多面体状の形をしているものが存在する(図 1.5)．

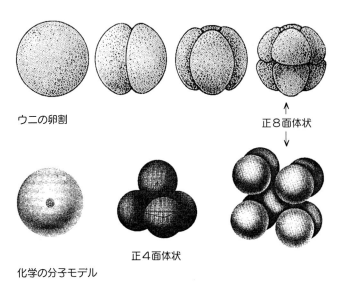

図 1.5　自然のなかの正多面体

　正 12 面体などの対称性をもった生物が実際に生きて存在しているということは，自然の絶妙さ，神秘さを物語っている[7]．150 億年も前から存在する宇宙は，われわれ人間が知っているすべての対称性を，ある'秘密'の場所に具現しているにちがいない．しかし，われわれの知力が足りなくて，それらの秘密の場所を発見できないでいる．人類はまだそんなに長くは存在していないのである．

---

7) Symmetry, H.Weyl, Princeton Univ. Press, 1952. p.75 参照．

ケプラー(1571-1630)は,当時すでに精密に観測されていた6つの惑星(水星,金星,地球,火星,木星,土星)の軌道をプラトンの正多面体で表わすことを考えた(図1.6).

彼はまず正6面体を選び,それに外接球と内接球を描く.そしてその2つの球を土星と木星の軌道と想定する.また,内接球のほうに中から接する正4面体を描き,その正4面体に内接球を描く.そしてそれを火星の軌道と想定する.さらに,正12面体,正8面体,正20面体をこの順序で用いて次々に内接球を描けば,全部で6個の球ができる.それらを土星,木星,火星,地球,金星,水星の軌道と考え,観測値に合っていることを期待した.

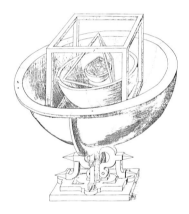

図 **1.6** ケプラーの模型

プラトン学派が5つの正多面体を火,空気,土,水,そして宇宙そのものを表わしていると考えたように,ケプラーもその時代の人々も天体はなんらかの意味で完全なものを具現していると信じたのである.しかし,正多面体を別の順序に並べて外接球と内接球を次々に描いてゆくことも考えたのだろうが,ケプラーの考えた模型はいずれも実測値と近似的にしか合わなかった.しかし,実際の観測に合ったものが何か欲しいというケプラーの思いが,歴史に残る偉大な仕事を軌道に乗せ始めるのである.

ちなみに,ケプラーの天体の基本法則はつぎの3つの法則からなる.

(1) 惑星は太陽の周りを楕円軌道を描いて運動し,太陽はこの楕円の一

方の焦点にある．
(2) 惑星と太陽を結ぶ直線は，ある一定の時間には等しい面積をおおう．
(3) 惑星の公転周期を T，楕円軌道の長径の半分を a（太陽と惑星の平均距離）とすると，T の 2 乗は a の 3 乗に比例する．

古代ギリシャ人に愛され，天体の運動を表わすとケプラーに期待された正多面体は美しい対称形である．それらのシンメトリー群がどんなものになるかを考えよう．正多角形のシンメトリー群は平面内で考えれば巡回群，空間内で考えれば 2 面体群であった．正多面体はわれわれにどんな群を生み出してくれるだろうか．

■ **正多面体群とは何だろう**

はじめに，正 4 面体のシンメトリー群を考えよう．

正 4 面体の頂点 1 と中心 C を通る直線を軸とする 120°と 240°の回転はシンメトリーである．0°の回転は単位シンメトリーである．頂点は全部で 4 つあるから，$4 \times 2 + 1 = 9$ 個の異なるシンメトリーが容易に見つかる．これで全部であろうか．図 1.7 の (iii) を見よう．(i) から (iii) を得るには，まず頂点 4 が一番上にくるようにする．そのときに (i) と同じ形にするために頂点 1 は後ろにくるようにする．これで新しいシンメトリーができる．文字の変換でいうと，1 と 4 を入れ替え，そして 2 と 3 を入れ替えてできるシンメトリーであり，置換で書けば (1 4)(2 3) と表示される．

頂点 2 または頂点 3 が一番上にくるようにするとまた別の 2 つのシンメトリーができる．(1 2)(3 4) と同じタイプの置換が全部で 3 個あるのであ

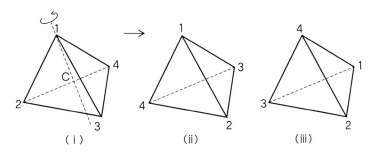

図 **1.7** 正 4 面体のシンメトリー

る．すでに得た9個のシンメトリーを合わせて，全部で12個のシンメトリーが見つかった．

───〈ちょっと考えよう●問1.9〉───
正4面体のシンメトリーは全部で12個であることを確かめよ．

[ヒント] 頂点を1つ固定するシンメトリー，どの頂点をも固定しないシンメトリーなどと場合分けをするとよい．

正多面体のシンメトリー群は単に**正多面体群**と呼ばれる．上の問で位数は12とわかった正4面体群の群としての性質を調べよう．正4面体群をGとすると，Gは4つの頂点の置換であるから，4次の対称群S_4の部分群である．図1.7の(i)から(ii)のように1つの頂点を固定する回転は文字の置換として$(1)(2\,4\,3)$のように書くことができ，しかも$(2\,4\,3)=(2\,4)(2\,3)$であるから，それらは全部で8個ありすべて偶置換である．また，別に得た$(1\,4)(2\,3)$のような3個の置換も偶置換である．ゆえに，単位シンメトリーと合わせてGの12個の元はすべて偶置換であり，Gは4次の交代群の部分群となる．一方，$|A_4|=\dfrac{4!}{2}=12$であるので，GとA_4は同型，すなわち$G\cong A_4$が示された．

「正4面体のシンメトリーは全部で12個である」という問を出したが，S_4の位数は24であるので，正4面体のシンメトリーがもし12個以上あるとすると，全部で24個という可能性しかないことが，じつは，前節のおわりに紹介したラグランジュの定理を用いてわかる．すなわち4個の文字のすべての置換が正4面体のシンメトリーとなってしまう．しかし，たとえば，$(1)(2)(3\,4)$が正4面体のシンメトリーになりえないことは明白であろう（図1.7ですぐわかるように，頂点1, 2を固定して頂点3と4を入れかえるわけにはいかない）．このように少し群論を知っていると，正4面体のシンメトリーを12個見つけたらそれで全部であるということがすぐわかる．なお，$(1)(2)(3\,4)$は正4角形を鏡に写すとできる変換である．これはシンメトリーではなく**鏡映**と呼ばれる．鏡に写った自分と写真に写った自分とは左右が異なっている．鏡の中の像へはシンメトリーでは移れない．なお，鏡映は(左右でなく)前後を逆にするというほうがより正確である．

シンメトリーの積 (1 2 3)·(1 2)(3 4) は (2 4 3) に等しく，(1 2)(3 4)·(1 2 3) は (1 3 4) に等しいので，A_4 はアーベル群ではない．特に巡回群ではない．A_4 は 2 面体群であろうか．もしそうだとすると，位数 6 の巡回部分群をもつことになる．しかし，4 次の対称群 S_4 のどの元の位数も 4 以下である．ゆえに正 4 面体のシンメトリー群 A_4 は 2 面体群でもない．われわれは正 4 面体を通して，位数 12 の群を 3 種類(巡回群，2 面体群，4 次の交代群)知ったわけである．表 1.1 はそれらの違いを具体的に示すものである．

表 1.1

	巡回群	2 面体群	4 次の交代群
1	1	1	1
2	1	7	3
3	2	2	8
4	2	0	0
6	2	2	0
12	4	0	0

表の 1 番左の列は 12 の約数である．表には，それぞれの位数の元が対応する群に何個含まれているかを記してある．たとえば，上から 4 行目は，位数 3 の元が巡回群には 2 個，2 面体群にも 2 個，4 次の交代群には 8 個含まれていることを示している．ラグランジュの定理により，位数 12 の群の元で可能な位数は数 12 の約数である．巡回群では理論的に可能な位数の元がすべて実際に存在している．群の構造が巡回群から離れて複雑になるにつれて，実際に可能な元の位数は 12 の小さい約数だけとなってくることが表 1.1 からわかる．位数 12 の群は全部で 5 種類あり，上にあげた 3 種類の他に，

$$G_1 = \langle A, B, C \mid A^2 = B^2 = C^3 = I,\ AB = BA,\ AC = CA,\ BC = CB \rangle$$

と

$$G_2 = \langle A, B \mid A^4 = B^3 = I,\ BA = AB^{-1} \rangle$$

がある．1886 年にある数学者が位数 12 の群をすべて書きだしたが，誤りがあり，3 年後の 1889 年にケイリーが正しく数えあげたということである．G_1 も G_2 も確かに存在する群ではあるが，なにかのシンメトリー群とし

て実際に現われることは少ない．視覚的なイメージも描きにくい．今ではコンピュータで，位数の大きな群も扱える．位数 $1024 = 2^{10}$ の群の数は全部で約 500 億個，正確には 49,487,365,422 個であることが最近発表された．

〈ちょっと考えよう●問 1.10〉
G_1 と G_2 に対しても表を作れ．

［解］ G_1 はアーベル群で簡単な構造をもつ．位数がそれぞれ $2, 2, 3$ の巡回群 $\langle A \rangle, \langle B \rangle, \langle C \rangle$ の積が G_1 である．G_2 は明らかにアーベル群ではない．しかし，B と A^2 は可換であり，それらで生成された群 $\langle A^2 B \rangle$ は位数 6 の巡回部分群である．

表 1.2

	G_1	G_2
1	1	1
2	3	1
3	2	2
4	0	6
6	6	2
12	0	0

上にあげた表 1.1 と G_1, G_2 に対する表 1.2 から，位数 12 の群はすべて位数 2 と位数 3 の元を含んでいることがわかる．実はこれは，もっと一般的に証明できることなのである．

コーシーの定理 G を任意の有限群とする．p を G の位数を割り切る任意の素数とするとき，G は位数 p の元を含む．

このコーシーの定理もラグランジュの定理と並んで基本的である．コーシーの定理のように，ある元の存在を主張する定理は威力がある．単なる集合 S ならそれに含まれている元の個数 $|S|$ を素因数の積に分解してみようという意欲は起こらない．そのようなことをしてもまず何の役にも立た

ないからである．ところが集合 G が群という構造をもっていると，ラグランジュやコーシーの定理でわかるように，G の位数，または，その素因数分解などが意味をもってくる．その究極的なものがシローの定理である．しかし，それらの定理と証明は第4章で改めて述べる．

■ 正 6 面体群と正 8 面体群

位数 12 の正 4 面体群はこれでよいことにして，他の正多面体群へと目を向けよう．正 6 面体と正 8 面体とは対になっている．正 8 面体の 8 個の面の中心を線分で結んでみれば正 6 面体ができるのは明白であろう．同じように正 12 面体と正 20 面体も対になっている（図 1.8）．

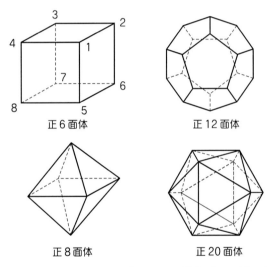

図 1.8 正 6 面体と正 8 面体，正 12 面体と正 20 面体の対

正 6 面体群 G の性質を調べよう．正 4 面体群のときは，シンメトリーの個数をきちんと数えあげたが，今度はもう少し群論を使うことにする．正 6 面体は立方体ともいう．サイコロと言ってもよいだろう．サイコロを振って，上になった面をサイの目と呼ぼう．それには，1 から 6 までの可能性がある．1 から 6 までのどの面も（同じ確率で）サイの目となりうる．サイコロを振ることをサイコロのシンメトリーを考えることと同一視して，シンメトリー群の元を 1 から 6 までの 6 文字についての置換とみなそう．いま，

サイの目が a であるとき，b が 1 から 6 のどの数であっても，サイコロを振りなおせば，サイの目が b となることが可能である．このことは，どの 2 つの面に対しても一方の面を他方の面に移すシンメトリーが存在することを意味する．

ここで一般の置換群に対してひとつの定義をしよう．

可移置換群　G を文字の集合 $\Omega = \{1, 2, \cdots, n\}$ の上の置換群とする．Ω の任意の 2 つの文字 i, j に対して，G の中に $i^\sigma = j$ となる元 σ が存在するとき，G は(Ω の上に)**可移**であるという．また，G を Ω の上の**可移置換群**であるともいう．

定理　群 G を文字の集合 Ω の上の可移置換群とする．α を Ω の任意の 1 つの文字とし，α を固定する G の元全体のなす部分群を G_α とおく．このとき $|G| = n|G_\alpha|$ である．特に G_α の位数は G の位数の約数である．

実はこれがラグランジュの定理のほぼ原型なのである．可移置換群のみならず，群という概念すらもっていなかったラグランジュはさらに原始的な形で述べる．すなわち，ある置換の集合(実は n 次の対称群 S_n を考えているのだがラグランジュにはそのことばがなかった)がある多項式 $f(x_1, x_2, \cdots, x_n)$ の変数に置換として作用しているとき，その作用の結果生ずる異なった多項式の個数は $n!$ の約数である，という定理がラグランジュの論文の中に述べられている．

群ということばを知っていると，ラグランジュの定理は，対称群の部分群の位数は $n!$ の約数であるといいかえることができる．$f(x_1, x_2, \cdots, x_n)$ を固定する置換全体は n 次の対称群 S_n の部分群 H をなし，$|S_n| = n! = m|H|$ と書くとき，m が異なる多項式の個数になるのである．そして S_n が m 個の異なる多項式の集合の上に可移に作用しているのである．この m が上の定義の中では $n = |\Omega|$ として現われている．

ラグランジュの定理の本質的な部分は 50 年，100 年後の人々に理解され，ラグランジュの定理として歴史に残るようになるのである．何度も述べるが，群は方程式や幾何学図形などのように目に見えるものとして発見され

たものではなく，数学的事象の奥深くに存在するものとして発見されたものなのである．歴史的な発展がそうであったように，初めて群論を学ぶ読者に'目からうろこが落ちる'ように説明するのは難しい．理解が必ずしも完全でなくても，その有用性を信じて先を進むがよい．

ラグランジュの定理を正 6 面体群 G に応用してみよう．サイコロの面の考察から，G が 6 つの面に可移に作用することがわかった．ラグランジュの定理により，1 の面を固定するシンメトリー全体の個数がわかれば，シンメトリー群そのものの位数が判明する．σ を 1 の面を固定するシンメトリーとすると，σ は反対側の 6 の面も固定する．ゆえに，σ はこの 2 つの面の中心を通る直線を軸とする回転である．ゆえに G_1 を 1 の面を固定するシンメトリー全体のなす G の部分群とすると，G_1 は位数 4 の巡回群である．

ラグランジュの定理により $|G| = 6|G_1| = 24$ となる．これで正 6 面体群の位数がわかった．その構造を知るためには，正 6 面体群 G が 6 個より少ない文字の上に置換群として作用していないかどうかを考えるとよい．いま考えている正 6 面体の場合には，8 個の頂点があるが，正 6 面体の中心に対して，相対する頂点を結ぶと 4 本の対角線ができ，G がそれらに作用している．しかも，4 本の対角線を全部固定する正 6 面体群の元は，次の問で示すように単位シンメトリーしかない．問を用いれば G は 4 次の対称群 S_4 の部分群(に同型)であることがわかる．$|S_4| = 24$ であるから，G は S_4 そのものであると結論できる．

──〈ちょっと考えよう●問 1.11〉──
正 6 面体の 4 本の対角線を固定するシンメトリーは単位シンメトリーであることを証明せよ．

[ヒント] 図 1.8 により，頂点に番号を付ける．4 本の対角線を頂点を用いて $\overline{17}, \overline{28}, \overline{35}, \overline{46}$ と表す．σ をそれら 4 本の対角線を固定するシンメトリーとする．$1^\sigma = 1$ とすると，$2^\sigma = 2, 4, 5$ の可能性しかない．対角線 $\overline{28}$ が固定されているのだから，$2^\sigma = 2$ である．同じように，$4^\sigma = 4$ も成立する．そうすると $3^\sigma = 3$ でもあり，結局すべての頂点が固定されることになる．この場合は σ は単位シンメトリーである．

次に，$1^\sigma = 7$ としよう．このときは $2^\sigma = 3, 6, 8$ の可能性がある．$\overline{28}$ が固定されているから，$2^\sigma = 8$ となる．同じように $4^\sigma = 6$．頂点 $1, 2, 3, 4$ を含む面に行き先を考えて $3^\sigma = 5$ を得る．すなわち $\sigma = (17)(28)(35)(46)$ と表示できる．これは（鏡映との合成ではあるが）シンメトリーではない．

はじめに 4 本の対角線のことに気がつけば，正 6 面体のシンメトリー群が S_4 の部分群であるということがわかる．そして，正 6 面体を見ただけで，相対する面に関する回転が全部で 9 個，そして，相対する頂点に関する回転が全部で 8 個，それに単位シンメトリーをあわせて，18 個のシンメトリーの存在がわかるだろう．ラグランジュの定理により，$|G| \geq 18$ ならば $G \cong S_4$ となるしかない．正 6 面体群の位数と構造を知るにはこれが一番の近道であろう．正 8 面体はすでに述べたように正 6 面体と対になっているから，正 8 面体群も 4 次の対称群に同型である．

■ 正 12 面体と正 20 面体

最後になったが，正 12 面体と正 20 面体をとりあげよう．まず，次の問で正 12 面体と正 20 面体が対になっていることを確かめる．

> ─〈ちょっと考えよう●問 1.12〉─
> 正 12 面体群と正 20 面体群は同型であることを確認せよ．

G を正 12 面体群とする．正 12 面体の中心と頂点の 1 つを通る直線に関する回転でその頂点のまわりの 3 つの面は移りあう．頂点をかえてそのまわりの回転を考える．これをくり返すと，12 個の面は G で移りあう．正 12 面体群 G は 12 個の面の上に可移に作用することがわかった．（「正」という文字がついているのだから，シンメトリーでいかなる 2 つの面も移りあうのは当然のことである．しかし，「正」という名称は人間がつけたわけだから，数学的には証明が必要である．）

1 つの面を固定するシンメトリーはその面の中心と正 12 面体の中心を通る直線に関する回転で，その回転角は $72°$ の倍数である．すなわち，1 つの面を固定するシンメトリー全体は位数 5 である．全部で 12 個の面があるの

だから，$|G| = 12 \cdot 5 = 60$ とただちに結論できる．群論の威力がわかるであろう．正 12 面体群は同時に正 20 面体群でもあったが，正 20 面体群の 1 つの面は 3 角形で，それが全部で 20 個あるのだから，やはり $|G| = 20 \cdot 3 = 60$ と導くことができる．

正 12 面体群 G は 5 次の交代群 A_5 に同型である．しかし，この事実の証明はやさしくはない．正 12 面体の中心と 1 つの面の中心を通る直線は反対側の面の中心を通る．ゆえに，1 つの面の中心とその対面の中心とを結ぶ直線は全部で 6 本できる．問 1.11 と同じような考察をして G が 6 文字の上の置換群として表示できることがわかる．

正 12 面体群 G が 6 次の交代群 A_6 の部分群であることを証明しよう．1 つの面とその対面を決めると，そのまわりに $72°$, $144°$, $216°$, $288°$ と 4 つの回転がある．これらの回転はすべて位数が 5 であるから，A_6 の元としては 5 項巡回置換である．それゆえ問 1.7(2) よりそれらは偶置換である．面は全部で 12 個あり，各面とその対面の組に対して同様にして 4 個の偶置換が得られるから，全部で $4 \times 6 = 24$ 個の位数 5 の偶置換が得られる．

次に正 12 面体群をそれに同型な正 20 面体群として考えると，問 1.7(2) を再び用いて $2 \times 10 = 20$ 個の位数 3 の偶置換が得られる．すでに得られた 24 個の偶置換と単位シンメトリーを合わせて，G 全体で偶置換を少なくとも 45 個含むことになる．G の偶置換全体は部分群をなし，その部分群の位数はラグランジュの定理により，60 の約数でなくてはならない．それゆえ G の元すべてが偶置換となる．G は 6 次の対称群の部分群であったから，実は G は A_6 の部分群であることがわかった．$|A_6| = 360$, $|G| = 60$ であるが，A_6 の位数 60 の部分群はすべて A_5 に同型になることも知られている．

正 12 面体または正 20 面体という幾何学的図形の中に 5 つのものを見出し，その上に G が置換群として作用していることが示されれば，$G \cong A_5$ が直ちに言えるのであるが，そのような 5 つのものはちょっと見ただけではわからない．

ややクイズのようであるが次の問をヒントなしで出しておこう．

───〈ちょっと考えよう●問 1.13〉───
正 12 面体の中にシンメトリー群が可移に作用する 5 個のものを見出せ．

　正 12 面体の構造を知るためには，それらの 5 個のものを苦労して探すよりは，群論を用いるほうがよいであろう．
　群論を用いて，$G \cong A_5$ を先に示し，それによって正 12 面体の中に 5 つのものがあり，G がその上の置換として作用しているはずである，という議論にもっていくのが数学的に正当であろう．少し群論を学べば，たとえば，次のことも容易に示せる．

─── 研究課題 1.1 ───
G を位数 60 の群とする．G が位数 5 の元を 5 個以上含めば，G は 5 次の交代群 A_5 に同型である．

　G を正 12 面体群とすると，すでに述べたように少なくとも 24 個の位数 5 の元を含む．ゆえに，上の研究課題により G は A_5 に同型であることがわかる．もういう必要もないであろうが，正 20 面体群も A_5 に同型である．
　これで正多角形のシンメトリー群の巡回群と 2 面体群，正 4 面体群，正 6 面体群 (正 8 面体群)，正 12 面体群 (正 20 面体群) という互いに同型ではない 5 つの群を学んだことになる．これらの群はすべて，3 次元空間の回転全体からなる群の有限部分群である．(巡回群は 2 次元空間におけるシンメトリー群であり，退化されたシンメトリー群と呼ばれる．)
　一方，正多面体などの幾何学的イメージとは独立に，3 次元空間の回転群を考えることができる．回転群は原点を中心にもつ球のシンメトリー群であってもちろん無限群である．その有限部分群は 19 世紀の後半ジョルダンによって厳密に決定された．
(1)　巡回群
(2)　2 面体群
(3)　4 次の交代群
(4)　4 次の対称群

(5) 5次の交代群

がそのすべてである．自然に存在する幾何学的図形のシンメトリー群と，抽象的に定義されるものとが完全に一致してしまうのである．

1.4 空間のシンメトリー

　前節までは，正多角形，文字の集合，正多面体という，具体的なもののシンメトリー(対称性)を考えてきた．まず，ものがあってそのもののシンメトリーを考えている．そのものが空気中に浮かんでいても，水の中にもぐっていても，机の上に乗っていてもよい．また，頭の中で，それらのものを思い浮かべているだけでもよい．

　辺の数が大きい正多角形のように，対称性が大きいほど，そのものがもつシンメトリー群の位数は大きくなり，また，正20面体のように，その対称性が複雑になると，そのシンメトリー群は複雑な構造を持つ．もちろん，まったく対称性のないものには「何も動かさない＝何も変換しない」という，単位シンメトリーしかない．このようにして，われわれは，ものの対称性を計る道具を得たのであった．

　シンメトリーという概念はものがなければ考えられないように思える．ものがないと動かすものがなく，対称性などといっても，意味はなさそうである．

　なにもない暗黒の宇宙空間(真空と呼ぶ)の中のことを考えよう．光もないのである．まったくの闇の中にいる自分を想定してもよい．そこにはシンメトリーはないのだろうか．闇の中を歩いてもどこを歩いたのか，どちらの方向へ歩いたのかはまったくわからない．もとの位置にもどることさえできない．もう一度，シンメトリーが何であったかを思いおこそう．なにかものを動かしたとき，その動く現場を見ていないかぎり動いたことがわからないとき，そのものはシンメトリーをもっていると言った．

　何もない闇の中では，動いたことすらわからないし，もとの位置に戻ることさえできない．闇の中では一瞬先もまた闇である．どちらに行っているかさっぱりわからない．それはとりもなおさず，真空は対称だから，どちらに行っているかわからないし，またどちらに行っても同じなのである．

これが，空間自体の対称性である．数学的に言えば，「真空では原点をどこにとっても，それからどのように，3つの x,y,z 軸をとってもまったく同じである」というシンメトリーをもっている．

　そんなあたりまえなことはわかっていると読者は言うであろう．しかし，それがあたりまえではないことを生み出すのである．アインシュタインは，ガリレオの慣性律やニュートンの運動法則は，空間が平行移動と回転に対してシンメトリーをもっていることから帰結される運動法則であると結論した．そして，電磁気学から生ずるいろいろな矛盾や不可解なことを解明するために，物理空間，すなわち，時空間は回転に関して対称であるだけでなく，すべてのローレンツ変換で対称であると仮定した．そして，物理法則はローレンツ変換で不変であるとの仮定のもとに，特殊相対性理論が生まれたのである．

　特殊相対性理論は電磁理論を完成させたが，重力理論ではなかった．アインシュタインは，さらに10年の努力をし，物理空間は，回転，平行移動，ローレンツ変換のみならず，すべての一般座標変換に対してシンメトリックであるとして，一般相対性理論を生みだしたのである．

　最近の量子場の理論では，そのような一般座標変換でもまだ不十分で，局所座標変換が必要になっている．座標の変換規則が局所的にしか与えられていないのである．一瞬先が闇ならば，大局的な変換を考えるのは，言い過ぎだという．一瞬先のことはわからず，また少し前の時空間がいまどのようになっているのかもわからない．もう過ぎてしまったことなのである．これが，時空間の局所的シンメトリーである．そして物理法則はすべての局所シンメトリーで不変でなければならないと仮定して，ビッグバンから宇宙の果てまでのすべての時空間内での物理現象を包含する理論を探しているのである．

第2章
代数方程式の解法と群の誕生

　第1章では，正多角形や正多面体のシンメトリーを用いて，群の公理，基本的な用語，群の基本的な性質などを学んだ．正多角形，正多面体それ自体は，目でよく見ることもできる．しかし，それらのシンメトリー群を考えることによって，正多角形，正多面体そのものに関する本質的に新しい発見ができたわけではない．また，そのような期待もあまりできない．

　本章では，群という概念が生まれそれがシンメトリーとして作用していることが発見されなければ，解決も解明もできなかった代数方程式論について述べる．代数方程式論においては群という概念は本質的に必要だったのである．

2.1 方程式の解

　$a_0, a_1, \cdots, a_n$ を既知数，x を未知数とするとき，次の式を(n次の)代数方程式という．
$$a_0 x^n + a_1 x^{n-1} + a_2 x^{n-2} + \cdots + a_n = 0 \quad (a_0 \neq 0)$$
方程式には，他にも微分方程式，積分方程式，差分方程式など種々のものがあるが，本書では，代数方程式しか考えないので単に方程式といえば代数方程式のことをさす．

　ここで方程式の係数と呼ばれている既知数 $a_0, a_1, \cdots, a_n$ とはいったい何

であろうかという疑問は当然である．はじめは係数として正の自然数を考えたであろう．そして負の数を考えなくてはならないときには前もって反対側に移項して係数の符号を正にした式を考えたであろう．そういう時代を経て，係数が負の数，有理数，実数，複素数の場合には方程式の解はどうなるかと問題が広がっていき，さらに方程式論の最後の段階では係数 $a_0, a_1, \cdots, a_n$ は**不定元**(変数)となるのである．不定元ということを厳密に定義するのはなかなか難しい．それゆえ定義なしで用いることにする．制限の何もない文字とか記号程度の意味に解釈してほしい．与えられた方程式を満たす x(の値)を**方程式の根**と呼び，根 x を既知数 $a_0, \cdots, a_n$ を用いて表示することを**方程式を解く**という．根のことを**解**ともいうが，その場合は根の解法までを暗に含めてある場合がある．

さて，a_0 で割れば，最高次の係数は 1 となる．それゆえ，はじめから，$a_0 = 1$ とする．すなわち

$$x^n + a_1 x^{n-1} + a_2 x^{n-2} + \cdots + a_n = 0$$

という方程式を考えているのである．また，ことわらない限り，$a_1, \cdots, a_n$ は複素数とする．しかし，数値計算が必要のときは主として実数係数の方程式を考える．方程式と群の関係を論ずるためには今のところそれで十分である．

■ 方程式の根

与えられた方程式を多項式の形に書いて，

$$f(x) = x^n + a_1 x^{n-1} + a_2 x^{n-2} + \cdots + a_n$$

としよう．変数 x がいろいろな値をとるとき関数 $f(x)$ はどのような値をとるだろうか．たとえば，ある数 b に対して $f(x) = b$ となる x は存在するだろうか．存在すればそれを実際に求めたい．このような問題はいつの時代にでも現われる．b を左辺に移項すれば，$f(x) - b = 0$ となる．結局，方程式を解くことになる．また，どのような関数でも，有限の領域で考えるならば，多項式 $f(x)$ で近似できる．もとの関数の値の変化は多項式 $f(x)$ の値の変化でほぼわかる．そのためには，$f(x)$ の極値，変曲点などを知る必要がある．それらの情報は $f(x)$ の導関数 $f'(x)$ や，2 次の導関数 $f''(x)$ などの値や零点の位置からわかる．方程式の根を知りたい理由がこんなとこ

ろにもあるのである.

方程式 $x^n + a_1 x^{n-1} + \cdots + a_n = 0$ の根を知りたくても，根が存在しなければ解けない．そこで根の存在がまず問題となる．n が奇数ならば，$y = f(x) = x^n + a_1 x^{n-1} + \cdots + a_n$ のグラフは x 軸を少なくとも1回は横切る．その点の x 座標が $f(x) = 0$ の根である．n が偶数であると，グラフが x 軸を横切らないこともある．そのときは方程式 $f(x) = 0$ は実数の根（実根）をもたない．たとえば，$x^4 + 1 = 0$ は実根をもたない．$\sqrt{-1}$ という虚数の概念に到達していたとすると，

$$x^4 + 1 = (x^2 - \sqrt{-1})(x^2 + \sqrt{-1})$$

と分解できる．根号を用いてさらに形式的に分解すれば，

$$x^4 + 1 = \left(x - \sqrt{\sqrt{-1}}\right)\left(x + \sqrt{\sqrt{-1}}\right)\left(x - \sqrt{-\sqrt{-1}}\right)\left(x + \sqrt{-\sqrt{-1}}\right)$$

となる．

微積分の創始者の1人であるライプニッツは，$\sqrt{\pm\sqrt{-1}}$ は $\sqrt{-1}$ を使っても表わせない数だと思っていた時期もあるようだ．しかし，オイラーは

$$\sqrt{-1} = \left(\frac{1 + \sqrt{-1}}{\sqrt{2}}\right)^2, \qquad -\sqrt{-1} = \left(\frac{-1 + \sqrt{-1}}{\sqrt{2}}\right)^2$$

ということを知っていた．それがわかれば $x^4 + 1 = 0$ は複素数の範囲で異なる4つの根をもつことがわかる．

また，

$$x^4 + 1 = (x^2 - \sqrt{2}x + 1)(x^2 + \sqrt{2}x + 1)$$

という分解を発見することができれば，4つの根は2次方程式の根の公式を用いて求めることができる．

複素数に係数をもつ方程式

$$x^n + a_1 x^{n-1} + \cdots + a_{n-1}x + a_n = 0$$

は複素数全体の集合 $\mathbb{C}$ の中に，少なくとも1つの根をもつ．これは**代数学の基本定理**と呼ばれる．ガウスが初めて厳密に証明した．ガウスはそれまでにあった根の存在証明を批判して，満足すべき証明を示したのである．重要な定理であって，その証明もいくつか知られている．ガウスは

$$f(x) = x^n + a_1 x^{n-1} + \cdots + a_n$$

をガウス平面(図2.1)の上の関数とみなし，x が適当な円の上を動くときに，

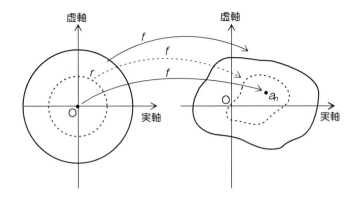

図 2.1 代数学の基本定理(ガウス)

$f(x)$ の描く曲線が原点を通らなければならないということを証明した.

ガウスのこの証明はわかりやすいので，それを述べよう.

[代数学の基本定理の証明] n 次方程式
$$x^n + a_1 x^{n-1} + a_2 x^{n-2} + \cdots + a_n = 0$$
に複素数の根があるかどうかということが，問題であった．係数の $a_1, a_2, \cdots, a_n$ も複素数とする．
$$f(x) = x^n + a_1 x^{n-1} + a_2 x^{n-2} + \cdots + a_n$$
とおいて，f を複素数 $\mathbb{C}$ から $\mathbb{C}$ への写像とみなす．たとえば，$f(0) = a_n$ であるから，0 は a_n へと写像される．

$f(x) - a_n$ がどの程度，原点から離れているかを知りたい．
$$\begin{aligned} f(x) - a_n &= x^n + a_1 x^{n-1} + a_2 x^{n-2} + \cdots + a_{n-1} x \\ &= x^n \left(1 + \frac{a_1}{x} + \frac{a_2}{x^2} + \cdots + \frac{a_{n-1}}{x^{n-1}} \right) \end{aligned}$$
であるから，両辺の絶対値をとって，不等式 $|a|+|b| \geq |a+b|$, $|a+b| \geq |a|-|b|$ などを用いれば
$$\begin{aligned} |f(x) - a_n| &= |x|^n \left| 1 + \frac{a_1}{x} + \frac{a_2}{x^2} + \cdots + \frac{a_{n-1}}{x^{n-1}} \right| \\ &\geq |x|^n \left\{ 1 - \frac{|a_1|}{|x|} - \frac{|a_2|}{|x|^2} - \cdots - \frac{|a_{n-1}|}{|x|^{n-1}} \right\} \end{aligned}$$

ここで $|x|$ を十分大きく選べば，$\dfrac{|a_1|}{|x|}, \dfrac{|a_2|}{|x|^2}, \cdots, \dfrac{|a_{n-1}|}{|x|^{n-1}}$ などは限りなく 0 に近づけることができるから
$$1 - \frac{|a_1|}{|x|} - \frac{|a_2|}{|x|^2} - \cdots - \frac{|a_{n-1}|}{|x|^{n-1}} \geq \frac{1}{2}$$
である．それゆえ，
$$|f(x) - a_n| \geq \frac{|x|^n}{2} > |a_n| \quad (|x| \text{ が十分大きいとき})$$
が成立する．要するに，x の絶対値 $|x|$ さえ十分大きくしておけば，x 自身の値に関わらず，複素数 $f(x) - a_n$ の絶対値は $|a_n|$ よりも大きいと主張しているのである．すなわち，$f(x)$ の像から点 a_n までの距離は $|a_n|$ よりは大きい．言いかえれば，x が原点を中心として，十分大きい半径の円を描くとき，$f(x)$ は原点を内部に含む閉じた曲線を描く．ところが，考えている円の半径をどんどん小さくして，ついには半径を 0 とすると，$f(x) = a_n$ の 1 点だけになる．ゆえに，そこに達するまでに原点を中心とする半径 r の円が存在して，その $f(x)$ の描く閉じた曲線が原点 O を通るはずである．すなわち，半径 r の円上のある点 x_0 に対して $f(x_0) = 0$ が満たされているはずである．この x_0 が $f(x) = 0$ の根である．

　この証明はわかりやすいが，多項式関数の連続性や幾何学的イメージ（閉じた曲線，その内部）に頼っている，などの問題も残る．また，図 2.1 では $f(x)$ の描く曲線は原点を 1 回まわる場合だけを書いたが，一般には何回もまわることも考えられる．それゆえ，もっと代数的な証明もある．しかし，その証明でも多項式関数の連続性は用いる．代数学の基本定理の，数あるどの証明も，連続性，解析性，位相数学の手法などを用いていて，純粋に代数的にはできていない．複素数の集合 $\mathbb{C}$ そのものが代数的には構成できないのである．

　さて，代数学の基本定理により根の存在はわかったわけであるが，その根を具体的に求めることはまったく別の問題である．しかし，2 次方程式の根の公式のように方程式の根を係数の加減乗除と根号を用いて表わしたいと思うのは自然な問題である．だが，最も簡単そうに見える方程式
$$x^n - 1 = 0$$
の根ですら，ベキ根による解法はガウスによって発見されたのである．ガ

ウスは 19 歳になる 1 カ月前に定規とコンパスによる正 17 角形の作図問題を解いている．それは，方程式 $x^{17}-1=0$ を平方根の組合せのみによって表示せよという問題と同値である．

もちろん，3 角関数を使えば，$x^n-1=0$ の根は

$$x = \cos\frac{2\pi k}{n} + \sqrt{-1}\sin\frac{2\pi k}{n}, \quad k = 0, 1, 2, \cdots, n-1 \qquad \text{(i)}$$

と表わすことができるが，これはベキ根で解いたことにはならない[1]．

n が素数でなければ，$n = st$ と 1 より大きい 2 つの数 s, t の積で表わせる．もし，1 の s 乗根 $\{\epsilon_1, \epsilon_2, \cdots, \epsilon_s\}$ も 1 の t 乗根 $\{\eta_1, \eta_2, \cdots, \eta_t\}$ もベキ根の形に書けていれば，1 の n 乗根は

$$\{\epsilon_i \sqrt[s]{\eta_j} \mid i = 1, 2, \cdots, s\,;\, j = 1, 2, \cdots, t\} \qquad \text{(ii)}$$

となり，ベキ根で書けることになる．このことの確認は問とする．

―――〈ちょっと考えよう●問 2.1〉―――

$\epsilon_i \sqrt[s]{\eta_j}$, $i = 1, 2, \cdots, s$, $j = 1, 2, \cdots, t$ はすべて異なる 1 の n 乗根であることを確認せよ．ただし，$\eta_1 = 1$, $\sqrt[s]{\eta_1} = 1$ とする．脚注1)参照．

[ヒント] 表示が異なる 2 つが等しいとして矛盾を導け．

ゆえに，$x^n - 1 = 0$ のベキ根による解法は n が素数 p の場合に帰着することがわかった．

ただし，今述べた解法が最も望ましい解というわけではない．たとえば，$n = 4$ とすれば，(ii)の方法では，$1, -1, \sqrt{-1}, -\sqrt{-1}$ を得る．これはいい

---

1) ベキ根による解法ということは，根をベキ根拡大に含まれる元として(具体的に)表示するということである．ベキ根ということばはやや濫用されているので根号による解法といってもよい．体論をまだ始めていないので，今はやや曖昧な形で理解することにする．すなわち，方程式の根が根号 $\sqrt[n]{\ }$ の組合せ(加減乗除)によって表示することができればベキ根による解法があるということにする．しかし，注意しなくてはいけないこともある．たとえば，
$$x^2 + 1 = 0, \quad x = \pm\sqrt{-1}$$
はベキ根による解である．しかし，$x^5 - 1 = 0$ の解を単に $x = \sqrt[5]{1}$ とするのはベキ根による解とは言い難い．すなわち，根号の中が 1 であっては困る．しかし，根号の中が複雑に見えていても計算を実行すると 1 に等しいということも起こりうる．それはどう処置するか．また $x = \sqrt[5]{1} = \cos 72° + i\sin 72°$ と表示すればそれでよいか．根号 $\sqrt[n]{\ }$ の組合せ(加減乗除)によって表示するということもなかなか微妙な問題を含んでいるのである．ベキ根による解法はベキ根拡大という概念を用いて 2.4 節で正確に定義する．

だろう．しかし，$n=8$ とし $s=2, t=4$ として(ii)を適用すると，
$$\epsilon_1 = 1, \ \epsilon_2 = -1$$
$$\eta_1 = 1, \ \eta_2 = -1, \ \eta_3 = \sqrt{-1}, \ \eta_4 = -\sqrt{-1}$$
であり，4個の複素数の平方根をとり，
$$\pm 1, \ \pm\sqrt{-1}, \ \pm\sqrt{\sqrt{-1}}, \ \pm\sqrt{-\sqrt{-1}}$$
が解となる．しかし，3角関数による表示(i)により，$\cos\dfrac{\pi}{4} = \sin\dfrac{\pi}{4} = \dfrac{1}{\sqrt{2}}$ を用いると，1の8乗根の1つが
$$\frac{1+\sqrt{-1}}{\sqrt{2}}$$
と書けることがわかる．前に述べた $x^4+1=0$ の根と半分は同じであるが，8個の根を全部書くと
$$\pm 1, \ \pm\sqrt{-1}, \ \pm\frac{1\pm\sqrt{-1}}{\sqrt{2}}$$
であり，こちらのほうが $a+b\sqrt{-1}, \ a,b \in \mathbb{R}$ の形に書けていて見やすい．

素数 p に対して $x^p - 1$ を考えると
$$x^p - 1 = (x-1)(x^{p-1} + x^{p-2} + \cdots + x + 1)$$
と分解できるから，与えられた方程式は
$$x^{p-1} + x^{p-2} + \cdots + x + 1 = 0 \qquad (\text{iii})$$
と思ってよい．さらに $p=2$ であれば，$x=-1$ であるから，$p \geq 3$ と仮定する．

〈ちょっと考えよう●問 2.2〉

$p=3$ のときは，$x = \dfrac{-1 \pm \sqrt{-3}}{2}$ であることを示せ．

$p = 5, 7$ のときは $y = x + \dfrac{1}{x}$ とおいて，y に関する式を書いてみると(iii)が解けることがわかる．$x^2 - yx + 1 = 0$ であることに注意しよう．

---〈ちょっと考えよう●問 2.3〉---

$p = 5$ のとき，次の式が成り立つことを示せ．
(1) $y^2 + y - 1 = 0$. $y = \dfrac{-1 \pm \sqrt{5}}{2}$.
(2)
$$x = \dfrac{-1 + \sqrt{5} \pm \sqrt{-10 - 2\sqrt{5}}}{4}, \quad \dfrac{-1 - \sqrt{5} \pm \sqrt{-10 + 2\sqrt{5}}}{4}.$$

---〈ちょっと考えよう●問 2.4〉---

$p = 7$ とせよ．このとき $y^3 + y^2 - 2y - 1 = 0$ が成り立つことを示せ．

まもなく述べるが，3次方程式にはベキ根による解法がある．それを用いれば，問 2.4 の y についての3次方程式がベキ根によって解け，それができれば，$x^2 - yx + 1 = 0$ を x について解けば，1 の 7 乗根 x がベキ根で解けることがわかる．1 の 5 乗根は上にも記したが，1 の 7 乗根は複雑な式となる[2]．それには複素数の 3 乗根が必要であるが，それは一意的には定まらないし，また標準的なものもとりにくい．次節で実例を用いて説明するが，ガウスは「1 のベキ根は根号によって表示できる」ということを示した．このガウスの定理は後で見るように，ガロアの主定理「代数方程式がベキ根によって解けるためにはそのガロア群が可解群であることが必要十分である」ということの証明に重要な役割をする．

■ ガウスの解法

すでに上で述べたようにガウスは方程式
$$x^{p-1} + x^{p-2} + \cdots + x + 1 = 0$$

---

[2] $\dfrac{1}{3}\left\{\dfrac{-1+\sqrt{-7}}{2} + \dfrac{-1+\sqrt{-3}}{2} \cdot \sqrt[3]{\dfrac{14 - \sqrt{-7} - 3\sqrt{21}}{2}} + \sqrt[3]{\dfrac{14 - \sqrt{-7} + 3\sqrt{21}}{2}}\right\}$
が 1 の原始 7 乗根の 1 つである．ただし，複素数の n 乗根は，はじめに実数部分の大きさ，次に虚数部分の大きさで，辞書式順序をつけ，一番大きいものをとるとする．浅井哲也氏による．

がすべての素数 p に対して，ベキ根で解けることを証明した．そして，その結果を用いて，すべての正整数 n に対して $x^n - 1 = 0$ の(すべての)根がベキ根で解けることを示したのである．ガウスの方法はガロア理論が常識となった現代からみるとまわりくどいが，実例で説明しよう．$p = 13$ の場合を考えるのだが，その前に，整数の加法群 $\mathbb{Z}$ を「n を法として考える」という概念を導入する．

$a, b \in \mathbb{Z}$ として，$a - b$ が正整数 n で割り切れるとき，
$$a \equiv b \pmod{n}$$
と書く．任意の整数 m に対して，
$$\overline{m} = \{k \in \mathbb{Z} \mid k \equiv m \pmod{n}\}$$
とおく．$k - m$ が n で割り切れるような数 k を全部 $\overline{m}$ の中に入れてしまうのである．特に，$m - m = 0$ は n で割り切れるから $m \in \overline{m}$ である．また $m = nq + r,\ r \in \{0, 1, 2, \cdots, n-1\}$ と一意的に表わせるから，$\overline{m} = \overline{r}$ である．このように任意の整数は集合
$$\overline{0},\ \overline{1},\ \overline{2}, \cdots, \overline{n-1}$$
のどれかに属する．整数 m を正整数 n を法として考えるということは，m を n で割ったときの余り $0 \leq r \leq n-1$ だけを考えるということである．

素数 $p = 13$ を法として整数を考え，
$$2,\ 2^2 = 4,\ 2^3 = 8,\ 2^4 = 16 \equiv 3,\ 2^5 \equiv 6,\ 2^6 \equiv 12,\ 2^7 \equiv 11,$$
$$2^8 \equiv 9,\ 2^9 \equiv 5,\ 2^{10} \equiv 10,\ 2^{11} \equiv 7,\ 2^{12} \equiv 1$$
のように 2 のベキをつくると，13 を法として 0 以外の数 12 個がすべて現われる．すなわち，整数を 13 で割った余りとして，0 以外のすべての数
$$1, 2, 3, 4, 5, 6, 7, 8, 9, 10, 11, 12$$
が現われる．一般に，素数 p に対してある数 r であって，r のベキ全体が p を法として 0 以外の数 $p-1$ 個がすべて現われるとき，r を p に関する**原始根**という．通常 $1 \leq r \leq p-1$ とする．群論のことばを用いれば，$\{\overline{1}, \overline{2}, \cdots, \overline{p-1}\}$ は乗法に関して群をなすが，それが巡回群であることが証明できる．p を法としての原始根とはその巡回群の生成元に他ならない．2 は $p = 13$ に関する原始根なのであるが，2 以外にも原始根はある．

―――〈ちょっと考えよう●問 2.5〉―――
整数を $p = 13$ を法として考えるとき，$2, 6, 7, 11$ が原始根のすべてであることを示せ．また 20 以下の素数に対して原始根が存在することを確かめよ．

p を一般の素数とするとき，p を法として考えた整数にも原始根は存在する．これもガウスが初めて証明したことになっている．

$12 = 4 \cdot 3$ である．そこで，ζ を 1 の原始 13 乗根として，
$$\eta_1 = \zeta + \zeta^8 + \zeta^{8^2} + \zeta^{8^3}$$
で定義される数を考える[3]．$8^4 \equiv 1 \pmod{13}$ であることに注意する．$\zeta^{13} = 1$ を用いて書き直せば，
$$\eta_1 = \zeta + \zeta^8 + \zeta^{12} + \zeta^5$$
である．$\zeta \to \zeta^2$ という写像を考え，対応する η_1 の像を η_2 と書き，$\zeta \to \zeta^4$ という写像に対応する η_1 の像を η_3 と書けば，次式のようになる．
$$\eta_2 = \zeta^2 + \zeta^3 + \zeta^{11} + \zeta^{10}$$
$$\eta_3 = \zeta^4 + \zeta^6 + \zeta^9 + \zeta^7$$

―――〈ちょっと考えよう●問 2.6〉―――
上の η_1, η_2, η_3 について，以下の 3 つの式が成り立つことを示せ．
 (1)　$\eta_1 + \eta_2 + \eta_3 = -1$
 (2)　$\eta_1\eta_2 + \eta_2\eta_3 + \eta_3\eta_1 = -4$
 (3)　$\eta_1\eta_2\eta_3 = -1$
である．とくに，η_1, η_2, η_3 は 3 次方程式 $x^3 + x^2 - 4x + 1 = 0$ の根である．

---

[3] なぜこのような数を考えるかというのはガロア群の理論を学ばないとよくはわからない．ガウスはこのような数を考えると 12 個の 1 の 13 乗根が都合よく 4 個に分解することを（おそらく試行錯誤の後に）発見したのであろう．今のところ，実際に計算してみないとその有用性はわからない．問 2.7 はその 1 例である．第 3 章，第 4 章で必要な群論を学ぶが，原始根 2 が $p = 13$ を法として位数 12 の巡回部分群 G をなし，η_1 は位数 4 の巡回部分群 H に対応しており，すぐ後で定義する η_2, η_3 は H によるコセット（剰余類）に対応している．次に述べる ξ は位数 3 の巡回部分群に対応している．群論とガロア理論を用いると，問 2.6 と問 2.7 は簡単な組み合わせの計算で答がわかる．

また，ξ_1 として
$$\xi_1 = \zeta + \zeta^3 + \zeta^9$$
と定義し，$\zeta \to \zeta^2$ という写像に対応する ξ_1 の像を $\xi_2 = \zeta^2 + \zeta^6 + \zeta^5$，$\zeta \to \zeta^4$ という写像に対応する ξ_1 の像を $\xi_3 = \zeta^4 + \zeta^{12} + \zeta^{10}$，$\zeta \to \zeta^8$ という写像に対応する ξ_1 の像を $\xi_4 = \zeta^8 + \zeta^{11} + \zeta^7$ とおけば，同じようにして $\xi_1, \xi_2, \xi_3, \xi_4$ が4次の方程式を満たすことが言える．

―〈ちょっと考えよう●問 2.7〉――
$\xi_1, \xi_2, \xi_3, \xi_4$ を根とする4次の方程式を求めよ．ζ は $x^3 - \xi_1 x^2 + \xi_3 x - 1 = 0$ の根であることを確かめよ

［解］ $x^4 + x^3 + 2x^2 - 4x + 3 = 0$. 後半は容易である．

$12 = 3 \cdot 4$ のときだけ確かめたが，$12 = st$ のようにどのような2つの数の積に書いても，分けられた数に対応する方程式が出現する．もし，それらの小さい次数の根がベキ根で解けるならば，もとの方程式の根もベキ根で解けるというのがガウスの論法である．たまたま $p = 13$ を選んだので $p - 1 = 3 \cdot 4$ であり，3次方程式と4次方程式が出てきた．それらに対しては根の公式によりベキ根による解法があるが，ガウスはそれらの公式を用いているわけではない．また，$p = 23$ であると，$p - 1 = 2 \cdot 11$ となり，11次の方程式を解くことになる．ガウスは1の原始11乗根のベキ根表示を用いて，その11次の方程式がベキ根で解けることを証明したのである．すなわち，$p = 23$ の場合は $p = 11$ の場合に帰着される．さらにそれは，$11 - 1 = 2 \cdot 5$ であるから $p = 5$ の場合に帰着されることになる．このように，1の原始 p 乗根のベキ根表示の存在を，小さい素数の場合に証明しておけば，すべての素数 p について，1の原始 p 乗根のベキ根表示の存在を示すことができるのである．（なお，$p = 2$ の場合は自明であるし，$p = 3, 5$ の場合も，問 2.2，問 2.3 で示したようにベキ根で解けている．それで十分である．）

ガロアは決闘前夜，友人のシュヴァリエに書いた手紙の中で代数方程式のベキ根による解法に関して

「最も簡単な場合は，ガウス氏の方法を用いて成立する分解である．こ

のような分解は方程式の群の形状から見て明白だから，このテーマに久しく足を止めたりするのはむだなことだ」[4]
と書いている．さしものガウスもガロアにあってはかたなしである．

ここでいう方程式の群とは，後にガロア群と呼ばれるようになるが，代数方程式に付随したシンメトリーの群である．方程式 $x^p - 1 = 0$ の群は位数 $p-1$ の巡回群であり，最も簡単な群である．ガロアにとってはすべてが明白なのである．「もう自分には時間がない」と最後の手紙に書かなくてはならなかった彼にはここで足踏みすることは許されなかったのである．

われわれは，もう一度 4 章 4.5 節で，ガロアの理論を用いてガウスの定理を厳密に証明するので，ここではガウス氏自身の方法は，これ以上は追及しないことにする．しかし，1 の n 乗根は根号で表示することができる，ということ自体は証明されたものとしてしばらく話を続ける．

方程式 $x^n - 1 = 0$ の根に関するガウスの定理は重要である．それがわかると，一般の n 次方程式を考えるときでも，1 のベキ根を自由に用いることができるからである．また，ガウスの仕事は，n がいくら大きくてもベキ根によって解ける(自明でない)例があることを示した意味でも重要である．アーベルはその拡張を試み，いわゆるアーベル方程式はベキ根による解法が存在することを示している．なお，$x^n + a_1 x^{n-1} + \cdots + a_n = 0$ は，その方程式の群がアーベル群になっているとき**アーベル方程式**という．

2.2　3 次，4 次代数方程式の解法

さて，はじめに与えられた n 次代数方程式
$$x^n + a_1 x^{n-1} + \cdots + a_{n-1} x + a_n = 0$$
に戻ろう．1 次方程式は問題にならないから $n \geq 2$ とする．2 次方程式
$$x^2 + a_1 x + a_2 = 0$$
の一般解
$$x = \frac{-a_1 \pm \sqrt{a_1{}^2 - 4a_2}}{2}$$

---

4)　『アーベル/ガロア・楕円関数論』，高瀬正仁訳，朝倉書店，1988. p.288.

は古くペルシャの時代から知られていたという．厳密な意味では，負の解はどうするか，実数に解がないときはどう処理するか，などということは未解決であったり曖昧であった．負の数や複素数の概念が確立して，どんな2次方程式も必ず解けるようになるまでにはペルシャの時代からほぼ1000年の数学の歴史が必要であった．

いずれにしても2次方程式の解法は長い年月を経て少しずつ確立されたので，その発見者や発見された年を1つに定めることはできないだろう．しかし，3次方程式になるとかなりはっきりしているし（複数の人ではあるが），4次方程式になるとただ1人に特定できる．そして5次以上の方程式となると「ベキ根による解法は存在しない」というそれまでの数学者には想像すらできない結果となって，代数方程式論は終結することになったのである．

ここで表2.1に2次，3次，4次の3つの方程式の解を書こう．

表 **2.1**

(1) $x^2 + ax + b = 0$, $\quad x = \dfrac{-a \pm \sqrt{a^2 - 4b}}{2}$.

(2) $x^3 + ax^2 + bx + c = 0$

$$x = -\frac{a}{3} + \omega^i \sqrt[3]{-\frac{q}{2} + \sqrt{\frac{p^3}{27} + \frac{q^2}{4}}} + \omega^{3-i} \sqrt[3]{-\frac{q}{2} - \sqrt{\frac{p^3}{27} + \frac{q^2}{4}}}$$

$p = b - \dfrac{a^2}{3}$, $q = c - \dfrac{ab}{3} + \dfrac{2a^3}{27}$, $\omega = \dfrac{-1 + \sqrt{-3}}{2}$, $i = 0, 1, 2$.

(3) $x^4 + ax^3 + bx^2 + cx + d = 0$

$$x = -\frac{a}{4} \pm \sqrt{-\frac{p}{2} \pm \sqrt{\frac{p^2}{4} - r}} \quad (q = 0 \text{ のとき})$$

$$x = -\frac{a}{4} + \frac{A}{2} \pm \sqrt{-\frac{t_0}{2} - \frac{p}{4} - \frac{q}{2A}} \quad (q \neq 0 \text{ のとき})$$

$p = b - \dfrac{3a^2}{8}$, $q = c - \dfrac{ab}{2} + \dfrac{a^3}{8}$, $r = d - \dfrac{ac}{4} + \dfrac{a^2 b}{16} - \dfrac{3a^4}{256}$,

$A = \pm\sqrt{2t_0 - p}$, t_0 は $8t^3 - 4pt^2 - 8rt + 4pr - q^2 = 0$ のひとつの解．

確かに n が大きくなるにつれて，解の形は複雑なものになっている．複素数の3乗根のとり方などに注意すべきこともあるのだが，どれもベキ根によって厳密に解ける．また係数が複素数であっても，一般的な解法が適用される．それゆえ，5次方程式

(4) $\quad x^5 + ax^4 + bx^3 + cx^2 + dx + e = 0$

の解法が「たとえもっとはるかに複雑なものになったとしても，存在するはずである」と信じるのは数学者としてまったく当然である．

フェラリが4次方程式の解法を発見した1540年頃から200年余り，数学者は5次方程式の解法を追い求めた．係数 $\{a, b, c, d, e\}$ が与えられれば x の値は当然定まっているのだから，係数のある組合せで解が書けているはずであった．式を上手に変形すれば解法が見つかると信じられていたのである．その200年余りの沈滞に新しい光を与えたのがラグランジュの1770-71年の論文であった．

■ ラグランジュの考え方とは

ラグランジュは5次方程式の解法を直接に探すのではなくて「3次方程式，4次方程式はなぜ解くことができたか」ということを理論的に解明しようとした．そして**根の置換**という考え方を方程式論に導入したのである．後から考えるとラグランジュは方程式のシンメトリーを考えていたことになる．

正多面体のシンメトリーは誰にでもすぐ気がつくことである．だから，正多面体のシンメトリー全体のなす集合が群である，といっても新しいことは特に発見されない．しかし，方程式

$$x^n + a_1 x^{n-1} + \cdots + a_n = 0$$

をどのようによく見てもシンメトリーなどあろうはずがない．ところが，代数方程式の奥深くにシンメトリーが隠れていたのである．

ラグランジュはこの世ではじめて，方程式の隠されたシンメトリーを垣間見たのである．ラグランジュは1770-71年の論文の中で，根の置換という考えを用いて，n次方程式がベキ根を用いて解けるための条件を考えた．ラグランジュ自身はそれ以上に方程式論を発展させることはできなかったが，二十数年後の18世紀の終り頃，ルフィニがラグランジュの考えを発展

させ，5 次方程式の解法の不可能性を発表する．しかし，その論文は長大なばかりでなく，欠陥もあった．

アーベルがルフィニの論文の欠陥を直し，完結した論文を発表したのは 1824 年である．その論文は自費出版され，費用を節約するために短い論文となり論旨はやや粗っぽかった．コピーがガウスにも送られたがガウスは読まなかったらしい．その 2 年後の 1826 年，クレレ誌の巻 1 の第 1 号を飾る論文として，5 次方程式の解法が不可能なことを証明したアーベルの論文が発表された．

方程式の解法の歴史を簡単に述べた．しかし，これだけではもちろん群と方程式の関係はわからない．本書では「群の発見」を歴史的に探ることが 1 つの目的である．もう一度ラグランジュに戻って彼の仕事を見てみることにする．しかし，ラグランジュの仕事を述べるために，さらに 200 年余り歴史を遡り，3 次，4 次方程式の解の公式がどのようにして得られたかを見てみよう．

n 次の方程式は
$$x^n + a_1 x^{n-1} + a_2 x^{n-2} + \cdots + a_n = 0$$
の形をしている．$x = y - \dfrac{a_1}{n}$ とおくと，
$$\begin{aligned}
&\left(y - \frac{a_1}{n}\right)^n + a_1 \left(y - \frac{a_1}{n}\right)^{n-1} + \cdots + a_n \\
&= y^n - n\frac{a_1}{n} y^{n-1} + \cdots + \left(-\frac{a_1}{n}\right)^n \\
&\quad + a_1 \left(y^{n-1} - (n-1)\frac{a_1}{n} y^{n-2} + \cdots\right) + \cdots + a_n \\
&= y^n + b_2 y^{n-2} + b_3 y^{n-3} + \cdots + b_n = 0
\end{aligned}$$
と変形できるので，はじめから $a_1 = 0$ として一般性を失わない．すなわち，n 次方程式の解は
$$x^n + a_2 x^{n-2} + a_3 x^{n-3} + \cdots + a_n = 0$$
の形をしているものに帰着する．たった 1 項少ないだけだが，未知のものは簡単な方がよい．

$n = 3, 4$ として次の式を得る．
(1) $\quad x^3 + px + q = 0.$
(2) $\quad x^4 + px^2 + qx + r = 0.$

まず(2)の4次式の解が(1)の3次式の解に帰着することを示そう. $q=0$ の場合は, もとの方程式が $x^4+px^2+r=0$ であるから,

$$x^2 = \frac{-p \pm \sqrt{p^2-4r}}{2}$$

となり, これにより,

$$x = \pm\sqrt{\frac{-p \pm \sqrt{p^2-4r}}{2}}$$

が導かれる.

$q \neq 0$ として, (2)を

$$x^4 = -px^2 - qx - r$$

と変形して, 両辺に $2tx^2+t^2$ を加えると,

$$x^4 + 2tx^2 + t^2 = (2t-p)x^2 - qx + t^2 - r$$

となる. 左辺は $(x^2+t)^2$ だから, 右辺も $(\alpha x+\beta)^2$ となるように t を選びたい. そのためには, 右辺の2次式の判別式が0ならばよい. すなわち,

$$q^2 - 4(2t-p)(t^2-r) = 0.$$

整頓すると, フェラリの **3次方程式**

$$8t^3 - 4pt^2 - 8rt + 4pr - q^2 = 0$$

が得られる. この3次方程式の根の1つを t_0 とすれば,

$$x^2 + t_0 = \pm\sqrt{2t_0-p}\left(x - \frac{q}{2(2t_0-p)}\right)$$

となる. これは2つの2次方程式である. これで4次方程式の解法が3次方程式と2次方程式の解法に帰着できることが証明された.

―――〈ちょっと考えよう●問 2.8〉―――
4次方程式の解が表 2.1 で与えたものに等しいことを確かめよ.

次に3次方程式

$$x^3 + px + q = 0$$

を考えてみよう.

$$x = s+t$$

とおくと

$$(s+t)^3 + p(s+t) + q = 0$$

だから，

$$s^3 + t^3 + q + 3st(s+t) + p(s+t) = 0$$

となる．ゆえに，

$$\begin{cases} s^3 + t^3 = -q \\ 3st = -p \end{cases}$$

の連立方程式の解を s, t とすれば，$x = s+t$ は方程式 $x^3 + px + q = 0$ を満たす．$t = -\dfrac{p}{3s}$ であるから $x = s - \dfrac{p}{3s}$ とおくといってもよい．また，x がどのような値であっても，対応する s の値は存在する．それは $s^2 - xs - \dfrac{p}{3} = 0$ からわかる．

$$\begin{cases} s^3 + t^3 = -q \\ s^3 t^3 = -\dfrac{p^3}{27} \end{cases}$$

であるから s^3, t^3 は

$$y^2 + qy - \frac{p^3}{27} = 0$$

の 2 根である．$3st = -p$ の制限のもとに，それらの 3 乗根をとれば 1 組の解 s, t が得られ，$x = s+t$ がもとの方程式 $x^3 + px + q = 0$ の根の 1 つとなる．ω を 1 の 3 乗根 $\dfrac{-1 + \sqrt{-3}}{2}$ とすると，$s, s\omega, s\omega^2, t, t\omega, t\omega^2$ も考える必要がある．$3st = -p$ という制限があるから，$(s, t), (s\omega, t\omega^2), (s\omega^2, t\omega)$ の 3 組だけが受け入れられるものであり，

$$\begin{cases} y_1 = s + t \\ y_2 = s\omega + t\omega^2 \\ y_3 = s\omega^2 + t\omega \end{cases}$$

がもとの方程式 $x^3 + px + q = 0$ の 3 根となる．実際に計算してみると，1 組の解 (s, t) は，

$$s = \sqrt[3]{\frac{1}{2}\left(-q + \sqrt{q^2 + \frac{4p^3}{27}}\right)}$$

$$t = \sqrt[3]{\frac{1}{2}\left(-q - \sqrt{q^2 + \frac{4p^3}{27}}\right)}$$

で与えられる．$q^2 + \dfrac{4p^3}{27} < 0$ のときは，s と t は複素数の立方根である．それらは $st = -\dfrac{p}{3}$ となるように選ばなければならない．

――〈ちょっと考えよう●問 2.9〉――――――――――――――――

3 次方程式 $x^3 + ax^2 + bx + c = 0$ の解が表 2.1 で与えたものと等しいことを確かめよ．

―――――――――――――――――――――――――――

できてしまえば簡明である．$x = s + t$ とわざわざ 2 つのものの和に書くところがこの解法の核心である．それを発見するのに人類は何百年もの長い時間が必要だった．3 次方程式に一般的な解法があるのだから，先に問題であったフェラリの 3 次方程式 $8t^3 - 4pt^2 - 8rt + 4pr - q^2 = 0$ の解 t_0 も求めることができる．それができれば，4 次方程式の解も求めることができることになる．

■ **カルダノの話**

3 次，4 次方程式の解法は 16 世紀のイタリアで発見された．その頃は，数学的な知識や技術は秘密にされた．そして，数学者達は懸賞金のかかった試合をしたり，また，そのための挑戦を仕掛けたり，受けたりしていたのである．そのようなわけだから，誰がはじめて 3 次方程式の解法を発見したかについては争いがあった．詳しい歴史的考察は，その方面の専門書に任せるが，以下のような話であったらしい．

ボローニャ大学のマキピオーネ・デル・フェロがはじめて 3 次方程式の解法を発見したという．その解法は秘密にされたが，デル・フェロの死後，その弟子のアントニオ・マリエ・フィオーレは秘密を保つことができず，1535 年，ヴェニスのニコロ・タルタリアに挑戦した．タルタリアは解答の提出

期限の直前に3次方程式の解法を発見することができ，この競技はフィオーレの負けとなった．

タルタリアはミラノのジェロラモ・カルダノに，公表しないことを文書で誓わせて解法を明かす．ところが，1545年カルダノは『アルス・マグナ』を著わし，その中に3次方程式の解を載せた．カルダノは自分で調べたことから，3次方程式の解法はまずデル・フェロによって発見され，そしてタルタリアによって再発見されたと，著書に記した．タルタリアは抗議した．裁判所に訴えることもした．しかし，有名な本『アルス・マグナ』のおかげで3次方程式の解法は世に知られ，カルダノの公式として後世に伝わることになったのである．

3次方程式の解法がわかってからまもなくして4次方程式の解法がカルダノの弟子のロドヴィゴ・フェラリによって発見され，やはり『アルス・マグナ』に発表された．

2.3　代数方程式の根の置換（対称群と根の関係）

すでに述べたが，代数方程式の根の置換ということを最初に考えたのはラグランジュである．この節では根の置換ということに重点をおいて，2次，3次，4次方程式の解法をもう一度調べてみよう．

■ 2次方程式

2次方程式
$$x^2 + ax + b = 0$$
の根を x_1, x_2 とすると
$$x^2 + ax + b = (x - x_1)(x - x_2)$$
より
$$x_1 + x_2 = -a, \quad x_1 x_2 = b$$
である．すでに知られている根の公式
$$x = \frac{-a \pm \sqrt{a^2 - 4b}}{2}$$
に代入すると

$$x = \frac{x_1 + x_2 \pm \sqrt{(x_1+x_2)^2 - 4x_1x_2}}{2}$$

となっていて，根の置換 $x_1 \longleftrightarrow x_2$ に対して不変な形で書けている．

$$\sqrt{(x_1+x_2)^2 - 4x_1x_2} = \sqrt{(x_1-x_2)^2}$$

であるから，

$$x = \frac{x_1 + x_2 \pm (x_1 - x_2)}{2} = x_1, x_2$$

である．$x_1 - x_2$ を $x_1 + x_2$ と $x_1 x_2$ から作られた式のベキ根を用いることによって2つの根 x_1, x_2 を得ている．根を用いて根を表示しているのであるが，これが新しい考え方であった．ただし，2次方程式では，簡単すぎてその意味はよくわからない．

■3次方程式

次に3次方程式

$$x^3 + px + q = 0$$

を考えよう．すでに見たように，

$$\omega = \frac{-1 + \sqrt{-3}}{2}$$

とし，

$$s = \sqrt[3]{\frac{1}{2}\left(-q + \sqrt{q^2 + \frac{4p^3}{27}}\right)}, \quad t = \sqrt[3]{\frac{1}{2}\left(-q - \sqrt{q^2 + \frac{4p^3}{27}}\right)}$$

とおくと

$$x_1 = s+t, \quad x_2 = s\omega + t\omega^2, \quad x_3 = s\omega^2 + t\omega$$

が根のすべてであった．

$$x^3 + px + q = (x-x_1)(x-x_2)(x-x_3)$$

から

$$\begin{cases} p = x_1x_2 + x_2x_3 + x_3x_1 \\ q = -x_1x_2x_3 \end{cases}$$

が得られるが，それを根の公式に代入すれば，3つの根 x_1, x_2, x_3 のそれぞ

れが，$x_1x_2+x_2x_3+x_3x_1$ と $x_1x_2x_3$ のある組合せで表示されているのがわかる．実際，s をそれらを用いて書くと

$$s = \sqrt[3]{\frac{1}{2}\left(x_1x_2x_3 + \sqrt{(x_1x_2x_3)^2 + \frac{4}{27}(x_1x_2+x_2x_3+x_3x_1)^3}\right)}$$

となる．

$$\begin{cases} x_1 = s+t \\ x_2 = s\omega + t\omega^2 \\ x_3 = s\omega^2 + t\omega \end{cases}$$

を s と t について解くと($x_1+x_2+x_3=0$ であるから，x_3 の式は不必要である)，

$$s = \frac{x_1\omega^2 - x_2}{\omega(\omega-1)}, \quad t = \frac{-x_1\omega + x_2}{\omega(\omega-1)}$$

となる．s,t がわかれば 3 次方程式 $x^3+px+q=0$ は解けているわけだが，その理由を考えるために，ラグランジュは根の解法に必要だった s,t を根 x_1,x_2,x_3 そのもので表わそうとしたのである．

3 次方程式の解法に 1 の 3 乗根の $\omega = \dfrac{-1+\sqrt{-3}}{2}$ が必要なのはあまり不思議なことではない．しかし，3 根がすべて実根の場合でさえも虚数を用いないと根のベキ根としての表式が得られないことは注目してよい．このようなことは 2 次式の解法では起こらない．2 次方程式が実根をもてば，根の表式そのものが実数である．次の問題を研究課題とするが，ガロア理論を用いた証明は第 4 章の終りに定理として述べる．

研究課題 2.1

既約で有理数係数を持つ 3 次方程式 $x^3+px+q=0$ の 3 根がすべて実数とする．実数のベキ根のみによっては根は表示できないことを示せ．

---

n 次方程式のベキ根による解法が存在すると，その根の表式には根 $x_1,\cdots,x_n$ そのものとは直接関係のない無理数が必要になってくることがわかった．3 次方程式でわかるように，1 のベキ根は必要になると予想されるが，それで十分であろうか．この問題をルフィニは曖昧にした．そして，アーベル

が最終的に解決するのである．このことについては本章 2.4 節でアーベルの補題として述べるが，ともあれ 3 次方程式に戻ろう．

$$s = \frac{x_1\omega^2 - x_2}{\omega(\omega-1)}$$

を 3 乗して

$$s^3 = \left(\frac{x_1\omega^2 - x_2}{\omega(\omega-1)}\right)^3$$

であるが，$x_1 + x_2 + x_3 = 0$ なので

$$(x_1\omega^2 - x_2)^3 = (-x_1 - x_1\omega - x_2)^3 = (x_3 - x_1\omega)^3 = (x_3\omega^2 - x_1)^3$$

であり，これはさらに

$$(x_2\omega^2 - x_3)^3$$

に等しい．すなわち，

$$s^3 = \left(\frac{x_1\omega^2 - x_2}{\omega(\omega-1)}\right)^3 = \left(\frac{x_3\omega^2 - x_1}{\omega(\omega-1)}\right)^3 = \left(\frac{x_2\omega^2 - x_3}{\omega(\omega-1)}\right)^3$$

が成り立っている．

これは，根 x_1, x_2, x_3 に 3 文字 $1, 2, 3$ の上の対称群 S_3 を作用させると，s^3 が巡回置換 (1 3 2) で不変であることを意味する．s^3 に互換 (1 2) を作用させると，

$$\left(\frac{x_2\omega^2 - x_1}{\omega(\omega-1)}\right)^3$$

を得るが，これは

$$\left(\frac{x_2 - x_1\omega}{\omega(\omega-1)}\right)^3 = t^3$$

に等しい．すなわち，s^3 に 3 次の対称群 S_3 を作用させると s^3 のままか，t^3 となるかの 2 つの可能性しかない．

ラグランジュは，そのことが，s^3 と t^3 が同じ 2 次方程式の根であった理由であると結論したのである．ここに方程式論に群論の萌芽が見え始めた瞬間がある．解法の途中で用いられた s, t, s^3, t^3 などの量がなぜ解けたのかという理由を知るために，それらの量をまだわかっていない根 x_1, x_2, x_3 で表示し，根の上の置換によって，それらの量がどのように変化するかを考えたのである．それまで，誰もしなかった新しい考え方を方程式論に持

■ 4次方程式

次に4次方程式
$$x^4 + px^2 + qx + r = 0$$
の解法を復習してみよう．
$$x^4 = -px^2 - qx - r$$
の両辺に $2tx^2 + t^2$ を加える．
$$x^4 + 2tx^2 + t^2 = (2t-p)x^2 - qx + t^2 - r$$
の左辺は $(x^2+t)^2$ だから，右辺も $(\alpha x + \beta)^2$ となるように t を選びたい．そのためには，右辺の2次式の判別式が0ならばよい．そのことから，フェラリの3次方程式
$$8t^3 - 4pt^2 - 8rt + 4pr - q^2 = 0$$
を得た．この3次方程式の根の1つを t_0 とすれば，
$$x^2 + t_0 = \pm\sqrt{2t_0 - p}\left(x - \frac{q}{2(2t_0 - p)}\right)$$
となり，与えられた4次方程式が2つの2次方程式に帰着されたのである．

このように解法が存在したわけであるが，その存在理由を探ってみよう．x_1, x_2, x_3, x_4 を与えられた4次方程式 $x^4 + px^2 + qx + r = 0$ の根として
$$\begin{cases} y_1 = x_1 x_2 + x_3 x_4 \\ y_2 = x_1 x_3 + x_2 x_4 \\ y_3 = x_1 x_4 + x_2 x_3 \end{cases}$$
とおく．x_1, x_2, x_3, x_4 から作られた次の4式 e_1, e_2, e_3, e_4（ただし $=0, =p, =-q, =r$ は除いた形）は x_1, x_2, x_3, x_4 の**基本対称式**と呼ばれる．変数が n 個あれば n 個の基本対称式ができる．
$$\begin{cases} e_1 = x_1 + x_2 + x_3 + x_4 = 0 \\ e_2 = x_1 x_2 + x_1 x_3 + x_1 x_4 + x_2 x_3 + x_2 x_4 + x_3 x_4 = p \\ e_3 = x_1 x_2 x_3 + x_2 x_3 x_4 + x_1 x_3 x_4 + x_1 x_2 x_4 = -q \\ e_4 = x_1 x_2 x_3 x_4 = r \end{cases}$$

である．e_1, e_2, e_3, e_4 の値 $0, p, -q,$ と r ははじめに与えられた 4 次方程式 $x^4 + px^2 + qx + r = 0$ から明らかである．次の計算は問としよう．

> ──〈ちょっと考えよう●問 2.10〉──
>
> 以下の式が成り立つことを確かめよ．
> $$\begin{cases} y_1 + y_2 + y_3 = p \\ y_1 y_2 + y_1 y_3 + y_2 y_3 = -4r \\ y_1 y_2 y_3 = q^2 - 4pr \end{cases}$$

問 2.10 の結果を用いると，
$$(y - y_1)(y - y_2)(y - y_3) = y^3 - py^2 - 4ry - (q^2 - 4pr)$$
となるから，y_1, y_2, y_3 は
$$y^3 - py^2 - 4ry - (q^2 - 4pr) = 0$$
の根であることがわかる．この 3 次式は，y を $2t$ に置き換えれば，前に述べたフェラリの 3 次方程式そのものである．

魔術師のように，4 次方程式の解を 3 次方程式に帰着させ，さらに 2 つの 2 次方程式に帰着させてしまうのが，フェラリの 3 次方程式であった．ラグランジュは，y_1, y_2, y_3 を根にもつ 3 次方程式を考えて，フェラリの 3 次方程式 $8t^3 - 4pt^2 - 8rt + 4pr - q^2 = 0$ にもっと深い意味があることを示したのである．

$y_1 = x_1 x_2 + x_3 x_4$ であったが，y_1 の表示式に 4 次の対称群 S_4 を根 $\{x_1, x_2, x_3, x_4\}$ の置換として作用させれば，y_1, y_2, y_3 の 3 個だけが得られることは明白であろう．だから，y_1 は（y_2, y_3 とともに）3 次方程式の根となったのである．また文字 x_1, x_2, x_3, x_4 で書かれた有理式で，S_4 の作用で異なる式がちょうど 3 個になるものは，x_1, x_2, x_3, x_4 の 4 つの基本対称式 e_1, e_2, e_3, e_4 と y_1（もしくは y_2, y_3 のどちらか）の有理式になっている．$y_i\,(i = 1, 2, 3)$ はそのような性質をもつ有理式の中で最も簡単なものである．

4 次方程式の解法を発見したフェラリは試行錯誤の末，方程式 $8t^3 - 4pt^2 - 8rt + 4pr - q^2 = 0$ を探しあてたのであろう．しかし，ラグランジュは根の上の置換という考えを使って，それに理論的根拠を与えた．それでは，

$y^3 - py^2 - 4ry - (q^2 - 4pr) = 0$ という方程式をなんらかの方法や理由で独立に発見したとして，根 x_1, x_2, x_3, x_4 は解けるかどうかを調べよう．具体的には次の問題を考える．

───〈ちょっと考えよう●問 2.11〉───

$y_1 = x_1x_2 + x_3x_4$, $y_2 = x_1x_3 + x_2x_4$, $y_3 = x_1x_4 + x_2x_3$ のとき y_1, y_2, y_3 を既知として 4 次方程式 $x^4 + ax^3 + bx^2 + cx + d = 0$ の根 x_1, x_2, x_3, x_4 を求めよ．

［略解］

(1) $x_1 + x_2$ と $x_3 + x_4$ は方程式 $x^2 + ax + b - y_1 = 0$ の根である．必要であれば置換 $\{1,2\} \leftrightarrow \{3,4\}$ の作用により $x_1 + x_2$ と $x_3 + x_4$ の値はともに確定する．

(2) $x_1 + x_3$ と $x_2 + x_4$ は方程式 $x^2 + ax + b - y_2 = 0$ の根である．必要であれば置換 $\{1 \leftrightarrow 2, 3 \leftrightarrow 4\}$ の作用により $x_1 + x_3$ と $x_2 + x_4$ の値はともに確定する．

(3) $(x_1+x_2-x_3-x_4)(x_1+x_3-x_2-x_4)(x_1+x_4-x_2-x_3) = 4ab-a^3-8c$ である．この式により $x_1 + x_4$ と $x_2 + x_3$ の値が確定する．ただし，条件がある．その条件が表 2.1 の 4 次方程式の解を 2 つの場合に分けている．

(4) x_1, x_2, x_3, x_4 が求められる．

■ベキ根による解法の意味

3 次，4 次方程式のベキ根による解法が可能であった理由を根の置換という立場から理論的に解明してきた．3 次方程式は 2 次方程式に，4 次方程式は 3 次方程式にそれぞれ帰着できて，それらの方程式のベキ根による解法の存在することを理論的(実際的にではなく)に示すことができた．

そもそも，このようなことを考えたのは，5 次以上の方程式のベキ根による解法を探すことであった．それがどこまで可能かを考えよう．

$$e_1 = x_1 + x_2 + \cdots + x_n = \sum_{i=1}^{n} x_i$$
$$e_2 = x_1x_2 + x_1x_3 + \cdots + x_{n-1}x_n = \sum_{1 \leq i < j \leq n} x_i x_j$$
$$\vdots$$
$$e_n = x_1 x_2 \cdots x_n$$

とおく．$e_1, e_2, \cdots, e_n$ は n 個の不定元 $x_1, x_2, \cdots, x_n$ の基本対称式と呼ばれる．多項式の関係
$$(x - x_1)(x - x_2) \cdots (x - x_n) = x^n - e_1 x^{n-1} + e_2 x^{n-2} - \cdots + (-1)^n e_n$$
はただちに確かめられる．

n 次の対称群 S_n は $\{x_1, \cdots, x_n\}$ を n 個の文字の集合とみて，その上に置換群として作用する．S_n のすべての元で不変な $x_1, \cdots, x_n$ の多項式を**対称多項式**という．すべての対称多項式は(一般的にはすべての対称有理式も) n 個の基本対称式 $e_1, e_2, \cdots, e_n$ の多項式(一般的には有理式)として書くことができる．

たとえば，
$$x_1{}^3 + x_2{}^3 + \cdots + x_n{}^3$$
$$= (x_1 + \cdots + x_n)^3 - 3(x_1 + \cdots + x_n)(x_1 x_2 + \cdots + x_{n-1} x_n)$$
$$+ 3(x_1 x_2 x_3 + \cdots + x_{n-2} x_{n-1} x_n)$$
$$= e_1{}^3 - 3 e_1 e_2 + 3 e_3.$$

(対称有理式が基本対称式の有理式という結論だけならば，ガロアの理論から容易に導かれ，それは 4 章 4.5 節で証明する．多項式の場合はやや難しいが，変数の数と次数による帰納法で証明できる．)

$f = f(x_1, x_2, \cdots, x_n)$ を不定元 $x_1, x_2, \cdots, x_n$ の有理式とする．n 次の対称群 S_n を作用させると，f はいくつかの異なる有理式に変化するが，全部で m 個の異なった有理式 $f_1 = f, f_2, \cdots, f_m$ が得られるとする．これらの $f_1 = f, f_2, \cdots, f_m$ を f の S_n の作用のもとでの**軌道**と呼ぶ．ここで，
$$(y - f_1)(y - f_2) \cdots (y - f_m)$$
$$= y^m - g_1 y^{m-1} + g_2 y^{m-2} + \cdots + (-1)^m g_m$$

とおくと，$g_1, g_2, \cdots, g_m$ は $f_1, f_2, \cdots, f_m$ を不定元とする基本対称式である．$g_1, g_2, \cdots, g_m$ は，それぞれ S_n のすべての元で不変だから，$x_1, \cdots, x_n$ を不

定元とする基本対称式 $e_1, e_2, \cdots, e_n$ の有理式として表示できる．

もとの n 次方程式
$$(x-x_1)(x-x_2)\cdots(x-x_n)$$
$$= x^n - e_1 x^{n-1} + e_2 x^{n-2} - \cdots + (-1)^n e_n = 0$$

を用いていいかえれば，$g_1, g_2, \cdots, g_m$ はもとの方程式の係数 $e_1, e_2, \cdots, e_n$ の有理式で表示できる．ここで，もし $n-1$ 次以下の方程式にベキ根による解法が存在して，$m < n$ ならば $f_1, f_2, \cdots, f_m$ は $e_1, e_2, \cdots, e_n$ の有理式と根号の組合せで表示できることになる．

$n=3$ のときは，$f = (x_1 + \omega x_2 + \omega^2 x_3)^3$ とすれば $m=2$ となり，$n=4$ のときには $f = y_1 = x_1 x_2 + x_3 x_4$ が $m=3$ となる場合である．もちろん，$m < n$ となる f がただ1つ存在すればよいのではない．そのような f が次々に存在して，最終的には，$f = x_1$ が解ける必要がある．そのためには，もっと一般的な考察が必要である．そのラグランジュの仕事を記述するのが次の項の主目的である．しかし，高次方程式のベキ根による解法は結局は存在しないことになるのだから，それには歴史的興味しかないともいえる．本書を通読するためには次の項はとばしてもさしつかえはない．ただ，彼はその考察の中で有名なラグランジュの定理を発見するのであるから，次の項の末尾の記述は読んでほしい．

■ベキ根による解法の存在条件

n 次方程式にベキ根による解法が存在するためにはどのような条件が必要であろうか．ラグランジュは次の定理を出発点とする．

定理 $\phi(x_1, \cdots, x_n), \psi(x_1, \cdots, x_n)$ を n 個の不定元 $x_1, \cdots, x_n$ の有理式とする．集合 $x_1, \cdots, x_n$ の上に n 次の対称群 S_n を作用させるとき，もし ϕ を固定する S_n の元が必ず ψ も固定するならば，ψ は ϕ と $x_1, \cdots, x_n$ の基本対称式 $e_1, e_2, \cdots, e_n$ の有理式である．

たとえば $n=4$ として，$\phi = x_1 x_2$, $\psi = x_1 x_2 + x_3 x_4$ とすれば ϕ を固定する S_4 の元は単位元, $(1\,2), (3\,4), (1\,2)(3\,4)$ の4個であるが，そのどの元も ψ を固定する．ゆえに，ψ は ϕ と $x_1, \cdots, x_n$ の基本対称式で書けなけ

ればならないが，実際

$$x_1x_2 + x_3x_4 = x_1x_2 + \frac{x_1x_2x_3x_4}{x_1x_2}$$

である．

一般に群 G が集合 Ω に作用しているとき，Ω の元 α に対して G の部分群 G_α を次のように定義しよう．

$$G_\alpha = \{g \in G \mid \alpha^g = \alpha\}$$

G_α は G の元で α を固定するもの全体からなる部分群であり，α の**固定部分群**と呼ぶ．また，Ω の元 α, β は G の元 g が存在して $\alpha^g = \beta$ となっているとき，同じ軌道に属するという．容易にわかるように $\Omega = \Omega_1 \cup \Omega_2 \cup \cdots \cup \Omega_k$ のように Ω は互いに共通部分のないいくつかの軌道 $\Omega_i, i = 1, 2, \cdots, k$ の和集合として表わされる．各軌道に含まれている元の個数は軌道の長さと呼ばれる．

上に述べたラグランジュの定理の設定でもう少し一般的な場合を考えたい．まず例をあげよう．

$n = 4$ で $\phi = x_1x_2 + x_3x_4, \psi = x_1x_2$ とする（前の例では $\phi = x_1x_2$, $\psi = x_1x_2 + x_3x_4$ であった）．ϕ の固定群 G_ϕ は 4 項巡回置換 (1 4 2 3) と 2 項巡回置換 (1 2) を含んでいる．$(1\ 2)(1\ 4\ 2\ 3) = (1\ 4\ 2\ 3)^{-1}(1\ 2)$ であるから $\langle(1\ 4\ 2\ 3), (1\ 2)\rangle$ は位数 8 の 2 面体群である．ゆえに $|G_\phi|$ は 8 の倍数である．$|S_4| = 24$ で ϕ の固定群 G_ϕ は S_4 全体ではありえないから $G_\phi = \langle(1\ 4\ 2\ 3), (1\ 2)\rangle$ である．$\psi = x_1x_2$ は G_ϕ の作用で x_1x_2 のままか，x_3x_4 に変わる．すなわち，ψ の G_ϕ の作用での軌道の長さは 2 である．もし $\psi = x_1x_3$ とするならば，軌道は $\{x_1x_3, x_2x_3, x_4x_1, x_2x_4\}$ でその長さは 4 である．

一般の場合にもどり，$G = S_n$ として，G_ϕ を $\phi(x_1, \cdots, x_n)$ の固定群とし，$\psi(x_1, \cdots, x_n)$ の G_ϕ による置換での軌道を考えよう．G_ϕ の作用での ψ の軌道を $\psi_1 = \psi, \psi_2, \cdots, \psi_m$ とする．

$$(y - \psi_1)(y - \psi_2)\cdots(y - \psi_m)$$
$$= y^m - g_1 y^{m-1} + g_2 y^{m-2} - \cdots + (-1)^m g_m$$

とする．すなわち $g_1, \cdots, g_m$ は $\psi_1, \cdots, \psi_m$ を不定元とみたときの基本対称多項式である．$g_1, \cdots, g_m$ のどの元も G_ϕ で不変である．すなわち $G_{g_i} \supset G_\phi$

2.3 代数方程式の根の置換(対称群と根の関係) 69

がすべての $i = 1, 2, \cdots, m$ に対して成立する．ゆえに，前出の定理 ($m=1$ の場合にあたる) により，g_i は $x_1, \cdots, x_n$ の基本対称式 $e_1, \cdots, e_n$ と ϕ の有理式で表示できる．

$x_1, \cdots, x_n$ が n 次方程式の根であるときには，$g_1, \cdots, g_m$ はその方程式の係数 $e_1, e_2, \cdots, e_n$ と $\phi = \phi(x_1, \cdots, x_n)$ の有理式となっていて，$\psi_1, \cdots, \psi_m$ は $g_1, \cdots, g_m$ を係数とする m 次方程式の根となっている．ϕ を既知の数とし，$m < n$ で m 次方程式に解法が存在するときには，$\psi_1, \psi_2, \cdots, \psi_m$ の値もわかる．このようなことをくり返し，最終的には $\psi = x_1$ として ψ に解法があれば，n 次方程式が解けることになる．これがラグランジュの考えである．要点を書くと次のようになる．

一般の n 次方程式をベキ根で解く方法 ($x_1, \cdots, x_n$ をその根とし，それを不定元とみなす) :

[1] $\psi_0, \psi_1, \cdots, \psi_t$ は $x_1, \cdots, x_n$ の有理式である．

[2] ψ_0 は $x_1, \cdots, x_n$ の対称有理式である．(例．$\psi_0 = x_1 + x_2 + \cdots + x_n$)

[3] ψ_t は $x_1, \cdots, x_n$ のいずれかに等しい．(例．$\psi_t = x_1$)

[4] その他の ψ_i は次の性質 (a) または (b) を満足する．

(a) $\psi_i{}^k = \psi_{i-1}$ となる自然数 k が存在する．(例．$n = 3$, $\psi_2{}^3 = \psi_1$, $\psi_2 = x_1 + \omega x_2 + \omega^2 x_3$)

(b) ψ_{i-1} の S_n における固定部分群を F_{i-1} とするとき，ψ_i は F_{i-1} の作用で高々 $n-1$ 個の異なった値をとりうる．(例．$n = 4$, $\psi_i = x_1 x_2$, $\psi_{i-1} = x_1 x_2 + x_3 x_4$)

4番目の条件 (a), (b) だけが本質的なものである．上の設定では $x_1, \cdots, x_n$ は不定元であるが，$x_1, \cdots, x_n$ をある n 次方程式

$$x^n + a_1 x^{n-1} + \cdots + a_n = 0$$

の根としよう．ψ_0 は $x_1, \cdots, x_n$ の対称式であったから，方程式の係数 $a_1, \cdots, a_n$ の有理式である．よって，もちろん ψ_0 は既知 (の数) である．

$\psi_1, \psi_2, \cdots, \psi_{i-1}$ までベキ根によって解けたと仮定しよう．[4](a) の $\psi_i{}^k = \psi_{i-1}$ が成立していれば，ψ_i は ψ_{i-1} の k 乗根であるからベキ根で解ける．また，[4](b) が成り立っているとして，$\psi_i^{(1)} = \psi_i, \psi_i^{(2)}, \cdots, \psi_i^{(m)}$ を ψ_{i-1} の固定群 F_{i-1} の ψ_i を含む軌道とすれば，m 次方程式

$$(y-\psi_i^{(1)})(y-\psi_i^{(2)})\cdots(y-\psi_i^{(m)})$$
$$= y^m - g_1 y^{m-1} + g_2 y^{m-2} - \cdots + (-1)^m g_m$$
$$= 0$$

の係数 $g_1, g_2, \cdots, g_m$ は F_{i-1} のすべての元で固定される．ゆえに，ラグランジュの定理によって $a_1, \cdots, a_n$ と ψ_{i-1} の有理式である．仮定により，それらの係数は既知の数である．

また，仮定により $m < n$ である．もし n 次以下の方程式の解法が存在すると m 次方程式 $y^m - g_1 y^{m-1} + g_2 y^{m-2} - \cdots + (-1)^m g_m = 0$ が解けることになり，特に，$\psi_i^{(1)} = \psi_i$ が既知の数となる．これをくり返し，最終的には根の 1 つである ψ_t が既知の数となり，n 次方程式のベキ根による解法が存在することになる．

$n=3$ と $n=4$ の場合には解法が存在するわけだから，そのときに $\{\psi_1, \psi_2, \cdots, \psi_t\}$ としてどのようなものをとったらよいかを考えてみよう．まず $\psi_0 = x_1 + x_2 + x_3$ とし，$\psi_1 = (x_1 + \omega x_2 + \omega^2 x_3)^3$, $\psi_2 = x_1 + \omega x_2 + \omega^2 x_3$ とおく．（前に出てきた $s = \dfrac{x_1 \omega^2 - x_2}{\omega(\omega - 1)}$ は，$x^3 + px + q = 0$ の根で $x_1 + x_2 + x_3 = 0$ を満たすので一般の場合は使えない．）

ψ_0 の固定群 F_0 は 3 次の対称群 S_3 そのものである．S_3 の作用の ψ_1 の軌道を考えよう．3 項の巡回置換 $\delta = (1\ 2\ 3)$ を ψ_1 に作用させると，$\omega^3 = 1$ だから，

$$(\psi_1)^\delta = (x_2 + \omega x_3 + \omega^2 x_1)^3 = \omega^3 (x_2 + \omega x_3 + \omega^2 x_1)^3$$
$$= (\omega x_2 + \omega^2 x_3 + \omega^3 x_1)^3 = (x_1 + \omega x_2 + \omega^2 x_3)^3$$
$$= \psi_1$$

となり，$\delta \in F_1$ である．また $\tau = (1\ 2)$ を作用させると $(\psi_1)^\tau = (x_2 + \omega x_1 + \omega^2 x_3)^3 \neq \psi_1$ である．$|S_3| = 6$, $|F_1| = 3$ であるから，$\psi_1, (\psi_1)^\tau$ が ψ_1 の F_0 による軌道で，ちょうど 2 個の元が属している．ゆえに ψ_1 は 2 次方程式の根となり解法が存在する．$\psi_2{}^3 = \psi_1$ は条件 [4](a) にあたる．$\psi_2 = \sqrt[3]{\psi_1}$ であるからベキ根で解ける．さて，最後に $\psi_3 = x_1$ とおく．ψ_2 の固定群は単位元であるから，ラグランジュの定理により，$\psi_3 = x_1$ は ψ_2 と e_1, e_2, e_3 の有理式でなければならない．

2.3 代数方程式の根の置換(対称群と根の関係) 71

―〈ちょっと考えよう●問 2.12〉―

上の例で
$$x_1 = \frac{3\omega(\omega+1)e_2 + \psi_2{}^2 + \psi_2 e_1 + e_1{}^2}{3\psi_2}$$
であり，$\psi_3 = x_1$ が既知の数となることを確かめよ．

―〈ちょっと考えよう●問 2.13〉―

$n = 4$ のときは，$\psi_0 = x_1 + x_2 + x_3 + x_4$, $\psi_1 = (x_1 + x_2)(x_3 + x_4)$, $\psi_2 = x_1 + x_2$, $\psi_3 = x_1$ とおくと，ラグランジュの方法の条件がすべて満たされることを示せ．

$n = 5$ のときに $x_1, x_2, \cdots, x_5$ の有理式の列
$$\psi_0, \ \psi_1, \ \cdots, \ \psi_t$$
が存在するかどうかが本来の問題であった．ラグランジュは肯定も否定もできなかった．5次方程式のベキ根による解法が存在しないことがわかっている今では，そのような有理式の列 $\psi_0, \psi_1, \cdots, \psi_t$ が存在しないと主張できる．

その後 60 年の間，ルフィニ，アーベルの 5 次方程式の解法の不可能性の仕事，ガロアによる代数方程式論に終止符を打つ仕事と続くが，ラグランジュの提出した条件 [1]〜[4] そのものはかえりみられることはなかったようだ．しかし，彼がその端緒をつけた**根の置換**という概念はその後，群論となって大きく発展する．ルフィニ，アーベルの仕事も根の置換を本質的に用いているし，また，ガロアは方程式の群(根の上の特別な置換からなる群)が方程式の代数的性質のすべてを記述していることを発見するのである．

ところで，ラグランジュは方程式論において次の定理を発見する．

ラグランジュの定理 $f = f(x_1, \cdots, x_n)$ を n 変数 $x_1, \cdots, x_n$ の有理式とする．$\{x_1, \cdots, x_n\}$ の置換で，f を固定するもの全体のなす集合を $I(f)$ と

して，f が n 文字の置換全体の作用でちょうど m 個の異なった有理式が生ずるとせよ．このとき

$$m = \frac{n!}{|I(f)|}$$

が成り立つ．

ラグランジュは群の概念を知らなかったが，彼の定理をこれまでに学んだ群論のことばを用いて解釈しよう．$n!$ は n 次対称群 S_n の位数であり，S_n が f の n 変数の上に置換として作用しているのである．$I(f)$ は S_n における f の固定部分群である．ラグランジュの定理は，$n!$ が $I(f)$ の位数で割り切れ，商が $\{x_1,\cdots,x_n\}$ の置換によって f から生ずる異なった有理式の個数 m に等しいことを述べている．ラグランジュの提出した条件 [1]〜[4] のうちの [4](b) はそのような考察が必要なことを示している．

上の定理は最終的には次のように変形されて，ラグランジュの名と業績を不朽なものとしている．群の萌芽を作ったのだから当然であろう．

ラグランジュの定理 H を有限群 G の部分群とする．そのとき，H の位数は G の位数を割り切る．

ラグランジュは G が対称群の場合に証明したことになるが，彼の用いた方法は一般の群の場合に容易に拡張できる．ラグランジュの定理の証明は第 4 章で述べる．

ラグランジュの置換が再び方程式論に現われるのは，彼の記念碑的な 1770-71 の論文から，四半世紀を経た 1790 年代の後半である．ルフィニが，ラグランジュが始めた根の置換という考え方を用いて「5 次方程式のベキ根による解法は存在しない」という結果を発表したのである．

2.4　5 次方程式の解法の不可能性

ルフィニの著作 (1799) は 500 ページ余に及ぶ長大なものであったが，そればかりでなく，1 つの重大な欠陥があった．そのため，ルフィニの論文の

正否を確かめる役目のフランス学士院の査読者たち(ラグランジュ,ラクロア,ルジャンドル)はなかなか良い返事をしなかったという．ルフィニは，その後，短い証明をフランス学士院に送ったが，彼の論文に対する疑惑を晴らすことにはならなかった．

しかし，ルフィニの論文は「5次方程式のベキ根による解法は存在しない」ということを人々に信じ込ませる役割を果たしたようである．その後，ルフィニの論文の欠陥を補ったのはアーベルで，1824年のことであった．

■ 体と拡大体

以下，ルフィニとアーベルの仕事を述べよう．彼らの生きた時代には，数学的な構造としての**体**の概念はなかったが，以下ではそれを用いることにする．有理数の集合 $\mathbb{Q}$，実数の集合 $\mathbb{R}$，複素数の集合 $\mathbb{C}$ などのように，その中で加減乗除の四則計算ができるものを**体**という．整数 $\mathbb{Z}$ はその中では除法ができないから体ではない．有理数体 $\mathbb{Q}$，実数体 $\mathbb{R}$，複素数体 $\mathbb{C}$ は無限個の元を含む．すなわち，無限体である．有限体もある．たとえば，$F_p = \{\overline{0}, \overline{1}, \overline{2}, \cdots, \overline{p-1}\}$ を素数 p を法とする整数全体の集合とすると，F_p は元の個数が p の体となる．その証明は3章3.1節で述べる．

この節では複素数体 $\mathbb{C}$ の部分体，または $\mathbb{C}$ を含む体以外には考えない．体は1を含むから，加減算をして整数 $\mathbb{Z}$ が含まれることがわかり，除法により有理数体 $\mathbb{Q}$ が部分体として含まれることになる．

体 K が与えられたとき，K と k 個の元 $\alpha_1, \alpha_2, \cdots, \alpha_k$ の加減乗除をして得られるすべての数の集合を $K(\alpha_1, \alpha_2, \cdots, \alpha_k)$ と書く．K と $\alpha_1, \alpha_2, \cdots, \alpha_k$ を含む最小な体のことである．この記号の意味は体 K に k 個の元 $\alpha_1, \alpha_2, \cdots, \alpha_k$ を添加してできた体ということである．

例えば $K = \mathbb{Q}(\sqrt{2})$ の性質を調べよう．a, b, c, d を有理数として，

$$\alpha = \frac{a + b\sqrt{2}}{c + d\sqrt{2}}, \quad c + d\sqrt{2} \neq 0$$

という形に書けている元全体は体をなすから，それが K である．また，分母は有理化することができて，

$$\frac{(a+b\sqrt{2})(c-d\sqrt{2})}{(c+d\sqrt{2})(c-d\sqrt{2})} = \frac{ac-2bd+(bc-ad)\sqrt{2}}{c^2-2d^2}$$

となるから,ある有理数 a', b' に対して,
$$\alpha = a' + b'\sqrt{2}$$
の形に表わすことができる.すなわち,$\sqrt{2}$ を含む最小の体は
$$K = \mathbb{Q}(\sqrt{2}) = \{a+b\sqrt{2} \mid a,b \in \mathbb{Q}\}$$
である.

〈ちょっと考えよう●問 2.14〉

$\mathbb{Q}(\sqrt[3]{2}) = \{a+b\sqrt[3]{2}+c\sqrt[3]{4} \mid a,b,c \in \mathbb{Q}\}$ となることを示せ.

[ヒント] $a^3+b^3+c^3-3abc = (a+b+c)(a^2+b^2+c^2-ab-bc-ca)$.

$\mathbb{Q}$ は最小の体であり,それにいくつかの複素数や変数を添加して,集合として大きな体 K を作る.一般に体 K が体 L の部分体であるとき,L は K の**拡大体**(単に拡大と呼ぶこともある)と呼ばれ,拡大 L/K などと略記される.

■ **ベキ根拡大(高さ 1 の)の定義**

今まで「代数方程式の根のベキ根表示」ということを曖昧な形で用いてきたが,それを正確に定義するためにベキ根拡大という概念を述べよう.まず例をあげれば,$\mathbb{Q}(\sqrt{2})/\mathbb{Q}$, $\mathbb{Q}(\sqrt{2},\sqrt[3]{2})/\mathbb{Q}$, $\mathbb{Q}(\sqrt[3]{2+\sqrt{5}})/\mathbb{Q}$ はどれもベキ根拡大である.

体の拡大 L/K は次の条件を満たすとき,(高さ 1 の)**ベキ根拡大**と呼ばれる.

(1) L に含まれる元 u と素数 p があって,$L = K(u)$, $u^p \in K$ である.

(2) u^p は K の元の p 乗とはならない.とくに $u \notin K$ である.

$u^p = \alpha \in K$ のとき,$u = \sqrt[p]{\alpha}$ とおき,$K(\sqrt[p]{\alpha})/K$ をベキ根拡大ということもあるが,α の p 乗根はただ 1 つではないので注意が必要である.たとえば,$\omega = \dfrac{-1+\sqrt{-3}}{2}$ を 1 の原始 3 乗根とするとき,$\sqrt[3]{2}, \sqrt[3]{2}\omega, \sqrt[3]{2}\omega^2$ はどれも 2 の 3 乗根であるが 3 つの体 $\mathbb{Q}(\sqrt[3]{2})$, $\mathbb{Q}(\sqrt[3]{2}\omega)$, $\mathbb{Q}(\sqrt[3]{2}\omega^2)$ はすべて異なる.

また，
$$\zeta = e^{2\pi i/p} = \cos\frac{2\pi}{p} + i\sin\frac{2\pi}{p}$$
は 1 の p 乗根の 1 つであるが，$\zeta^p = 1 = 1^p$ だから，$\mathbb{Q}(\zeta)/\mathbb{Q}$ は，$u = \zeta$ と選ぶとベキ根拡大ではない．$\mathbb{Q}(\omega)/\mathbb{Q}$ は $\mathbb{Q}(\sqrt{-3})/\mathbb{Q}$ と考えると $p = 2$ でベキ根拡大となる．ベキ根拡大であることを判断するためには，拡大に用いられる元 u は適当に選ぶ必要がある．

ベキ根拡大の別の定義 ベキ根拡大は重要な概念であるが，その定義は 3 つほどある．ガウスの 1 のベキ根のベキ根表示に関する定理を用いれば，どれも本質的には同じであるが，同値ではない．高さ 1 の拡大の場合だけについてそれらを述べると次のようになる．一般の場合は部分体の列を作って定義すればよい．すでに述べた定義を**定義 (1)** とする．

定義 (2)．L に含まれる元 u と正整数 n があって $L = K(u), u^n \in K$ であるとき L/K をベキ根拡大という．

この定義 (2) によると，たとえば ζ を原始 7 乗根とするとき，$L = \mathbb{Q}(\zeta)$ は $\mathbb{Q}$ のベキ根拡大となる．ところが本章 2.1 節の脚注 (2) で述べたように，ζ のベキ根による表示にあらわれる数は L の元ではない．すなわち，L に存在しない元を用いないとベキ根表示ができないのである．この定義 (2) はその点に欠陥があるし，またガウスの定理を無視している．

定義 (3) は定義 (1)（本文のベキ根拡大の定義）の中の素数 p を正整数 n に変えて，それ以外は全く同じとする．定義としてはこれが一番自然であろう．しかし，u^n が K の元の n 乗とならないという条件のもとでも多項式 $x^n - u$ は一般には既約ではない．それゆえ拡大次数 $[L : K]$（定義は 3 章 3.1 節でする）が決まらないという不便な点がある．定義 (3) の変形としてさらに $x^n - u$ の既約性を仮定した定義もある．しかし，既約条件もなかなか複雑なものである．

これらのことを考慮にいれて，本書では自然さをやや犠牲にして，一番強い定義を採用することにした．問 2.15 で述べるように，u^p は K の元の p 乗とはならない，という条件のもとでは多項式 $x^p - u$ はつねに既約となる．ゆえに高さ 1 のベキ根拡大の拡大次数はその拡大に用いられた素数 p に等しい．なお，ガウスの 1 のベキ根のベキ根表示に関する定理は本書の一番強い定義で証明できる．しかし，それはガロア理論を学んだ後で述べる．

$\alpha \in K$ に対して，α の p 乗根をどのように選んでもそれが K に含まれていないとき，その 1 つの p 乗根 u を体 K に添加してできた拡大 $K(u)/K$

をベキ根拡大と定義したことになる．しかし，1つの元を添加するだけではなく，$\mathbb{Q}(\sqrt{2}, \sqrt[3]{5})/\mathbb{Q}$ のような拡大もベキ根拡大と呼びたい．そこで，上に定義した高さ1のベキ根拡大を用いて高さ h のベキ根拡大を定義しよう．拡大 L/K は，次のような拡大の列が存在するとき**高さ h のベキ根拡大**という．
$$L = K_h \supset K_{h-1} \supset \cdots \supset K_1 \supset K_0 = K$$
を体の拡大の列とし，すべての $i \in \{1, 2, 3, \cdots, h\}$ に対して，拡大 K_i/K_{i-1} がある素数 p_i について(高さ1の)ベキ根拡大になっているとき，拡大 L/K は高さ h のベキ根拡大と呼ばれる．定義により，K_i の元 u_i が存在して，$u_i^{p_i} \in K_{i-1}$ であるが，$u_i^{p_i}$ は K_{i-1} の元の p_i 乗ではなく，さらに $K_i = K_{i-1}(u_i)$ が成り立っている．今後は，単にベキ根拡大といえばこの一般の高さの場合とする．また，K 自身も K の(高さ0の)ベキ根拡大としておくのが便利である．

―〈ちょっと考えよう●問 2.15〉―――――――
K を $\mathbb{C}$ の部分体とし，$x^p - a \in K[x]$ とする．ここで p は素数であり，a は K の元の p 乗とはならないとする．このとき，$x^p - a$ は既約であることを証明せよ．

[ヒント] ここで，$K[x]$ は K の元を係数とする多項式全部の集合であり，環をなす(次章 3.1 節で定義する)．$x^p - a = f(x)g(x)$ とせよ．ただし $f(x), g(x) \in K[x]$ でどちらも定数多項式ではないとする．ζ を1の原始 p 乗根とし，$\alpha = \sqrt[p]{a}$ を a の p 乗根の1つとする．$f(x)$ の次数を t とし，その定数項を $b \in K$ とすれば，ある自然数 i があって $b = \alpha^t \zeta^i$ と表示できる．ゆえに $b^p = a^t \in K$ となる．t と p は互いに素であるから，$tm + pn = 1$ と表わすことができ，式 $a = a^{tm+pn}$ をよく見ると a が K の元の p 乗となっていて仮定に反する．

ここで重要な注意をしておく．それは，ベキ根拡大の**中間体**はベキ根拡大とはいえないということである．すなわち，L/K がベキ根拡大で，$L \supset E \supset K$ とするとき，$L/E, E/K$ はベキ根拡大とは限らない．また2つのベキ根拡大の合成(次の項で定義する)もベキ根拡大とは限らない(問

3.17 参照).しかし,L/E,E/K がともにベキ根拡大ならば L/K はベキ根拡大である.(75 ページの定義 (2) を採用したときには合成は必ずベキ根拡大となる.)

■ ベキ根による解法の存在と拡大体

さて,ベキ根拡大の定義ができたので懸案事項であった「代数方程式の根がベキ根による(根号による)表示をもつ(解法が存在する)」ということを正確に定義しよう.

体 K の元を係数とする方程式
$$x^n + a_1 x^{n-1} + a_2 x^{n-2} + \cdots + a_n = 0$$
の根 α がベキ根による表示をもつということは,あるベキ根拡大 L/K が存在して $\alpha \in L$ となることである.

これでベキ根による解法という概念が正確に定義できた.また,一般 n 次方程式とは係数 $a_1, \cdots, a_n$ が一般の元,すなわち,$a_1, a_2, \cdots, a_n$ は不定元のときであった.ここで
$$K = \mathbb{C}(a_1, a_2, \cdots, a_n)$$
を n 変数の有理関数体とするとき,ベキ根拡大 L/K が存在して,方程式の根が L に属するとき,一般 n 次方程式にベキ根による解法が存在するという.この場合は複素数体 $\mathbb{C}$ は 1 のすべてのベキ根を含むから,高さ 1 のベキ根拡大 K_i/K_{i-1} の 1 つの条件であった「$u_i^{p_i}$ が K_{i-1} の元の p_i 乗とならない」ということは不必要である.なぜならば,もしある $\beta \in K_{i-1}$ に対して,$u_i^{p_i} = \beta^{p_i}$ となっていれば,$(u_i \beta^{-1})^{p_i} = 1$ であるから,$u_i \beta^{-1} \in \mathbb{C} \subset K_{i-1}$ となり,$u_i \in K_{i-1}$ を意味する.これは高さ 1 のベキ根拡大の定義に反する.

まず,次の問を考えよう.それによると,1 のベキ根の存在は実に有難いことがわかる.ベキ根拡大の定義の条件 (2) を確かめるのは面倒であるが,1 のベキ根が十分に存在すれば,(2) は自動的に成立しているのである.

───〈ちょっと考えよう●問 2.16〉───
L は K の拡大体で, $L = K(u), u^n \in K$ を満たす $u \in L$ が存在するとせよ. K が 1 の(原始) n 乗根を含んでいれば, L/K はベキ根拡大であることを示せ[5].

[ヒント] $n = p_1 p_2 \cdots p_r$ と素因数の積に分解する. r に関する帰納法を用いる. n が素数の場合はよい. $n_1 = p_2 \cdots p_r, u_1 = u^{p_1}, K_1 = K(u_1)$ とおけば, K は原始 n_1 乗根を含み, 帰納法により, K_1/K はベキ根拡大である. L/K_1 もベキ根拡大である. ただし $L = K_1$ という可能性もあることに注意せよ.

体 Ω の 2 つの部分体を L_1, L_2 とするとき, L_1 と L_2 を含む Ω の最小の部分体を L_1 と L_2 の **合成体** といい, $L_1 L_2$ と書く. 体 L_1 に L_2 の元をすべて添加した体が $L_1 L_2$ であるが, $L_1 L_2$ は L_2 に L_1 の元をすべて添加してできた体でもある.

───〈ちょっと考えよう●問 2.17〉───
L_1 と L_2 がともに K のベキ根拡大であるとし, K は 1 のベキ根を十分[6]に多く含んでいるとせよ. このとき, 合成体 $L_1 L_2$ は L_2 のベキ根拡大であることを示せ.

このように, 1 のベキ根を十分に含んでいれば, 議論がなめらかに進む. それゆえ, 次の定理が重要である.

定理(ガウス) K を $\mathbb{C}$ の任意の部分体とし, n を任意の正整数とする.

---
[5] 問 2.16 と問 2.17 の後で述べるガウスの定理を用いると, 本書で採用したベキ根拡大の定義とほかの 2 つの定義が本質的には同じものであることがわかる.

[6] (1 のベキ根を)十分に含んでいるというときの「十分」ということばは初学者には曖昧なことかもしれない. 牛が草を十分に食べる場合を想定するとよい. 十分であるかどうかは食べ終わってからわかることで, あらかじめどのぐらい必要かはわからない. K が十分に 1 のベキ根を含んでいるということは, 定理を証明するために必要な 1 のベキ根はすべて含まれているということである.

K に 1 の n 乗根を添加した体は K のベキ根拡大に含まれる．

　ガウスは 19 世紀初頭「すべての自然数 n に対して，1 の n 乗根は根号を用いて表示することができる」ということを証明した．しかし，注意すべきことは，このガウスの定理からは「K に 1 の n 乗根を添加した体は K のベキ根拡大である」とは必ずしもいえない．ベキ根拡大はベキ根によって表示できる拡大であるが，ベキ根によって表示された元を添加した拡大がベキ根拡大であるとは限らない．

　ガウスの定理そのものは，4 章 4.5 節で，ガロア理論を用いて証明する．われわれは，結果を先取りして，1 の n 乗根がベキ根拡大に含まれるということは証明されたものとして話をすすめている．

　任意の正整数 n と任意の K に対して，1 の n 乗根が K のベキ根拡大に含まれているとすると，体 K に係数をもつ方程式の根が K のベキ根拡大に含まれているかどうかという問題に対しては，K は必要な 1 のベキ根をすべて含むと仮定してよいことになる．

　ルフィニやアーベルの仕事「5 次方程式にはベキ根による一般的な解法はない」ということを証明するのが本節の目標であったが，今はそれに必要な体やその拡大の理論を述べている．ベキ根で解けるということを体のベキ根拡大という概念を用いて定義したことを思い出してほしい．体やその拡大の理論が当然必要なのである．少し長いアプローチのある登山と思うとよい．そのうちに視界が開けてくるはずである．

---〈ちょっと考えよう●問 2.18〉---
R を体 K のベキ根拡大として，L を K の拡大体とせよ．このとき，合成体 RL は L のあるベキ根拡大体に含まれることを示せ．

　[ヒント]　高さ h に関する帰納法を用いる．拡大の列 $R \supset K_1 \supset K$ をとり，$K_1/K, R/K_1$ はそれぞれ高さ $h-1$，素数 p に関する（高さ 1 の）ベキ根拡大とする．帰納法の仮定により，合成 $K_1 L$ は L のベキ根拡大 L_1 に含まれる．

　問 2.18 は，体 K を L に拡大しても R/K のベキ根拡大性はほとんど失

われず，合成体 RL は L のベキ根拡大の部分体という形で残ることを示している．L をさらに拡大する必要があるのは，1 のベキ根を必要なだけ L に添加したいからである．ベキ根で表示できる元を添加してできる拡大を考えるという意味では何も失われていない．

問 2.18 を方程式論に応用すると直ちに次の定理が得られる．

定理 A 体 K に係数をもつ方程式 $f(x) = 0$ が K のベキ根拡大に根をもつならば，K のいかなる拡大体 L に対しても，L のベキ根拡大が存在して方程式 $f(x) = 0$ はその中に根をもつ．

定理 B n 個の不定元 $a_1, a_2, \cdots, a_n$ を係数とする一般 n 次方程式
$$x^n + a_1 x^{n-1} + a_2 x^{n-2} + \cdots + a_n = 0$$
が $\mathbb{C}(a_1, a_2, \cdots, a_n)$ のベキ根拡大に解をもたなければ，$K(a_1, a_2, \cdots, a_n)$ のベキ根拡大にも解をもたない．ここで K は $\mathbb{C}$ と $\mathbb{Q}$ の任意の中間体である．

定理 A の対偶をとり，$K = \mathbb{Q}(a_1, \cdots, a_n)$, $L = \mathbb{C}(a_1, a_2, \cdots, a_n)$ とおけば，定理 B が得られる．定理 B では解といい，定理 A では根といったのは，一般方程式とそうでないものの違いを表わしたかったからにすぎない．定理 B は，一般 n 次方程式が $\mathbb{Q}(a_1, \cdots, a_n)$ のベキ根拡大に根を持たないことを主張したければ，$\mathbb{C}(a_1, \cdots, a_n)$ のベキ根拡大に根をもたないことを示せばよいといっているのである．$\mathbb{C}$ は 1 のベキ根をすべて含むから，これは有用な定理である．$\mathbb{C}(a_1, \cdots, a_n)$ のベキ根拡大には種々考えられるが，次の項で述べるアーベルの補題はそれに大きな制限をつけるのである．

■ ベキ根による解法の不可能性

さていよいよ 5 次方程式にはベキ根による一般的な解法がないことを証明するのであるが，後で述べるアーベルの補題の重要さを知るためにも，ルフィニの論文の欠陥について少し詳しく述べておこう．n 次方程式のベキ根による解法の不可能性という問題が，非常に難しいものであると同時に非常に繊細なものであるということを語ってくれるからである．そのためにまず
$$f(x) = x^3 - 3x - 1$$

とおいて，$y = f(x)$ のグラフを考えよう．$\dfrac{dy}{dx} = 3x^2 - 3 = 3(x-1)(x+1)$ であるから，y は $x = -1$ で極大値 $f(-1) = 1$，$x = 1$ で極小値 $f(1) = -3$ をとる(図 2.2)．

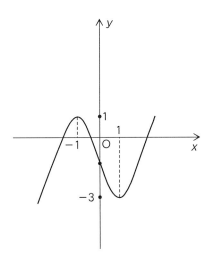

図 **2.2** $y = x^3 - 3x - 1$ のグラフ

ゆえに，$f(x) = 0$ は 3 つの実根 $\alpha_1, \alpha_2, \alpha_3$ をもつ．本章 2.2 節で述べた根の公式(表 2.1)を用いると $(p = -3,\ q = -1,\ \omega = (-1 + \sqrt{-3})/2)$，それらは

$$\alpha_1 = \sqrt[3]{\dfrac{1 + \sqrt{-3}}{2}} + \sqrt[3]{\dfrac{1 - \sqrt{-3}}{2}}$$

$$\alpha_2 = \omega \sqrt[3]{\dfrac{1 + \sqrt{-3}}{2}} + \omega^2 \sqrt[3]{\dfrac{1 - \sqrt{-3}}{2}}$$

$$\alpha_3 = \omega^2 \sqrt[3]{\dfrac{1 + \sqrt{-3}}{2}} + \omega \sqrt[3]{\dfrac{1 - \sqrt{-3}}{2}}$$

である．ただし，$\beta = \sqrt[3]{\dfrac{1 + \sqrt{-3}}{2}}$, $\gamma = \sqrt[3]{\dfrac{1 - \sqrt{-3}}{2}}$ とおくと，$\beta\gamma = -\dfrac{p}{3} = 1$ となるようにそれぞれの 3 乗根は選んである．なお，$\beta^{18} = \gamma^{18} = 1$ である．$z = x + y\sqrt{-1}$, $x, y \in \mathbb{R}$ のとき，その複素共役 $x - y\sqrt{-1}$ を $\bar{z}$ で

表わせば，
$$\gamma = \overline{\beta}$$
である．ゆえに，
$$\alpha_1 = \beta + \overline{\beta}$$
$$\alpha_2 = \omega\beta + \overline{\omega\beta}$$
$$\alpha_3 = \omega^2\beta + \overline{\omega^2\beta}$$
となっていて，3根 $\alpha_1, \alpha_2, \alpha_3$ はすべて実数である．しかし，見ればわかるように，根の公式を用いると，2つの虚数の和として実根が得られている．根の公式を用いるかぎり，虚数は避けられない．実根を表示するのに，虚数が必要というのは不自然であるが，虚数を用いないと表示すらできないのである．（ガロア理論を用いると簡単に証明できる．それについては4章4.5節に定理として述べる．）

このような無理数は**副次的な無理数**と呼ばれた．2次方程式
$$x^2 + ax + b = 0$$
の根は
$$x = \frac{-a \pm \sqrt{a^2 - 4b}}{2}$$
であるから，無理数としては $\sqrt{a^2 - 4b}$ が必要である．しかし，それは当然であり，**自然な無理数**と呼ばれた．2次方程式の根を x_1, x_2 とし，係数体を K とすれば，根の公式は K に x_1, x_2 を添加した拡大体 $K(x_1, x_2)$ の中の元として表わされているのである．

一方，3次方程式
$$x^3 - 3x - 1 = 0$$
の根 $\alpha_1, \alpha_2, \alpha_3$ をベキ根で表わす式は $\mathbb{Q}(\alpha_1, \alpha_2, \alpha_3)$ の中では書くことはできない．重要な点だからくり返すが，根 $\alpha_1, \alpha_2, \alpha_3$ そのものはもちろん $\mathbb{Q}(\alpha_1, \alpha_2, \alpha_3)$ の元である．しかし，根をベキ根によって表わす式には $\mathbb{Q}(\alpha_1, \alpha_2, \alpha_3)$ の元ではないものが必要である．しかし，$\mathbb{Q}(\omega, \alpha_1, \alpha_2, \alpha_3)$ の元としては表示されている．

2.1節で述べたように，3次方程式
$$x^3 + px + q = 0$$

の 3 つの根は，$\omega = \dfrac{-1+\sqrt{-3}}{2}$ とし，

$$s = \sqrt[3]{\frac{1}{2}\left(-q+\sqrt{q^2+\frac{4p^3}{27}}\right)}, \quad t = \sqrt[3]{\frac{1}{2}\left(-q-\sqrt{q^2+\frac{4p^3}{27}}\right)}$$

とおくと

$$x_1 = s+t, \quad x_2 = s\omega + t\omega^2, \quad x_3 = s\omega^2 + t\omega$$

であり，また，根 x_1, x_2 を使って s, t を表示すると，

$$s = \frac{x_1\omega^2 - x_2}{\omega(\omega-1)}, \quad t = \frac{-x_1\omega + x_2}{\omega(\omega-1)}$$

となる．3次方程式の場合はこのように，1 の 3 乗根の ω だけが副次的な無理数であることが見てすぐわかる．

 3 次という小さい次数の方程式の根の公式で，すでに副次的な無理数が必要なのだから，n 次方程式の根の公式にどのような副次的な無理数が必要かはわからない．$\mathbb{C}$ の中にすら存在しないような副次的な無理数が必要かもしれないとそのころの数学者は考えたのである．複素数は必ず必要であるが，その複素数ですら確立された存在とはいえなかった時代のことなのである．複素数を認めるとそれ以上に副次的な無理数の世界が広がっている可能性はあったのである．

 一般 5 次方程式のベキ根による解法の不可能性を初めて発表したルフィニは，この副次的な無理数に関する議論が曖昧だった．ルフィニは厳密な議論をすることなく「$x_1, x_2, \cdots, x_n$ を，不定元を係数とする一般 n 次方程式の根とするとき，ベキ根による根の表示が存在すればそれは $\mathbb{C}(x_1, x_2, \cdots, x_n)$ の元である」ということを前提にしていたのである．

 ルフィニが前提としていたことを厳密に証明したのがアーベルである．彼は，副次的な無理数は 1 のベキ根で十分であることを証明した．すなわち，必要な無理数はすべてすでに $\mathbb{C}$ の中に存在しているということを証明したのである．アーベルの証明は技巧的でもあり，群論とは関係がないのでここでは述べないが，結果そのものは述べておこう．

アーベルの補題 一般 n 次多項式を

$$f(x) = x^n + a_1 x^{n-1} + a_2 x^{n-2} + \cdots + a_n$$

とおく．ここで，$a_1, a_2, \cdots, a_n$ は不定元である．$f(x) = 0$ の根を $x_1, x_2, \cdots, x_n$ とする．$f(x) = 0$ のベキ根による解法が存在すれば，根の公式は $\mathbb{C}(x_1, x_2, \cdots, x_n)$ の中で表示できる．

一般 n 次方程式の根 $x_1, x_2, \cdots, x_n$ が係数体 $\mathbb{C}(a_1, a_2, \cdots, a_n)$ のあるベキ根拡大体 R に含まれているとすると，R は $\mathbb{C}(x_1, x_2, \cdots, x_n)$ の中に含まれているとしてよい，とアーベルの補題は主張している．すなわち，この場合は $R = \mathbb{C}(x_1, x_2, \cdots, x_n)$ である．前の項で述べた定理 B では $\mathbb{C}(a_1, a_2, \cdots, a_n)$ のベキ根拡大に関する制限はなにもない．アーベルの補題も，厳密には n 次多項式 $f(x)$ が係数体 $\mathbb{C}(a_1, a_2, \cdots, a_n)$ の上で既約であるということを注意しておく必要がある．等式 $R = \mathbb{C}(x_1, x_2, \cdots, x_n)$ は 1 つの根だけではなく全部の根がベキ根拡大に入っていると主張しているからである．しかし，$f(x) = h(x)g(x)$ と 2 つの定数でない多項式の積に分解されているとすると，拡大次数 $[\mathbb{C}(x_1, x_2, \cdots, x_n) : \mathbb{C}(a_1, a_2, \cdots, a_n)]$ (3 章 3.1 節で定義する) が高々 $m!(n-m)!$ となり，これは $n!$ よりも小さい数である．ここで $h(x)$ の次数を m とした．一方，4 章の問 4.27 で述べるが，$[\mathbb{C}(x_1, x_2, \cdots, x_n) : \mathbb{C}(a_1, a_2, \cdots, a_n)] = n!$ なのである．

アーベルの補題は方程式の根を用いて述べられているが，体のことばだけで次のように述べることもできる．

アーベルの補題(体論的に述べたもの)　体 K は 1 のベキ根を十分に含むとせよ．K の拡大体 L の元 u が K のあるベキ根拡大体 R に含まれるときには，u は L に含まれている K のベキ根拡大体 R' の元である(図 2.3 参照)．

準備を終えたので，いよいよ本論に入る．すなわち，5 次以上の一般方程式にはベキ根による解法が存在しないというアーベルの定理を証明する．

$$f(x) = x^n + a_1 x^{n-1} + a_2 x^{n-2} + \cdots + a_n, \quad n \geq 5$$

とおく．ここで係数 $a_1, a_2, \cdots, a_n$ は不定元とする．また，$x_1, x_2, \cdots, x_n$ を $f(x) = 0$ の根とする．まず，次の簡単な補題を 1 つ証明しよう．

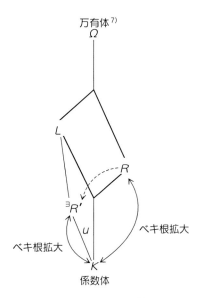

図 **2.3** アーベルの補題

補題 体 $\mathbb{C}(x_1, x_2, \cdots, x_n)$ の2つの元 u, v がある素数 p に対して $u^p = v$ を満たしているとする.もし,v が2つの3項巡回置換 (1 2 3) と (3 4 5) で不変ならば,u も (1 2 3) と (3 4 5) で不変である.ただし,置換は $x_1, x_2, \cdots, x_n$ の添数集合 $\{1, 2, \cdots, n\}$ に作用するものとする.

$v = 0$ なら $u = 0$ となり主張は明らかだから $v \neq 0$ としよう.$\sigma = (1\,2\,3)$, $\tau = (3\,4\,5)$ とおく.仮定により,$v^\sigma = v$ であるから,$(u^p)^\sigma = u^p$ となり
$$(u^\sigma u^{-1})^p = 1$$
を得る.これは
$$u^\sigma = \zeta_\sigma u, \quad (\zeta_\sigma)^p = 1$$
を意味する.$\sigma^3 = 1$ を用いれば,$\zeta_\sigma{}^3 = 1$ も得られる.同じように
$$u^\tau = \zeta_\tau u, \quad \zeta_\tau{}^3 = 1$$
が得られる.

---

7) 体論では十分大きい体,すなわち万有体 Ω を考え,その中で体の合成などを考える.通常 $\Omega = \mathbb{C}$ とおけば十分であるが,ここでは有理関数体 $\mathbb{C}(x_1, \cdots, x_n)$ なども考えているので $\Omega = \mathbb{C}$ では不十分である

$$\tau\sigma = (1\ 2\ 3\ 4\ 5), \quad \tau\sigma^2 = (1\ 3\ 4\ 5\ 2)$$
であるから $(\tau\sigma)^5 = (\tau\sigma^2)^5 = 1$ である．$\tau\sigma, \tau\sigma^2$ を u に作用させると
$$(\zeta_\tau\zeta_\sigma)^5 = (\zeta_\tau\zeta_{\sigma^2})^5 = 1$$
が満たされ，これから $\zeta_\sigma = \zeta_\tau = 1$ が容易にわかる．よって，これで補題は証明できている．$n \geq 5$ ということをよく味わってほしい．

───〈ちょっと考えよう●問 2.19〉───
$\zeta_\sigma = \zeta_\tau = 1$ であることを示せ．
─────────────────────

アーベルの補題により，$f(x) = 0$ のベキ根による解法が存在するということは，$\mathbb{C}(x_1, x_2, \cdots, x_n)$ が係数体 $\mathbb{C}(a_1, a_2, \cdots, a_n)$ のベキ根拡大であるということと同値である．そこで，$\mathbb{C}(x_1, x_2, \cdots, x_n) = R_h \supset R_{h-1} \supset \cdots \supset R_1 \supset R_0 = \mathbb{C}(a_1, a_2, \cdots, a_n)$ という部分体の列があって，すべての $i \in \{1, 2, \cdots, h\}$ に対して，R_i/R_{i-1} は高さ 1 のベキ根拡大になっていると仮定しよう．すなわち，R_i の元 u_i が存在して，ある素数 p_i に対して，$u_i{}^{p_i} \in R_{i-1}$ となっていると仮定しよう．$u_i{}^{p_i}$ が R_{i-1} の元の p_i 乗であってはいけないという条件が必要であったが，$\mathbb{C}(a_1, a_2, \cdots, a_n)$ が 1 のベキ根をすべて含むから，問 2.16 によりその条件は不必要になっている．$v_i = u_i{}^{p_i}$ とおく．

R_0 の元は根 $\{x_1, x_2, \cdots, x_n\}$ の対称(有理)式であるから，$\sigma = (1\ 2\ 3)$ と $\tau = (3\ 4\ 5)$ で不変である．ゆえに，先に述べた補題を元 $u_1, v_1 = u_1^{p_1}$ に適用すれば，R_1 の元はすべて σ と τ によって不変である．同じ論法を拡大 R_2/R_1，R_3/R_2 と次々に考えてゆけば，結局 $R_h = \mathbb{C}(x_1, x_2, \cdots, x_n)$ のすべての元が σ と τ によって不変となる．ところが仮定によって，R_h は根 x_1 を含むが，x_1 は σ で不変ではない．これは矛盾であるから，根 x_1 を含む $\mathbb{C}(a_1, a_2, \cdots, a_n)$ のベキ根拡大体 R_h が存在するという仮定が間違っていたことになる．これで「5 次以上の一般方程式にはベキ根による解法が存在しない」という基本定理の証明は終わった．

世界の数学界をしばし沈黙させたほどの大定理なのに，その証明はなにかあっけない．根 $x_1, x_2, \cdots, x_n$ の $\mathbb{C}(a_1, a_2, \cdots, a_n)$ の元のベキ根による表示は $\mathbb{C}(x_1, x_2, \cdots, x_n)$ の中で実現できているとしてよいというアーベルの

補題の証明はやや複雑で技巧的でもあるので，この本では述べなかった．しかし，残りの部分は明快である．根の置換ということに目をつけたラグランジュの貢献を大とすべきであろう．5次方程式のベキ根による解法の不可能性そのものは，4章4.5節でガロア理論を用いてまったく新しい立場から証明する．その意味ではアーベルの補題には歴史的な興味しかないといえる．

$n \geq 5$ のときの，一般 n 次方程式のベキ根による解法の不可能性は「アーベルの定理」とされている．アーベルはルフィニの仕事にあった欠陥をアーベルの補題として埋めたのであるから納得はできる．しかし，本章の一番最後に証明した u, v の不変性に関する補題と，それを用いて $\mathbb{C}(x_1, x_2, \cdots, x_n)$ は係数体 $\mathbb{C}(a_1, a_2, \cdots, a_n)$ のベキ根拡大ではない，ということの証明は本質的にはルフィニの仕事であるといわれている．それらは簡単であるがよい仕事であると言わなければならないだろう．ジョルダンなどとともに群論の発展に大いに貢献したコーシーはルフィニを5次方程式の解法理論に関する最大の貢献者と思っていたようである．

アーベルは次の問題として，ベキ根で解法が存在する n 次方程式をすべて決定する仕事にとりかかった．しかし，始めるや否や，結核が26歳のアーベルの命を奪ってしまうのである．「まだ終わっていない仕事がいくらもあるのに，どうして死ななければならないんだ」と思ったことだろう．

アーベルは「n 次方程式のガロア群が可換ならば，それはベキ根による解法が存在する」ということを証明することはできた．方程式 $x^n - 1 = 0$ のガロア群は可換になる．ガウスは1の n 乗根がベキ根によって解けることを示したが，その証明に使われているのは，ガロア群が可換であるという事実だけであるということをアーベルは見抜いたのである．しかし，ガウスもアーベルもガロア群という概念はもっていなかったので，別の言い方をしたのである．

この章では，置換という群の萌芽が，代数方程式の解法に関係していることは述べたが，それには，まだ群そのものの威力はあらわれてはいない．次の章で体のシンメトリーや方程式の群すなわちガロア群などを定義して，それらがいかに強力な概念であるかを少しずつ述べてゆくことにする．

第3章
ガロア理論

　21歳にもなれずに，ガロアは決闘で致命傷を負い，あっけなく死んでしまった．ガロアには自分の作った理論の重要さがわかっていた．だが，彼の仕事は誰もわかってくれなかった．また，わからせようという努力もあまりしなかった．そのころのフランスでは世の中が大きく動いており，それどころではなかった．熱血漢だったガロアはそうせざるを得なかったがごとく死んでいったのだ．

　彼の考えは**ガロア理論**となって，人類が数学の研究を始めて以来，2000年も存在していた代数方程式論に，完全に終止符を打つ著しく重要な仕事だった．2000年も，また，一説によればもっと長く継続して研究されていたことに終止符を打つことは，それ自体十分に価値がある．しかし，ガロアの理論は方程式論にとっては終止符であっても，他の分野の学問にとっては，それがある意味で始まりを意味していた．他の数学の分野でも，そこで扱う数学的対象に作用している群を発見し，その群の性質からもとの数学的対象の性質を導き出すということが考えられるようになったのである．

　方程式論におけるガロア理論は，代数方程式が簡単に解けるか，また複雑でもいくつかの段階を経れば最後にはベキ根で解けるか，ベキ根による解法はまったく不可能であるか，というような問題に対して，それらの解答は方程式の係数にではなく方程式に内在する**ガロア群**にすべて含まれているということを示している．**方程式の群**とガロアが呼んだものは，方程

式の見かけの形によらない深い所にある群である．まったく隠れている群なのである．

方程式から群を考えるということは，**根の置換**を初めて考えたラグランジュの仕事や，その根の置換で一般 n 次方程式のベキ根による解法が不可能だと証明したルフィニとアーベルの仕事にも見られないわけではない．しかし，ラグランジュ，ルフィニ，アーベルは係数が不定元である一般 n 次方程式の根の置換だけを考えている．ガロア理論のことばでいえば，ガロア群が n 次の対称群になる場合のみ考えているのである．

それに対してガロアは，数値係数の n 次方程式も含め，すべての代数方程式に対して，可能な根の置換全体からなる**方程式の群**を考えている．1つ1つの方程式がもっている，いわば天与の特有な性質である**方程式の群**を考えたのである．不定元を係数とする一般 n 次方程式であれば，その方程式の群は n 次の対称群であるが，数値係数の n 次方程式では，n 次の対称群のいろいろな部分群が方程式の群になり得るのである．

ガロアは，彼の発見した方程式の群が，方程式はベキ根で解けるかどうかという問題に対して，完全な解答を与えていることを見出した．方程式の群はその後**ガロア群**と呼ばれるようになり，方程式論を終結させたばかりでなく，ほかの多くの分野の学問においても，問題を解くための考え方の指針を与えることとなった．そこにガロアの考え方の普遍性があるのである．この章では，ガロアの理論のあらすじを述べる．

3.1 体のシンメトリー

さて，
$$f(x) = x^n + a_1 x^{n-1} + \cdots + a_n$$
とおき，$f(x) = 0$ の根を考える．係数の $a_1, a_2, \cdots, a_n$ は断わらないかぎり，複素数体 $\mathbb{C}$ の部分体 K の元とする．K は**係数体**(または**基礎体**)と呼ばれる．多項式の既約性やこれから定義する多項式の分解体，方程式の群，すなわちガロア群などは係数体を念頭においた上ではじめて考えられる概念である．よって係数体 K が何であるかは常に意識していなくてはならない．断わらないかぎり $K \subset \mathbb{C}$ であるが，$K = \mathbb{Q}$ と思って読み進めても失なうも

のはほとんどない．われわれが，日常実際に目にする方程式を考えているのである．しかし，一般の体ではどうなるかと考えつつ読むのは有益である．

$\alpha_1, \alpha_2, \cdots, \alpha_r$ を複素数とするとき，$K(\alpha_1, \alpha_2, \cdots, \alpha_r)$ は K と $\alpha_1, \alpha_2, \cdots, \alpha_r$ を含む最小の体で，K に $\alpha_1, \alpha_2, \cdots, \alpha_r$ を添加した体と呼ぶことはすでに第 2 章で述べた．それは $\mathbb{C}$ の部分体である．

方程式 $f(x) = 0$ のすべての根 $\alpha_1, \alpha_2, \cdots, \alpha_n$ を添加した体 $L = K(\alpha_1, \cdots, \alpha_n)$ は $f(x)$ の K の上の**分解体**と呼ばれる．L の中では，

$$f(x) = (x - \alpha_1)(x - \alpha_2)\cdots(x - \alpha_n)$$

のように 1 次式の積に分解するからである．分解体は**最小分解体**とも呼ばれる．本書では，多項式を明示したときには単に分解体といい，そうでないときには，最小分解体ということばも用いる．ある多項式の分解体という意味である．

たとえば，$K = \mathbb{Q}$ で $f(x) = x^3 - 2$ であれば，$L = \mathbb{Q}(\sqrt[3]{2}, \omega\sqrt[3]{2}, \omega^2\sqrt[3]{2})$ が $f(x)$ の K の上の分解体である．ここで $\omega = \dfrac{-1 + \sqrt{-3}}{2}$ は 1 の原始 3 乗根である．$L = \mathbb{Q}(\sqrt[3]{2}, \omega) = \mathbb{Q}(\sqrt[3]{2}, \sqrt{-3})$ のように同じ体でもいくつかの異なった表示の仕方がある．

係数体 K に $f(x) = 0$ の 1 つの根 α_1 を添加した拡大体 $K(\alpha_1)$ と，すべての根 $\alpha_1, \cdots, \alpha_n$ を添加した体 $K(\alpha_1, \cdots, \alpha_n)$ は通常は異なる．たとえば，$f(x) = x^3 - 2$ の場合には α_1 は $\sqrt[3]{2}$, $\omega\sqrt[3]{2}$, $\omega^2\sqrt[3]{2}$ のどれかであるが，$\mathbb{Q}(\alpha_1)$ は $x^3 - 2$ の $\mathbb{Q}$ の上の分解体より小さい．しかし，$f(x) = x^2 + x + 1$ の場合には 2 つの根は ω, ω^2 であるから，$\mathbb{Q}(\omega)$ が $f(x)$ の $\mathbb{Q}$ の上の分解体となる．

■ 体のシンメトリーとはどう考えるべきか

体 K のシンメトリーとはどのようなものであろうか．第 1 章で詳しく述べたように，正多角形や正多面体ならば，そのシンメトリーは目で見ることができる．シンメトリー全体は群という構造をもち，シンメトリー群と呼ばれた．復習すれば，正 n 角形, 正 4 面体, 正 6 面体, 正 8 面体, 正 12 面体, 正 20 面体の(空間での)シンメトリー群は，それぞれ，位数 $2n$ の 2 面体群, A_4, S_4, S_4, A_5, A_5 である．

$K = \mathbb{Q}(\sqrt[3]{2})$ のように '形のない' もののシンメトリーとは何であろうか．

形がないようでも，次のようなことは直接計算でも確かめられる．

---**〈ちょっと考えよう●問 3.1〉**---

$\mathbb{Q}(\sqrt{2})$ の中には $\sqrt[3]{2}$ が含まれていないことを示せ．

[ヒント] $\mathbb{Q}(\sqrt{2}) = \{a+b\sqrt{2} \mid a,b \in \mathbb{Q}\}$ であるから，$(a+b\sqrt{2})^3 = 2$ として矛盾を導けばよい．また，根気よく計算すれば，$\mathbb{Q}(\sqrt[3]{2})$ に $\sqrt{2}$ が含まれていないこともわかるであろう．しかし，どちらの場合も計算を始めてみるとなかなか面倒なことがわかる．そのうちに問が一瞬のうちに解ける方法を学ぶ．

これらの体の性質は「正 4 面体には正 5 角形は含まれていない」という性質に類似なものと思われる．体はその内部にいろいろな性質をもっている．はじめは，多角形や多面体のような幾何学図形のようにははっきりとはわからないが，多くの例を見て，自ら計算をしてみると，$\mathbb{Q}(\sqrt[3]{2})$ のような体も '形' をもっていることが見えてくる．

体のシンメトリーとはどういうものかを考えているのであるが，そのためにもう少し一般的な体の同型を定義しよう．K, K' がどちらも（一般の）体であり，ϕ を K から K' への写像であるとしよう．

ϕ が K の任意の 2 つの元 x, y に対して

(1) $\phi(x+y) = \phi(x) + \phi(y)$

(2) $\phi(xy) = \phi(x)\phi(y)$

を満たしていて，さらに

(3) $x \neq x'$ ならば $\phi(x) \neq \phi(x')$ である

(4) K' の任意の元 x' に対して $\phi(x) = x'$ となる K の元 x が存在するという条件(1)〜(4)を満たすとき，ϕ を体 K から K' への**同型写像**といい（単に同型ともいう），K と K' は**同型**であるという[1]．

条件(3),(4)は ϕ が 1 対 1 で上への写像であるということと同値である．群の同型を思い起こせば体の同型は（明らかに必要な）条件(1)が増えただけである．

---

[1] （まもなく定義する）環 R, R' の同型写像 ϕ もまったく同じ条件(1),(2),(3),(4)を満たすものとする．

── ⟨ちょっと考えよう●問 3.2⟩ ──
ϕ を体 K から体 K' ($K, K' \supset \mathbb{Q}$) への同型写像とするとき，$\mathbb{Q}$ のすべての元 x に対して $\phi(x) = x$ が成り立つことを示せ．特に $\phi(1) = 1$ である．

$K = K'$ のときは，ϕ は**自己同型写像**という．この K の自己同型写像を**体のシンメトリー**と呼ぶ．どんな体も単位シンメトリーをもっているが，上の問 3.2 は，$K = K' = \mathbb{Q}$ の場合に制限して考えると，体 $\mathbb{Q}$ のシンメトリーは単位シンメトリーしかないことを示している．それは多面体などの例でいえば，そのすべての点や元をそのまま変えないシンメトリーである．

以下，次の問を考えながら体のシンメトリーを詳しく説明しよう．

── ⟨ちょっと考えよう●問 3.3⟩ ──
(1) $\mathbb{Q}(\sqrt{2})$ から $\mathbb{Q}(\sqrt{3})$ への同型写像はあるか．
(2) $\mathbb{Q}(\sqrt{2})$ の単位シンメトリーのほかにシンメトリーはあるか．
(3) $\mathbb{Q}(\sqrt[3]{2})$ のシンメトリーをすべて見出せ．
(4) $\mathbb{Q}(\sqrt[3]{2})$ から $\mathbb{Q}(\sqrt[3]{2}\omega)$ への同型写像をすべて見出せ．
(5) $\mathbb{Q}(\sqrt[3]{2}, \omega)$ のシンメトリーをすべて見出せ．
(6) $\mathbb{Q}(\pi)$ のシンメトリーはあるか．π は円周率である．

[問 3.3(1) の解] ϕ を体 $\mathbb{Q}(\sqrt{2})$ からある体 K への同型写像とすれば，$(\phi(\sqrt{2}))^2 = \phi((\sqrt{2})^2) = \phi(2) = 2$ である．ゆえに，K は 2 の平方根 $\pm\sqrt{2}$ のうちの 1 つは含まなければならない (K は体であるから $\pm\sqrt{2}$ を両方とも含むことになる)．$K = \mathbb{Q}(\sqrt{3})$ とおくと，K の元は $x = a + b\sqrt{3}$, $a, b \in \mathbb{Q}$ という形に書くことができるが，$(a + b\sqrt{3})^2 = 2$ という式が成り立たないことは計算してみるとわかる．ゆえに，$\mathbb{Q}(\sqrt{2})$ から $\mathbb{Q}(\sqrt{3})$ への同型写像はない．いいかえれば，$\mathbb{Q}(\sqrt{2})$ と $\mathbb{Q}(\sqrt{3})$ は正 4 面体と正 6 面体のように体としては構造(形)の異なるものである．

[問 3.3(2) の解] $\mathbb{Q}(\sqrt{2})$ のシンメトリーを ϕ とおく．(1) の解で述べたようにシンメトリー ϕ による $\sqrt{2}$ の行き先は $\sqrt{2}$ または $-\sqrt{2}$ である．すなわち $\phi(\sqrt{2}) = \sqrt{2}$ または $\phi(\sqrt{2}) = -\sqrt{2}$ だけが可能である．$\mathbb{Q}(\sqrt{2})$ の元

はすべて $a+b\sqrt{2}$, $a,b \in \mathbb{Q}$ の形をしているから，$\phi(\sqrt{2})=\sqrt{2}$ ならば，ϕ は単位シンメトリーとなってしまう．ここで，問 3.2 を用いていることに注意しよう．

$\phi(\sqrt{2})=-\sqrt{2}$ とする．$a,b \in \mathbb{Q}$ のとき $\phi(a+b\sqrt{2})=a-b\sqrt{2}$ となる．x,y を $\mathbb{Q}(\sqrt{2})$ の任意の元とするとき，$\phi(x+y)=\phi(x)+\phi(y)$, $\phi(xy)=\phi(x)\phi(y)$ となっていることも容易に確かめられる．また，体の同型条件 (3), (4) も明らかであろう．すなわち，ϕ はたしかに $\mathbb{Q}(\sqrt{2})$ のシンメトリーになっている．正の数が負の数になるようなこともあって，変に見えるがこれでよいのである．$b=0$ ならば $a \in \mathbb{Q}$ だからその点は当然固定されなければならない．数学的な構造をもっている体 $\mathbb{Q}(\sqrt{2})$ が，別の見方をしても体としてはまったく同じように見える，ということである．それは正 8 面体の上下をひっくりかえしても，まったく同じ形をしているのと同じようなものである．

[問 3.3 (3) の解]　$\mathbb{Q}(\sqrt[3]{2})$ のシンメトリー ϕ が $\sqrt[3]{2}$ を 2 の 3 乗根へと移さなければならないことは上の (1), (2) の解からもう明らかであろう．複素数体の中で 2 の 3 乗根は全部で 3 個あり，$\sqrt[3]{2}, \sqrt[3]{2}\omega, \sqrt[3]{2}\omega^2, \omega=\dfrac{-1+\sqrt{-3}}{2}$ である．しかし，後の 2 つは虚数であって，$\mathbb{Q}(\sqrt[3]{2})$ の元ではない．それゆえ，$\phi(\sqrt[3]{2})=\sqrt[3]{2}$ である．$\mathbb{Q}(\sqrt[3]{2})$ は $\mathbb{Q}$ と $\sqrt[3]{2}$ で生成されているから，ϕ は $\mathbb{Q}(\sqrt[3]{2})$ の単位シンメトリーとなるしかない．体 $\mathbb{Q}(\sqrt[3]{2})$ は単位シンメトリー以外にはもっていない．すなわち体 $\mathbb{Q}(\sqrt[3]{2})$ には単位シンメトリー以外には何の対称性もないのである．

[問 3.3 (4) の解]　$\mathbb{Q}(\sqrt[3]{2})$ の行き先が $\mathbb{Q}(\sqrt[3]{2}\omega)$ であると話は異なる．ϕ を同型写像とすると $\phi(\sqrt[3]{2})=\sqrt[3]{2}\omega$ となることが可能である．問 2.14 で述べたように，それぞれの体は
$$\mathbb{Q}(\sqrt[3]{2}) = \{a+b\sqrt[3]{2}+c\sqrt[3]{4} \mid a,b,c \in \mathbb{Q}\}$$
$$\mathbb{Q}(\sqrt[3]{2}\omega) = \{a'+b'\sqrt[3]{2}\omega+c'\sqrt[3]{4}\omega^2 \mid a',b',c' \in \mathbb{Q}\}$$
と表示できる．

$\phi(\sqrt[3]{2})=\sqrt[3]{2}\omega$ ならば $\phi(a+b\sqrt[3]{2}+c\sqrt[3]{4})=a+b\sqrt[3]{2}\omega+c\sqrt[3]{4}\omega^2$ となる．この ϕ が $\mathbb{Q}(\sqrt[3]{2})$ から $\mathbb{Q}(\sqrt[3]{2}\omega)$ への同型であることも，直接計算して確かめられるが，このような計算をくり返すのは数学的ではないので，次の一般的な定理を述べておこう．その後，再びこの問 3.3 (4) に戻ってくる．次

の定理では体 K は一般の体でよい．

定理　K は体とする．$K[x]$ を K を係数とし x を不定元とする多項式全体からなる環(定義はすぐ述べる)とする．$f(x)$ を $K[x]$ の既約多項式とし，α を方程式 $f(x) = 0$ の根の 1 つとする．このとき，環 $K[x]$ を $f(x)$ を法としてみた集合は体となり，$K(\alpha)$ に同型である．すなわち，
$$K(\alpha) \cong K[x]/f(x)K[x] = K[x]/(f(x))$$
が成立する．

$K[x]$ はその中で和 $f(x) \pm g(x)$ や積 $f(x)g(x)$ を作ることができ，**環**と呼ばれる数学的構造をもっている．一般に，和と積が定義されている集合 R が空集合でなくて次の条件を満たすとき R を環という．

環の定義
(1)　加法に関しては R は可換群である．
(2)　乗法に関しては結合律 $(ab)c = a(bc)$ を満たす．
(3)　加法と乗法に関しては分配律を満たす．
$$a(b+c) = ab + ac, \quad (a+b)c = ac + bc$$

環 R の加法群としての単位元は通常 0 と書かれる．整数の集合 $\mathbb{Z}$ は自然な加法と積に関して環をなす．次のことは第 2 章でも簡単に述べたが，復習の意味でくり返そう．$n \in \mathbb{Z}$ をとり，$\mathbb{Z}$ の 2 つの元 a, b に対して，$a - b$ が n で割り切れるとき a は n を法として b に合同といい，
$$a \equiv b \pmod{n}$$
と書く．a と合同な元全体を
$$\bar{a} = \{b \in \mathbb{Z} \mid b \equiv a \pmod{n}\}$$
とおき，a を代表元とする**合同類**と呼ぶ．$a \equiv b \pmod{n}$ であれば，$\bar{a} = \bar{b}$ である．また，
$$\mathbb{Z}/n\mathbb{Z} = \{\bar{a} \mid a \in \mathbb{Z}\}$$
と定義する．ここで，$n\mathbb{Z} = \{nz \mid z \in \mathbb{Z}\}$ であり，n の倍数全体からなる集合(実は加法群)である．定理の中の記号 $f(x)K[x]$ も同じように定義

される．また $n\mathbb{Z}$ は (n), $f(x)K[x]$ は $(f(x))$ とも書かれる．$n\mathbb{Z} = (n)$ や $f(x)K[x] = (f(x))$ はそれぞれ環 $\mathbb{Z}$ や環 $K[x]$ の**イデアル**と呼ばれるものであり，n や $f(x)$ で生成されていることを表わしている．これからは $(f(x))$ という記法を用いることにする．ただし，$n\mathbb{Z}$ は記号が簡単で，しかもその中に含まれている元を具体的に示しているので，そのまま用いることにする．また，本書では $n\mathbb{Z} = (n)$ や $(f(x))$ 以外には用いないので，一般的なイデアルの定義は特に与えない．

―――〈ちょっと考えよう●問 3.4〉―――

$\mathbb{Z}/n\mathbb{Z} = \{\overline{0}, \overline{1}, \cdots, \overline{n-1}\}$ は環である．ただし $\overline{a} + \overline{b} = \overline{a+b}$, $\overline{a}\overline{b} = \overline{ab}$ と定義する．

$\overline{a} + \overline{b} = \overline{a+b}$, $\overline{a}\overline{b} = \overline{ab}$ と定義すると書いたが，$a \equiv a' \pmod{n}$, $b \equiv b' \pmod{n}$ のとき，$\overline{a} + \overline{b} = \overline{a'} + \overline{b'}$, $\overline{a}\overline{b} = \overline{a'b'}$ などは検証しなければならないが，それは容易であろう．$\mathbb{Z}/n\mathbb{Z}$ を $\mathbb{Z}$ の $n\mathbb{Z}$ による**剰余環**という．

■ ユークリッドの互除法から

先に述べた重要な定理の中の $K(\alpha) \cong K[x]/(f(x))$ を証明しようとしているのだが，そのためには剰余環の基礎が必要である．もっとも簡単な剰余環は $\mathbb{Z}/n\mathbb{Z}$ であるが，$K[x]/(f(x))$ の構造も $\mathbb{Z}/n\mathbb{Z}$ の構造によく似ているのである．まず，$n = p$ を素数とすると，$\mathbb{Z}/p\mathbb{Z}$ が元の個数が p の体となることを示す．元の個数が有限の体がこうして生まれるのである．さて，$n = p$ を素数として，$\mathbb{Z}/p\mathbb{Z} = \{\overline{0}, \overline{1}, \cdots, \overline{p-1}\}$ を考えよう．p で割り切れない任意の整数を q とおく．

I を $ap + bq$, $a, b \in \mathbb{Z}$ と表わすことができる数全体の集合とする．I は p, q それぞれの倍数をすべて含んでいる．I は $\mathbb{Z}$ の加法に関する部分群なのである．また，$m \in I$, $k \in \mathbb{Z}$ をそれぞれ任意にとるとき，$km \in I$ も満たされている．

I に含まれている正の元で最小なものを s とおく．m を I の任意の元とする．m を s で割り，商を n とし余りを $r \geq 0$ とすれば

$$m = ns + r$$

であり,しかも $r<s$ である.m が負のときは $n<0$ であるが,$0 \leq r < s$ と r を選ぶことは常に可能である.$m-ns \in I$ であり,s は I に含まれている最小の正の数であったから,$r=0$ となる.すなわち,m は s の倍数である.m は任意であったから,I の元はすべて s の倍数ということになる.

特に,p も q も s の倍数である.p は素数であり,q は p で割り切れないから,$s=1$ となるしかない.すなわち,I は 1 を含んでいる.I はそれ自身加法群であるから,$I = \mathbb{Z}$ となる.特にある $a, b \in \mathbb{Z}$ が存在して
$$ap + bq = 1$$
となっている.

上の議論は一般化できるので,次の問を提出しよう.

〈ちょっと考えよう●問 3.5〉

m, n を $\mathbb{Z}$ の 2 つの 0 ではない元とする.
$$I = \{am + bn \mid a, b \in \mathbb{Z}\}$$
と定義し,s を I の中の正の最小数とすれば s は m と n の最大公約数であり,$I = s\mathbb{Z}$ となることを示せ.

実際に m と n の最大公約数を求めるためには,次のユークリッドの互除法を用いるのが簡単である.また,それは問 3.5 の解も与える.まず,$m > n > 0$ としてよいことに注意する.

ユークリッドの互除法 $m, n \in \mathbb{N}$, $m > n > 0$ に対して,
$$m = q_0 n + r_1, \quad 0 \leq r_1 < n$$
$$n = q_1 r_1 + r_2, \quad 0 \leq r_2 < r_1$$
$$r_1 = q_2 r_2 + r_3, \quad 0 \leq r_3 < r_2$$
$$\cdots\cdots$$
$$r_{k-2} = q_{k-1} r_{k-1} + r_k, \quad \leq r_k < r_{k-1}$$
$$r_{k-1} = q_k r_k$$

のように割算をして,次々に余りを計算し,余りが 0 となったところで終る.このとき,m と n の最大公約数は r_k である.なぜならば,m と n の最大公約数は,$m - q_0 n = r_1$ だから,n と r_1 の最大公約数にひとしく,さ

らに，それは r_1 と r_2 の最大公約数に等しい．これをくり返せば，けっきょく m と n の最大公約数が r_{k-1} と r_k の最大公約数に等しくなり，それはあきらかに r_k である．このユークリッドの互除法は，つぎに述べる多項式の場合にも用いることができる．

p が素数の場合にもどると，$ap+bq=1$ となる $a,b \in \mathbb{Z}$ が成立するのだから，p を法として考えると $\overline{bq}=\overline{1}$ である．すなわち，$\overline{b}$ は乗法に関する $\overline{q}$ の逆元である．q は p で割り切れない任意の元であったから，$\mathbb{Z}/p\mathbb{Z}=\{\overline{0},\overline{1},\cdots,\overline{p-1}\}$ は体であることがわかった．$F_p=\mathbb{Z}/p\mathbb{Z}$ と定義する．p 個の元からなる体(Field)という意味である．F_p のような元の個数が有限の体も存在するのである．それらは**有限体**と呼ばれる．有限体はガロアが初めて意識的に考えたとされている．上で定義したように，すべての素数 p に対して F_p が考えられるが，ガロアは素数の任意のベキ p^n の個数の元をもつ体も定義した．それは**ガロア体**と呼ばれるようになった．有限体はガロア体に限るということが証明されたのはガロアの死後半世紀を経た頃である．

K を係数体($K=F_p$ でもよい)とし x を不定元とする多項式全体の集合 $K[x]$ は環の条件(1),(2),(3)を満たし，**多項式環**と呼ばれる．$K[x]$ の元 $f(x)$ を1つ決める．2つの多項式 $g(x), h(x)$ に対して，$g(x)-h(x)$ が $f(x)$ で割り切れるとき，

$$g(x) \equiv h(x) \pmod{f(x)}$$

と書き，$g(x)$ と $h(x)$ は $f(x)$ を法として合同であるという．$f(x)$ が何かわかっていて誤解のおそれのないときは $g(x) \equiv h(x)$ とも略記する．

$$\overline{g(x)}=\{h(x) \in K[x] \mid h(x) \equiv g(x) \pmod{f(x)}\}$$

を $g(x)$ を代表元とする**合同類**といい，

$$K[x]/(f(x))=\{\overline{g(x)} \mid g(x) \in K[x]\}$$

とおく．$K[x]/(f(x))$ は自然に環の構造をもち，$K[x]$ のイデアル $(f(x))$ による**剰余環**という．これらのことも検証が必要であるが，環 $\mathbb{Z}/n\mathbb{Z}$ の類推から明白であろう．

$f(x)$ の次数を n としよう．$g(x)$ を環 $K[x]$ の任意の元とする．$g(x)$ を $f(x)$ で割ったときの商を $q(x)$，余りを $r(x)$ とすると

$$g(x)=q(x)f(x)+r(x)$$

である．$r(x)$ は 0 であるか，またはその次数は $f(x)$ の次数 n よりも小さ

い．定義により
$$g(x) \equiv r(x) \pmod{f(x)}$$
である．

すなわち，剰余環 $K[x]/(f(x))$ のすべての元は次数が n 未満の元で代表される．だから，

$K[x]/(f(x))$
$= \{\overline{a}_1 \overline{x}^{n-1} + \overline{a}_2 \overline{x}^{n-2} + \cdots + \overline{a}_{n-1} \overline{x} + \overline{a}_n \mid a_1, a_2, \cdots, a_{n-1}, a_n \in K\}$

と表わしてもよい．この表わし方によれば，剰余環 $K[x]/(f(x))$ のすべての元が唯一の表示をもっていて都合がよい．なお，誤解の生ずるおそれがないときには，$\overline{a}_i$ は単に a_i と書かれる．それは写像 $a \to \overline{a}$ が体 K から体 $\overline{K} = \{\overline{a} \mid a \in K\}$ への同型を与えているから $K \subset K[x]/(f(x))$ とみなしているからである．

$K[x]/(f(x))$ が環になるためには，$f(x)$ は既約である必要はないが，$f(x)$ が既約であると，剰余環 $K[x]/(f(x))$ は体になる．それは素数 p に対して剰余環 $\mathbb{Z}/p\mathbb{Z}$ が体の構造をもつのと同じようにして示すことができる．本質的なことは次の問に述べられている．証明は容易である．

───〈ちょっと考えよう●問 3.6〉───
$a(x), b(x)$ を $K[x]$ の 2 つの 0 ではない元とする．
$$I = \{A(x)a(x) + B(x)b(x) \mid A(x), B(x) \in K[x]\}$$
と定義し，$s(x)$ を I の中の 0 ではない最小次数の元とすれば，$s(x)$ は $a(x)$ と $b(x)$ の最大公約数（最大公約多項式）であり，$I = (s(x))$ であることを示せ．

そこで $p(x)$ を既約多項式とし，$g(x)$ を $p(x)$ で割り切れない任意の多項式とすれば，上の問により，適当な $A(x), B(x) \in K[x]$ によって，
$$A(x)p(x) + B(x)g(x) = 1$$
と表わすことができる．この式を $p(x)$ を法として考えれば
$$\overline{B(x)g(x)} = \overline{1}$$
すなわち，$\overline{g(x)}$ は逆元をもつ．これで剰余環 $K[x]/(p(x))$ が体になること

がわかった．

次に，K は $\mathbb{C}$ の部分体，$p(x)$ は $K[x]$ の既約多項式，$\alpha \in \mathbb{C}$ を $p(x) = 0$ の根の 1 つとして，写像
$$\phi : \begin{cases} K[x]/(p(x)) \to K[\alpha] \\ \overline{g(x)} \to g(\alpha) \end{cases}$$
を考えてみよう．ここで $K[\alpha]$ は K と α を含む $\mathbb{C}$ の最小の部分環とする．まず，ϕ がたしかに写像であることを検証しよう．
$$K[\alpha] = \{h(\alpha) \mid h(x) \in K[x]\}$$
と表示できるが，$\overline{h(x)} = \overline{g(x)}$ であれば，$h(x) = g(x) + A(x)p(x)$ と書けるから，$h(\alpha) = g(\alpha)$ が成り立ち，写像 ϕ は矛盾なく定義できる．また，$\phi(\overline{h(x)}) = h(\alpha) = 0$ であれば $h(x) \equiv 0 \pmod{p(x)}$ だから（問とする），$\overline{h(x)} = \overline{0}$ である．

―――〈ちょっと考えよう●問 3.7〉―――
$h(\alpha) = 0$ であれば，$p(x)$ は $h(x)$ を割り切ることを示せ．

[ヒント] $h(x)$ を $p(x)$ で割って余りを $r(x)$ とせよ．$p(x)$ が既約であることに注意せよ．

問 3.7 より，剰余環 $K[x]/(p(x))$ の零元だけが写像 ϕ によって 0 に移ることがわかった．これは，$\overline{h(x)}, \overline{g(x)} \in K[x]/(p(x))$ で $\overline{h(x)} \neq \overline{g(x)}$ ならば $\phi(\overline{h(x)}) \neq \phi(\overline{g(x)})$ ということと同値である．また，$K[\alpha]$ の任意の元 $h(\alpha)$ は $\overline{h(x)}$ の ϕ による像である．すなわち，ϕ は 2 つの環 $K[x]/(p(x))$ と $K[\alpha]$ の同型を与えている（問 3.2 の直前の定義）．$K[x]/(p(x))$ が体であるから，他方も体である．すなわち，$K[\alpha]$ は体である．$K(\alpha)$ は K と α を含む最小の体であったから，$K(\alpha) = K[\alpha]$ である．まとめて，
$$K(\alpha) \cong K[x]/(p(x))$$
という重要な結果を得る．さらに

$K(\alpha) = K[\alpha]$
$= \{a_1 \alpha^{n-1} + a_2 \alpha^{n-2} + \cdots + a_{n-1} \alpha + a_n \mid a_1, a_2, \cdots, a_{n-1}, a_n \in K\}$

も同時に得られた．ただし，既約多項式 $p(x)$ の次数は n とした．

単調に事実だけを述べてきたが，このあたりの理論はよく理解できるまで歩みをとどめる必要がある．復習してみよう．まず任意の多項式 $f(x) \in K[x]$ から，$f(x)$ を法として考える（すなわち $f(x)$ で割ってその余りだけを考える）という概念を用いて，剰余環 $R = K[x]/(f(x))$ を作ることができた．ここで $(f(x))$ は $f(x)K[x]$ であり，$f(x)$ で割り切れる多項式全体の集合である．R はそのままでは見にくいが，$f(x)$ の次数を n とすると R は n 次未満の多項式全体のなす集合と同一視できる．その集合に $f(x)$ を法として加減乗の算法を定義するのである．さらに $f(x)$ が既約多項式であるときはもっと強いことが成り立っている．既約多項式の印象を強めるために $f(x)$ の代わりに $p(x)$ と書いたが，環 $K[x]/(p(x))$ は実は体になる．体では除法が可能であるから，環と体の差異は大きい．既約多項式の大切さがあらわれている．

問 3.6 から読みはじめ，$R = K[x]/(p(x))$ は除法が可能な体になることをしっかり自分で証明してみる必要がある．抽象的な記述をもった体 $K[x]/(p(x))$ は次のように実際に目で見えるものに変わる．

α を方程式 $p(x) = 0$ の任意の根とし，$K[\alpha]$ を K と α で生成された複素数体 $\mathbb{C}$ の部分環としよう．K と α を含む最小の部分環を $K[\alpha]$ とおくということである．環は加減乗算ができればよいのだから

$$K[\alpha] = \{f(\alpha) \mid f(x) \in K[x]\}$$
$$= \{a_1\alpha^{n-1} + a_2\alpha^{n-2} + \cdots + a_{n-1}\alpha + a_n \mid a_1, a_2, \cdots, a_n \in K\}$$

であることはもうここまで読み進めてきた読者には明らかなことであろう．ただし $p(x)$ の次数は n とした．すでに定義した体 $K[x]/(p(x))$ から環 $K[\alpha]$ への写像 ϕ が同型になってしまうので環 $K[\alpha]$ は実は乗法が可能な体になってしまうのであった．これは $K[\alpha]$ が実は体 K に元 α を添加してできた拡大体 $K(\alpha)$ に等しいことを意味する．これは著しいことである．$K[\alpha] = K(\alpha) = \{a_0 + a_1\alpha + \cdots + a_n\alpha^n \mid a_0, a_1, \cdots, a_n \in K\}$ であるから，何かを法として考えているわけではない．$K(\alpha)$ は体であるから $\dfrac{f(\alpha)}{g(\alpha)}$ のような形をした元も必要であるが，それら全部が $a_0 + a_1\alpha + \cdots + a_n\alpha^n$ の形に表示できてしまうのである．また α は方程式 $p(x) = 0$ の任意の根でよいことも著しい．体の同型

$$K[x]/(p(x)) \cong K(\alpha)$$

の左辺は根 α に依存していないが，右辺はもちろんそれに依存している．それら 2 つの体が同型なのである．体 $K(\alpha)$ のシンメトリーが見えてきただろうか．α は $p(x) = 0$ の根でありさえすれば何でもよいのだが，それらが全部 $K[x]/(p(x))$ に同型なのである．

上に述べたことから $p(x) = 0$ の根 β を α と異なるものをとっても $K(\beta) \cong K[x]/(p(x))$ となっている．それゆえ，$K(\alpha) \cong K(\beta)$ も成り立つ．抽象的な体としての $K(\alpha)$ の構造は，既約多項式 $p(x) = 0$ のどの根を選んでも同じである．

ここで少し寄り道をして係数体 K として有限体 F_p をとってみる．さらに，$q(x) \in F_p[x]$ を n 次の既約多項式とすれば，剰余環 $F_p[x]/(q(x))$ は p^n 個の元をもつ体となる．本書では証明しないが，$F_p[x]$ の次数 n の既約多項式の個数 $N(p, n)$ は計算されており

$$N(p, n) = \frac{1}{n} \sum_{d|n} \mu\left(\frac{n}{d}\right) p^d$$

である．ここで $\mu(n)$ は**メービウス関数**と呼ばれるもので

$\mu(1) = 1$,

n が異なる r 個の素数の積のときは $\mu(n) = (-1)^r$,

その他のときは $\mu(n) = 0$

と定義される．

----〈ちょっと考えよう●問 3.8〉----
すべての素数 p とすべての自然数 n に対して，$N(p, n) > 0$ であることを示せ．また $p = 2$, $n = 4$ として既約多項式をすべて求めよ．

[ヒント] 前半．$nN(p, n) \geq p^n - p^{n-1} - p^{n-2} - \cdots - 1$．この右辺が正であることを示せ．後半の解．$x^4 + x^3 + x^2 + x + 1$, $x^4 + x + 1$, $x^4 + x^3 + 1$.

この問によって，いかなる自然数 n に対しても $F_p[x]$ の n 次既約多項式 $q(x)$ が存在するから，剰余環(体) $F_p[x]/(q(x))$ は元の個数が p^n の有限体になる．$n = 2$ の場合に限れば $N(p, 2) > 0$ は次のように証明できる．

$F_p[x]$ の既約な 2 次式の存在を示せばよい．

$$x^2 + ax + b, \quad a, b \in F_p$$

という形の2次式は全部でp^2個あり，$(x-\alpha)(x-\beta)$, $\alpha, \beta \in F_p$という形の2次式は全部で$p + \dfrac{p(p-1)}{2}$個ある．

$$p^2 - \left(p + \frac{p(p-1)}{2}\right) = \frac{p^2 - p}{2} > 0$$

であるから，$F_p[x]$には既約な2次多項式が存在する．

複雑にはなるが，この議論をくり返せば，いかなる自然数nに対しても$F_p[x]$には既約なn次多項式が存在することが証明できる．しかし，上に述べた$N(p,n)$の公式はそれではなかなか証明できない．

有限体はガロアがその存在を言明したものしかないのであるが，それは研究課題とする．

───── 研究課題 3.1 ─────

p^nの元をもつ有限体は同型を除いてただ1つ存在する．

有限体を

$$K[x]/(p(x)) \cong K(\alpha)$$

という重要な定理に関係して述べた．第5章で射影変換群$PGL_2(F_q)$を学ぶが，F_qは元の個数が$q = p^n$の有限体である．ガロアはそのような群もすでに意識していたのである．

今後は，断わらないかぎり，再び体KはF_pを含まないものとする(標数が0の体だけを考えるということと同じである)．ゆえに，Kは最小の部分体として$\mathbb{Q}$を必ず含む．

$\mathbb{Q}[x]$の既約多項式$x^3 - 2 = 0$の3つの根は$\sqrt[3]{2}, \sqrt[3]{2}\omega, \sqrt[3]{2}\omega^2$であるが，上の定理によって

$$\mathbb{Q}(\sqrt[3]{2}) \cong \mathbb{Q}(\sqrt[3]{2}\omega) \cong \mathbb{Q}(\sqrt[3]{2}\omega^2)$$

となる．後の2つの体は複素共役写像で$x + y\sqrt{-1}$は$x - y\sqrt{-1}$に写像されるから同型であることは見てすぐわかるが，1番目の体と2番目の体は，1つが実数からなり，もう1つは複素数を含むから，それらが同型であるとは奇妙に見えるだろう．正4面体の4つの面をすべて赤く塗っても白く塗っても，正4面体としての性質には何の変わりもない．$\mathbb{Q}(\sqrt[3]{2})$と$\mathbb{Q}(\sqrt[3]{2}\omega)$

の体としての違いは，その程度の違いでしかないのである．ここで，体の同型ということばを十分に理解してほしい．$\mathbb{Q}(\sqrt[3]{2}\omega) \neq \mathbb{Q}(\sqrt[3]{2}\omega^2)$ であることの検証は読者にまかせよう．

ずいぶん準備に時間がかかったが，これで問 3.3(4) の「$\mathbb{Q}(\sqrt[3]{2})$ から $\mathbb{Q}(\sqrt[3]{2}\omega)$ の同型写像をすべて見出せ」ということが，計算なしにわかったことになる．すなわち，ただ 1 つだけ存在し，その同型は $\sqrt[3]{2}$ を $\sqrt[3]{2}\omega$ に移す．今の場合は，$\sqrt[3]{2}$ が $\sqrt[3]{2}\omega^2$ に移ることはできない（なぜか？）まだ問 3.3(5) には答えていない．その準備をしよう．

今までと同じように，$p(x)$ を既約多項式として，α と β を $p(x) = 0$ の異なる 2 根としよう．体 $K(\alpha)$ と体 $K(\beta)$ が（体 $K[x]/(p(x))$ を通して）同型であることは，すでに述べた．$K(\alpha)$ と $K(\beta)$ が同型であるばかりでなく，まったく同じ，すなわち，$K(\alpha) = K(\beta)$ ということもあるだろう．そのときには $K(\alpha)$ から $K(\alpha)$ への写像 ϕ で α を β に移すものがある．すなわち，ϕ は $K(\alpha)$ の自己同型写像である．ϕ は $K(\alpha)$ のシンメトリーなのである．しかも，$\phi(\alpha) = \beta \neq \alpha$ であるから，ϕ は単位シンメトリーではない．

さて問 3.3(5) に戻り，$K = \mathbb{Q}(\sqrt[3]{2}, \omega)$ という体を考えてみよう．$K = \mathbb{Q}(\sqrt[3]{2}, \sqrt{-3})$ と書いてもよい．$K_1 = \mathbb{Q}(\sqrt[3]{2})$ を係数体と考えれば，$x^2 + 3$ は既約であるから（次の問 3.9），K_1 の元をすべて固定し，$\sqrt{-3}$ を $-\sqrt{-3}$ に移す複素共役 τ は K のシンメトリーである．このシンメトリーの位数は 2 である．また，$K_2 = \mathbb{Q}(\sqrt{-3})$ を係数体とすれば，$x^3 - 2$ は既約である．これも問としよう．

---〈ちょっと考えよう●問 3.9〉---

$x^2 + 3$ は $\mathbb{Q}(\sqrt[3]{2})[x]$ の多項式として既約であり，$x^3 - 2$ は $\mathbb{Q}(\sqrt{-3})[x]$ の多項式として既約であることを示せ．

[ヒント] $x^2 + 3 = 0$ の根が体 $\mathbb{Q}(\sqrt[3]{2})$ に入るか？ また $x^3 - 2$ が既約でないとすると，ある $\alpha \in \mathbb{Q}(\sqrt{-3})$ に対して 1 次式 $x - \alpha$ が $x^3 - 2$ を割り切ることになる．それが可能だろうか．

この問を用いれば，$\mathbb{Q}(\sqrt{-3})$ の元をすべて固定し，$\sqrt[3]{2}$ を $\sqrt[3]{2}\omega$ に移すシンメトリー σ がある．もし，σ が $\sqrt[3]{2}\omega^2$ を固定すると $K = \mathbb{Q}(\sqrt[3]{2}, \omega) =$

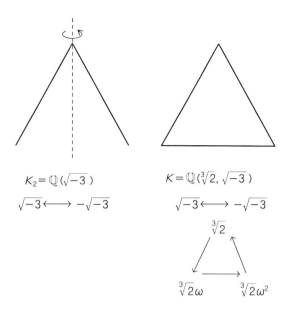

図 3.1　$\mathbb{Q}(\sqrt[3]{2}, \sqrt{-3})$ のシンメトリー

$\mathbb{Q}(\sqrt{-3}, \sqrt[3]{2}\omega^2)$ であるから, K の元をすべて固定してしまう．これは矛盾であるから, $\sigma(\sqrt[3]{2}\omega) = \sqrt[3]{2}\omega^2$ となり, σ の位数は 3 である．

まとめると, $K = \mathbb{Q}(\sqrt[3]{2}, \sqrt{-3})$ のシンメトリー群 G には位数 2 と位数 3 の元が存在し, ラグランジュの定理により, $|G|$ は 2 と 3 で割り切れる. ゆえに 6 で割り切れる. 一方, $\sqrt[3]{2}$ の移り先は高々 3 個, そして $\sqrt{-3}$ の移り先は高々 2 個だから, 全部でシンメトリーは高々 6 個しかない. これで K のシンメトリー群 G の位数がちょうど 6 であることがわかった. これで問 3.3(5) の解ができたことになる.

$K = \mathbb{Q}(\sqrt[3]{2}, \sqrt{-3})$ には 6 個というかなり多くのシンメトリーがあることがわかった. その部分体 $K_1 = \mathbb{Q}(\sqrt[3]{2})$ にはシンメトリーがただ 1 つもなく, また $K_2 = \mathbb{Q}(\sqrt{-3})$ にはちょうど 2 つある. 体 $K_2 = \mathbb{Q}(\sqrt{-3})$ は正 3 角形から 1 辺を取り去った図形にたとえられる (図 3.1 を見よ). そのシンメトリー群の位数は 2 である. K_2 に $\sqrt[3]{2}$ を添加することは, 取り去った 1 辺をもと通りにすることにたとえられる. すると, 不思議にもシンメトリー群の位

数が 6 になる.位数だけが同じでなく,その構造も同じである.正 3 角形のシンメトリー群は位数 6 の 2 面体群であったから,$K = \mathbb{Q}(\sqrt[3]{2}, \sqrt{-3})$ のシンメトリー群も 2 面体群であることをいえばよい.そのためには $\tau\sigma = \sigma^{-1}\tau$ を確かめればよいが,それは読者にまかせよう.

$K = \mathbb{Q}(\sqrt[3]{2}, \sqrt{-3})$ には '多く' のシンメトリーがあって,(後で定義する)ガロア拡大の 1 つである.'多く' ということを数学的に定義するために拡大次数という概念を導入しよう.

α を K を係数体とする既約 n 次方程式 $p(x) = 0$ の根とせよ.そのとき,n を拡大 $K(\alpha)/K$ の**拡大次数**といい,$[K(\alpha):K] = n$ と書く.K に 2 つの元 α, β を添加するとき拡大次数は $[K(\alpha,\beta):K] = [K(\alpha,\beta):K(\beta)][K(\beta):K]$ と定義したい.結果的には,それでよいのだが,そのように定義すると $K(\alpha,\beta) = K(\beta,\alpha)$ は明らかなのに,$[K(\alpha,\beta):K]$ が $[K(\alpha,\beta):K] = [K(\alpha,\beta):K(\alpha)][K(\alpha):K]$ に等しいかどうかは明らかではない.そこで拡大次数を改めて定義しよう.ベクトル空間の初歩を学んだ読者は次の項の問 3.11 まではとばしてもよい.L の K 上のベクトル空間としての次元を拡大 L/K の拡大次数と定義すればよいのである.

■ 拡大次数の定義

体の拡大 L/K が与えられているとする.L の部分集合 $B = \{x_1, x_2, \cdots, x_n\}$ が次の条件を満たすとき,B を L の K 上の**基底**という.

(1) y を L の任意の元とするとき,y は
$$y = k_1 x_1 + k_2 x_2 + \cdots + k_n x_n$$
の形に表わすことができる.ここで,$k_1, k_2, \cdots, k_n$ は K の元であり,y に依存する.

(2) K の元 $k_1, k_2, \cdots, k_n$ に対して,$k_1 x_1 + k_2 x_2 + \cdots + k_n x_n = 0$ となるのは $k_1 = k_2 = \cdots = k_n = 0$ のときに限る.これは,(1)の表示 $y = k_1 x_1 + \cdots + k_n x_n$ がただ 1 通りだけ可能なことと同値である.

条件(1)は B が十分に多くの元を含むことをいっている.また,条件(2)はあまり多すぎてもいけないことをいっている.B に 0 が含まれていないことも容易にわかる.条件(1)を満たす B が存在して,もし(2)が満たされないときは,$k_1 x_1 + k_2 x_2 + \cdots + k_n x_n = 0$ が成り立ち,しかもある i に対し

て k_i は 0 ではない. すると
$$x_i = \frac{k_1 x_1 + k_2 x_2 + \cdots + k_n x_n - k_i x_i}{-k_i}$$
であるから, そもそも x_i ははじめから余分な元だったのである. ゆえに(1)を満たす部分集合さえ見つかれば, それから余分な元をとれば(2)が満たされ, 基底 B が得られることになる.

しかし, (1)を満たす(有限)集合が存在しなければ困る. たとえば拡大 $\mathbb{C}/\mathbb{Q}$ にはその条件を満足する有限集合は存在しない.

本書では, 有限個の方程式の根を係数体に添加することしか考察しない. そのような場合には基底が存在するのである. そこで, n 次の既約方程式 $p(x) = 0$ の根を α とすると
$$L = K(\alpha) = \{k_1 \alpha^{n-1} + k_2 \alpha^{n-2} + \cdots + k_n \mid k_1, k_2, \cdots, k_n \in K\}$$
であった. 集合 $B = \{\alpha^{n-1}, \alpha^{n-2}, \cdots, \alpha, 1\}$ は条件(1), (2)を満たしていて, B は L の K 上の基底である.

───〈ちょっと考えよう●問 3.10〉───
α は上で述べた既約方程式 $p(x) = 0$ の根とし, $L = K(\alpha)$, $L_1 = K(\alpha, \beta)$ となる場合を考えよう. $q(x) \in L[x]$ を β を根とする既約多項式とし, その次数を m とすれば,
$$B_1 = \{\alpha^i \beta^j \mid 0 \leq i < n, \ 0 \leq j < m\}$$
が L_1 の K 上の基底となることを示せ.

[ヒント] $L = K(\alpha)$ は集合としてその表示が与えられている. $L_1 = L(\beta)$ に対しても同様な表示をせよ. そうすれば基底の条件(1)は容易であろう. 条件(2)を示すために $k_1 x_1 + k_2 x_2 + \cdots + k_n x_n = 0$ に対応する式を B_1 の元で書いてみよ. まとめれば $k_1 = k_2 = \cdots = k_n = 0$ に相当する結果が得られるはずである.

添加する元(多項式の根)の数が有限個であるかぎり問 3.10 の帰結が一般化できるから, 条件(1), (2)を満たす有限集合 B が存在することはこれでわかる. 上の議論にも現われたように, 係数体は, K から L のように拡大して考えることがある.

さて，有限集合 B の存在がわかったので B に含まれている元の個数 $|B|$ を拡大 L/K の拡大次数と呼びたい．しかし，それにはまだ問題がある．

$$K = \mathbb{Q}(\sqrt[3]{2}, \sqrt{-3}) = \mathbb{Q}(\sqrt[3]{2}\omega, \sqrt[3]{2}\omega^2) = \mathbb{Q}(\sqrt[3]{2} + \sqrt{-3})$$

と添加の順序，それに用いられる元の個数は唯一ではない．なお，$K = \mathbb{Q}(\sqrt[3]{2} + \sqrt{-3})$ ははじめて見る式であるが，$\mathbb{Q}$ に1つの元を添加すれば K になる．これも，根気よく計算すれば確かめることができる．また，もっと一般的な定理も後で述べる．

上で述べた基底 B の存在証明は添加する元とその順序に依存しているので，B に入っている元の個数は，基底のとり方によらないことをいう必要がある．

体の拡大 L/K に2つの基底を $B_1 = \{x_1, x_2, \cdots, x_m\}$, $B_2 = \{y_1, y_2, \cdots, y_n\}$ とするとき

$$m = n$$

が成立することが目的である．一般の場合はいたずらに記述が長くなるだけなので，$m=2, n=3$ として矛盾を導こう．

条件(1)により，

$$y_1 = a_1 x_1 + a_2 x_2$$
$$y_2 = b_1 x_1 + b_2 x_2$$
$$y_3 = c_1 x_1 + c_2 x_2$$

と書くことができる．$a_1, a_2, b_1, b_2, c_1, c_2$ は K の元である．$a_1 = b_1 = c_1 = 0$ とすると，$y_1 = a_2 x_2, y_2 = b_2 x_2, y_3 = c_2 x_2$ で a_2, b_2, c_2 はいずれも0ではない．ところが $\dfrac{y_1}{a_2} - \dfrac{y_2}{b_2} = x_2 - x_2 = 0$ となって，基底の定義に矛盾する．ゆえに，a_1, b_1, c_1 のどれかは0ではないが，番号を適宜変えることにすれば $a_1 \neq 0$ としてよい．

y_1 の式に $\dfrac{b_1}{a_1}$, $\dfrac{c_1}{a_1}$ を掛けてそれぞれ，y_2 式，y_3 式から引けば

$$y_2 - \frac{b_1}{a_1} y_1 = b_2' x_2$$
$$y_3 - \frac{c_1}{a_1} y_1 = c_2' x_2$$

と変形できる．ただし $b_2' = b_2 - \dfrac{a_2 b_1}{a_1}$, $c_2' = c_2 - \dfrac{a_2 c_1}{a_1}$ である．条

件(2)により，b_2' (c_2' も) は 0 ではない．第 1 式に $\dfrac{c_2'}{b_2'}$ を掛けて第 2 式から引けば $d_1y_1 + d_2y_2 + d_3y_3 = 0$ という形の式を得るが，d_1, d_2, d_3 のどれかは 0 ではない．これは基底の条件(2)に矛盾する．$m = 2$, $n = 3$ となる場合が不可能であることがこれで証明された．この議論を一般化すれば，拡大 L/K の基底に含まれる元の個数は一定であることがいえる．この一定の数を $[L : K]$ で表わし，**拡大次数**と呼ぶ．一般の場合は問としよう．

───〈ちょっと考えよう●問 3.11〉───
体の拡大 L/K の 2 つの基底を $\{x_1, x_2, \cdots, x_m\}$, $\{y_1, y_2, \cdots, y_n\}$ とする．$m = n$ を示せ．

[ヒント] $m < n$ と仮定してもよい．$y_1, y_2, \cdots, y_n$ を K の元を係数にもった $x_1, x_2, \cdots, x_m$ の和として表示せよ．本文の議論を参考にして $d_1y_1 + d_2y_2 + \cdots + d_ny_n = 0$ とすべての $d_1, d_2, \cdots, d_n$ が 0 ではない和で表示できることを示せ．

一般の体論では拡大次数 $[L : K]$ が無限になる場合もある．しかし，本書では断わらないかぎり拡大次数 $[L : K]$ は有限とする．このとき L/K は**有限次拡大**と呼ばれる．

たとえば，拡大次数

$$[\mathbb{Q}(\sqrt[3]{2}, \sqrt{-3}) : \mathbb{Q}]$$
$$= [\mathbb{Q}(\sqrt[3]{2}, \sqrt{-3}) : \mathbb{Q}(\sqrt{-3})][\mathbb{Q}(\sqrt{-3}) : \mathbb{Q}]$$
$$= 3 \cdot 2 = 6$$

であることは明白であろう．$\mathbb{Q}(\sqrt[3]{2}, -\sqrt{3})$ のシンメトリー群の位数も 6 であった．

最後になったが，問 3.3(6)に答えよう．証明はせずに，結果だけ述べる．π は超越数であることは知られている．すなわち，π は代数方程式の根とはならない(この定理の証明は難しく，1892 年のリンデマンの仕事である)．したがって，体 $\mathbb{Q}(\pi)$ は**有理関数体** $\mathbb{Q}(x)$ に同型である．変換

$$x \longrightarrow \frac{ax+b}{cx+d}, \quad a, b, c, d \in \mathbb{Q}; \ ad - bc \neq 0$$

は $\mathbb{Q}(x)$ のシンメトリーであるから，対応する

$$\pi \longrightarrow \frac{a\pi + b}{c\pi + d}, \quad a,b,c,d \in \mathbb{Q}; \ ad - bc \neq 0$$

は $\mathbb{Q}(\pi)$ のシンメトリーである．$\mathbb{Q}(\pi)$ のシンメトリーはこれ以外にはない．ゆえに，$\mathbb{Q}(\pi)$ のシンメトリー群は第 5 章で述べる $PGL_2(\mathbb{Q})$ に同型である．ここで問と研究課題を 1 つずつ出しておこう．

〈ちょっと考えよう●問 3.12〉

実数体 $\mathbb{R}$ のシンメトリーは単位シンメトリーしかないことを示せ．

[ヒント] ψ を $\mathbb{R}$ のシンメトリーとせよ．$a > 0$ ならば $a = b^2$ と表示できる．これにより，ψ は正数を正数に移すことを示せ．次に $a > b$ ならば $\psi(a) > \psi(b)$ であることを示せ．すなわち，ψ は実数の順序を変えない．有理数 $\mathbb{Q}$ の元がすべてそのまま固定され，実数の大小も変わらないとすると，ψ にできることはとても窮屈になり，単位シンメトリーしかあるまい．しかし，この最後の部分をおろそかにしてはいけない．

研究課題 3.2[2)]

複素数体 $\mathbb{C}$ は無限個のシンメトリーをもつことを示せ．

3.2 ガロア拡大

L を体 K の有限次拡大とする．L のシンメトリーで K の元をすべて固定するもの全部の集合は，L のシンメトリー群の部分群をなす．これを $G(L/K)$ と書き，拡大 L/K のシンメトリー群という．$[L:K] = |G(L/K)|$ となっているとき，L/K を**ガロア拡大**という．

たとえば，3.1 節で見たように 6 次の拡大 $\mathbb{Q}(\sqrt[3]{2}, \sqrt{-3})/\mathbb{Q}$ はガロア拡大である．3 次の拡大 $\mathbb{Q}(\sqrt[3]{2})/\mathbb{Q}$ のシンメトリー群は単位群であったから，こ

[2)] この研究課題は難しい．複素数体 $\mathbb{C}$ が無限個のシンメトリーをもっているという事実だけを知っていれば十分である．証明には超越拡大に関する知識が必要である．岩波基礎数学選書，藤崎源二郎著『体とガロア理論』(1991) の第 4 章「超越拡大体」を参照．

れはガロア拡大ではない．α を既約な 2 次方程式の根とすると $\mathbb{Q}(\alpha)/\mathbb{Q}$ は 2 次の拡大である．β をもう 1 つの根とすると，$\alpha + \beta \in \mathbb{Q}$ であるから，$\beta \in \mathbb{Q}(\alpha)$ である．これは，$\mathbb{Q}(\alpha) = \mathbb{Q}(\beta)$ を意味し，$\mathbb{Q}(\alpha)/\mathbb{Q}$ は α を β に移す位数 2 のシンメトリーをもっている．このように 2 次の拡大は常にガロア拡大であるが，3 次の拡大はガロア拡大とは限らない．さて，次のことが重要な問題となる．

一般に L/K を有限次拡大とするとき，拡大 L/K のシンメトリー群 $G(L/K)$ の位数はどのくらい大きくなるだろうか．

K の有限次拡大 L は，複素数 $\alpha_1, \cdots, \alpha_n$ を用いて $L = K(\alpha_1, \cdots, \alpha_n)$ という形に書くことができる．$\alpha = \sqrt{2}, \sqrt[3]{2}$ などの場合には，問 3.3 を解きながらすでに述べたことであるが，一般に次のことを確認しよう．α を L の元とし，α を根にもつ $K[x]$ の既約方程式を $p(x)$ とする．σ が拡大 L/K のシンメトリーならば $\beta = \sigma(\alpha)$ とおくとき，β もまた $p(x) = 0$ の根である．実際 $p(x) = x^n + a_1 x^{n-1} + \cdots + a_n$ のとき
$$p(\beta) = \beta^n + a_1 \beta^{n-1} + \cdots + a_n = \sigma(\alpha^n + a_1 \alpha^{n-1} + \cdots + a_n) = 0$$
である．

さて，α_i を K 上既約な d_i 次の方程式 $f_i(x) = 0$ の根とすると，L/K のシンメトリーは，α_i を $f_i(x) = 0$ の他の根に移す．ゆえに，各々の i について α_i は高々 d_i 個の異なった値に移る．よって，拡大 L/K のシンメトリー群の位数はそれら d_i の積 $d_1 d_2 \cdots d_n$ より大きくなれない．実は，L/K のシンメトリー群の位数は拡大次数 $[L:K]$ よりは大きくなれないのである．この重要なことは少しの準備をした後で定理として述べる．しかし，上の簡単な議論から有限次拡大のシンメトリー群の位数がともかく有限であることはわかった．正多面体のように有限個の頂点や面をもつものはそのシンメトリー群は当然有限であるが，無限個の元をもつ体のシンメトリー群も拡大が有限次であれば有限群になるのである．まず，単純拡大の話から始めよう．

一般に，基礎体 K にただ 1 つの元を添加してできる拡大を**単純拡大**という．たとえば，$\mathbb{Q}(\sqrt{-3}), \mathbb{Q}(\sqrt[3]{2})$ などは $\mathbb{Q}$ の単純拡大体である．$\mathbb{Q}(\sqrt{-3}, \sqrt[3]{2})$ は見かけは単純拡大体ではない．しかし，$\mathbb{Q}(\sqrt{-3}, \sqrt[3]{2}) = \mathbb{Q}(\sqrt{-3} + \sqrt[3]{2})$

となることが証明できるので，結局，それは単純拡大である．

■ **単純拡大とガロア拡大**

ガロアは単純拡大のみを考察したといわれている．ずいぶん強い条件のように思えるが，どのような基礎体 K をとっても，その有限次拡大は単純拡大なのである．それを証明しよう（本章では，考える体は，断わらないかぎり有限体を部分体として含まないことに注意する）．添加する元の個数に関する帰納法を用いることにすれば，$L = K(\alpha, \beta)$ の場合に $\gamma \in L$ が存在して $L = K(\gamma)$ を示せばよい．

$f(x), g(x)$ をそれぞれ，α, β を根とし K の元を係数とする既約多項式としよう．$f(x) = 0$ のすべての根を $\alpha_1 = \alpha, \alpha_2, \cdots, \alpha_s$，$g(x) = 0$ のすべての根を $\beta_1 = \beta, \beta_2, \cdots, \beta_t$ とする．

―――〈ちょっと考えよう●問 3.13〉―――
$p(x) \in K[x]$ を既約多項式とするとき，$p(x) = 0$ は重根をもたないことを示せ．

[ヒント] これは，意外な方法で証明できる．$p'(x)$ を $p(x)$ の導関数とする．$p'(x)$ の次数は $p(x)$ の次数より小さい．$p(x) = 0$ に重根があると仮定すると，$p(x)$ と $p'(x)$ の最小公倍数 $d(x)$ の次数は 0 ではない．ところが $d(x)$ は既約多項式 $p(x)$ を割り切るから，$d(x) = p(x)$ である．すると $d(x)$ は $p'(x)$ を割り切ることはできない．これは矛盾である．

$\alpha_1 x + \beta_j = \alpha_i x + \beta_k$ という 1 次式を考えよう．ただし，$1 < i \le s$; $1 \le j, k \le t$ とする．これらの 1 次式の根 $x = \dfrac{\beta_k - \beta_j}{\alpha_1 - \alpha_i}$ の個数は当然，有限個である．c を K の元でそのような根 x のどれとも異なる数とする．とくに $c \ne 0$ である．このとき $L = K(c\alpha + \beta)$ が成立していることを示そう．

$\gamma = c\alpha_1 + \beta_1$ とおけば，$\beta_1 = \gamma - c\alpha_1$ である．それゆえ $f(\alpha_1) = 0 = g(\gamma - c\alpha_1)$ である．すなわち $f(x) = 0$ と $g(\gamma - cx) = 0$ はともに $x = \alpha_1$ という根をもつ．$f(x) = 0$ の根は $\alpha_1, \alpha_2, \cdots, \alpha_s$ であり，$g(\gamma - cx) = 0$ の根は $\dfrac{\gamma - \beta_k}{c}$, $k = 1, 2, \cdots, t$ である．$i > 1$ とすると，c の選び方から

$\alpha_i \neq \dfrac{\gamma - \beta_k}{c}$, $k = 1, 2, \cdots, t$ である. すなわち, $f(x) = 0$ と $g(\gamma - cx) = 0$ はただ 1 つの共通根 α_1 をもつ. ゆえに $f(x)$ と $g(\gamma - cx)$ は体 $K(\gamma)$ の中で最大公約多項式 $x - \alpha_1$ をもつ. 問 3.6 により, $A(x), B(x) \in K(\gamma)[x]$ が存在して
$$A(x)f(x) + B(x)g(\gamma - cx) = x - \alpha_1$$
が満たされている. このことは $\alpha_1 \in K(\gamma)$ を意味する. $\beta_1 = \gamma - c\alpha_1$ であるから, それは $\beta_1 \in K(\gamma)$ をも意味する. これで $L = K(\gamma)$ が証明できた. 今述べたことを書きだそう.

単純拡大 すべての有限次拡大は単純拡大である.

証明方法もおもしろく, 美しい結果である. すでに述べたようにガロアは単純拡大体しか考えていなかったらしいが, 結果的にはそれで正しい理論を作ることができたのである. L/K が単純拡大であれば, $L = K(\alpha)$ と書くことができる. α を根とし, K の元を係数とする既約方程式を $f(x)$ とする. $f(x)$ の次数が n であれば, 拡大 L/K のシンメトリー群の位数は高々 n である. それはシンメトリーによって, α は $f(x) = 0$ の n 個の根のどれかに移らなければならないし, α の移り先が決まってしまえば, $L = K(\alpha)$ のシンメトリーはただ 1 つに定まってしまうからである. 重要なことなのでまとめて定理として述べよう.

定理 $K \subset L$ は $\mathbb{C}$ の部分体で, L/K は有限次拡大とする. このとき, $\alpha \in L$ が存在して $L = K(\alpha)$ となる. また, L/K のシンメトリー群の位数は高々拡大次数 $[L : K]$ に等しい.

拡大 L/K の次数とそのシンメトリー群 $G(L/K)$ の位数が等しいとき, L/K をガロア拡大と定義したのであった.
$$\mathbb{Q}(\sqrt{2})/\mathbb{Q}, \quad \mathbb{Q}(\sqrt[3]{2}, \sqrt{-3})/\mathbb{Q}, \quad \mathbb{Q}(\sqrt[3]{2}, \sqrt{-3})/\mathbb{Q}(\sqrt[3]{2})$$
はどれもガロア拡大であるが, $\mathbb{Q}(\sqrt[3]{2})/\mathbb{Q}$ はガロア拡大ではない.

3.3 ガロア対応

前節でガロア拡大を定義した．一般理論によって拡大 L/K のシンメトリーの個数は拡大次数 $[L:K]$ をこえることはできないから，ガロア拡大とは，可能なかぎり多くのシンメトリーをもった拡大のことである．幾何学のことばを借りれば，ガロア拡大は，正多角形や正多面体のようなものといえる．ガロア拡大といって，ガロア体といわないのは，L のシンメトリーで基礎体 K の元をすべて固定するものだけを考えているからである．同じ L でも基礎体 K が違えば，ガロア拡大であったり，そうでなかったりする．ガロア拡大とは相対的な概念なのである．自明なことであるが，どんな体 L に対しても，L/L はガロア拡大である．

基礎体が $\mathbb{Q}$ で，しかも $L/\mathbb{Q}$ がガロア拡大であれば，L のすべてのシンメトリーが拡大 $L/\mathbb{Q}$ のシンメトリーであるから（問 3.2 参照），L のガロア性には絶対的な意味がある．この場合でも，L をガロア体と呼ぶことはあまりしない．しかし L を単にガロア拡大といい，$G(L/\mathbb{Q})$ を $G(L)$ と書くことはある．ガロア体ということばは一般の有限体のことを意味することが多いのである．

一般の拡大はガロア拡大とはかぎらないが，だからといってまったくかけはなれているわけではない．L を K の有限次拡大とすると，L は単純拡大であるから，$\alpha \in \mathbb{C}$ が存在して $L = K(\alpha)$ となっている．$f(x)$ を α を根とする K の上で既約な多項式とし，$f(x) = 0$ の根のすべてを $\alpha_1 = \alpha, \alpha_2, \cdots, \alpha_n$ とする．そこでそれらの根をすべて添加した体

$$E = K(\alpha_1, \alpha_2, \cdots, \alpha_n)$$

を考えると，E/K はガロア拡大である．一般に次の定理が成立する．

定理 $f(x)$ を K に係数をもつ任意の多項式とする．方程式 $f(x) = 0$ の根のすべてを $\{\alpha_1, \alpha_2, \cdots, \alpha_n\}$ とする．このとき

$$E = K(\alpha_1, \alpha_2, \cdots, \alpha_n)$$

とおけば，E/K はガロア拡大である．いいかえれば，E を $K[x]$ の元 $f(x)$ の分解体とすれば E/K はガロア拡大である．

[証明] E/K は有限次拡大であるから E も単純拡大であり，ある E の元 β によって $E = K(\beta)$ と書くことができる．$g(x)$ を β を根とする K 上で既約な多項式とする．β' を $g(x) = 0$ の別の根とすると，$E' = K(\beta') \cong E$ である．ψ を E から E' への同型写像で K の上では恒等写像で $\psi(\beta) = \beta'$ を満たすものとする．

$\psi(\{\alpha_1, \alpha_2, \cdots, \alpha_n\}) = \{\alpha_1, \alpha_2, \cdots, \alpha_n\}$ であるから $E = E'$ で，ψ は E のシンメトリーである．$g(x)$ の次数を s とすると，$g(x) = 0$ は s 個の異なる根をもつから，このようにして E のシンメトリーが s 個できる．一方，シンメトリーの個数は拡大次数より多くはなれないのだから，E/K はちょうど s 個のシンメトリーをもつことになる．すなわち，E/K はガロア拡大である．

さて，上の定理は逆も成立する．

定理 L/K がガロア拡大であれば，L は K の上の最小分解体である．

[証明] L/K をガロア拡大として，L が K の上の最小分解体であることを証明しよう．$L = K(\alpha)$ と書き，$g(x) = 0$ を α を根とする既約多項式とする．$g(x)$ の次数を s とすれば，$[L : K] = s$ で，$|G(L/K)| = s$ でもある．$\{\sigma_0 = 1, \sigma_1, \cdots, \sigma_{s-1}\}$ を L/K のシンメトリーの全体とする．ここで $\sigma_0 = 1$ は単位シンメトリーである．$i \neq 0$ ならば $\sigma_i(\alpha) \neq \alpha$ である．ゆえに $\{\sigma_0(\alpha), \sigma_1(\alpha), \cdots, \sigma_{s-1}(\alpha)\}$ が $g(x) = 0$ の根のすべてである．これは $L = K(\alpha) = K(\sigma_0(\alpha), \sigma_1(\alpha), \cdots, \sigma_{s-1}(\alpha))$ を意味するので，L は $g(x)$ の分解体である．

これでガロア拡大体が完全に記述できた．前に述べた拡大 $\mathbb{Q}(\sqrt[3]{2})/\mathbb{Q}$ がガロア拡大でない理由も，$\mathbb{Q}(\sqrt[3]{2}, \omega)/\mathbb{Q}$ がガロア拡大である理由も明らかとなった．ある多項式の根を全部添加すれば，自動的にその拡大体はガロア拡大となる．多項式が既約である必要はない．しかも，L/K がガロア拡大であるのは，ある多項式の分解体のときに限るのである．L/K がガロア拡大であるとき，L/K のシンメトリー群を L/K の**ガロア群**といい，$\mathrm{Gal}(L/K)$

と書く.

　L/K をガロア拡大として，$G = \text{Gal}(L/K)$ とおく．α を L の元とし，$g(x) \in K[x]$ を α を根とする既約多項式とする．このとき $g(x) = 0$ の根はすべて L の中にあることを証明しよう．$F = K(\alpha)$ とおけば，F は L の部分体である．G の元で α を固定する元すべてからなる部分群を G_α とすれば，G_α の元は F の元すべてを固定するから拡大 L/F のシンメトリーである．ゆえに一般定理により，$|G_\alpha| \leq [L:F]$ である．一方，σ を G の元とすると $\sigma(\alpha)$ は $g(x) = 0$ の根である．よって $[G:G_\alpha] \leq \deg g(x)$ である[3]．これは，$|G| = [G:G_\alpha] \cdot |G_\alpha| \leq \deg g(x) \cdot [L:F] = [F:K][L:F] = [L:F][F:K] = [L:K]$ を意味するので，不等式は実は等式である．ゆえに $g(x)$ は L の中に $\deg g(x)$ 個の根をもつ．すなわち，$g(x) = 0$ の根はすべて L の中に含まれる．もっと強く G が $g(x) = 0$ の根の上に可移に作用していることも証明できた．

　L/K をガロア拡大とし，G をそのガロア群とする．F を任意の中間体 $(L \supset F \supset K)$ として，G_F を体 F の元すべてを固定する G の元全体からなる部分群とする．G_K は当然 G に等しい．G_F の元は拡大 L/F のシンメトリーであるから，$|G_F| \leq [L:F]$ が一般論より成立する．$F = L$ のときに適用すれば，$|G_L| \leq 1$ となる．すなわち，$G_L = \{1\}$ である．次に $F \supsetneq K$ のときに適用しよう．$F = K(\alpha)$ とおき，$g(x)$ を α を根とする K の上の既約多項式とし，$R = \{\alpha_1 = \alpha, \alpha_2, \cdots, \alpha_s\}$ を $g(x) = 0$ の根とすると，G は R の上に作用している．さらに，$G_\alpha = G_F$ である．G_F の G における指数 $[G:G_F]$ が $\deg g(x) = |R| = [F:K]$ に等しいから，$|G_F| \leq [L:F]$ とあわせて，$|G| \leq [L:K]$ を得る．ところが L/K はガロア拡大であるから，$|G| = [L:K]$ が満たされている．それは，$|G_F| = [L:F]$ も意味する．したがって，拡大 L/F はガロア拡大で G_F はそのガロア群である．

　もう1つ大切なことがある．それを述べるために F を拡大 L/K のシンメトリー群 G のすべての元で固定される L の元全体からなる集合としよう．F が K を含む体となることは明白である．定義によって G は拡大 L/F の

---

[3] ガロア理論は群論によって体論を理解することである．ここでもいくつかの点で群論が少しは必要になってきている．議論の流れが悪くなるので群論的なことばを補わなかったが，第4章を学んだ後で第3章の最後をもう一度読んでほしい．

シンメトリー群でもある．ところが一般論によって $|G| \leq [L:F]$ であり，一方 $|G| = [L:K]$ がはじめから成立しているのだから，$F = K$ となるしかない．すなわち，L/K がガロア拡大であるときには，そのシンメトリー G のすべての元で固定される元は K の元しかないのである．いいかえれば，K に入っていない L のどの元も G のある元によってどこかへ移ることになる．これもガロア拡大の著しい性質である．実は，逆にこの性質をガロア拡大の定義に採用することもある．すなわち，「L/K を拡大とし，G を L/K のシンメトリー群とする．G のすべての元で固定される L の元は K の元に限るときに，L/K をガロア拡大という」と定義するのである．一般のガロア理論では，無限次のガロア拡大も扱うので，この定義を採用する．この定義も拡大 L/K には十分多くのシンメトリーがあることを主張している．しかし，それは質的な条件であって，われわれが本書で採用した量的な条件とは異なる．量的な条件は扱いやすいが，無限次拡大にはもちろん使えない．

まとめ ガロア理論ですでに学んだことを以下まとめておこう．

定義 $[L:K] = |G(L/K)|$ が満たされている拡大 L/K をガロア拡大という．このときは $G(L/K) = \mathrm{Gal}(L/K)$ と書く．
 以下 L/K はガロア拡大とする．$G = \mathrm{Gal}(L/K)$ とおく．
 （1） $g(x) \in K[x]$ を既約多項式とする．方程式 $g(x) = 0$ の 1 つの根が L に含まれれば，$g(x) = 0$ のすべての根が L に含まれる．さらに，G は $g(x)$ の根全体の上に可移に作用する．
 （2） F を中間体とし，G_F を F のすべての元を固定する G の元全体のなす部分群とする．このとき L/F はガロア拡大でそのガロア群は G_F である．特に $[L:F] = |G_F|$ である．
 （3） G のすべての元で固定される L の元は K の元にかぎる．

―― **研究課題 3.3**(ガロアの基本定理 = ガロア対応の定理) ――――
 L/K を有限次ガロア拡大とし，G をそのガロア群とせよ．$\mathcal{H}$ を G のすべての部分群からなる集合とし，$\mathcal{F}$ を拡大 L/K のすべての中間体

とせよ．そのとき $\mathcal{H}$ と $\mathcal{F}$ との間には包含関係を保つ 1 対 1 の対応が存在する．ここで包含関係を保つとは，「$H_1 \leftrightarrow F_1$, $H_2 \leftrightarrow F_2$ がそれぞれ対応していれば，$H_1 \subset H_2$ と $F_1 \supset F_2$ は同値である」ということである．なお，F を中間体とすれば L/F は常にガロア拡大であるが，F/K がガロア拡大とはかぎらない．F/K がガロア拡大になるのは，対応する部分群が正規部分群のときにかぎる．

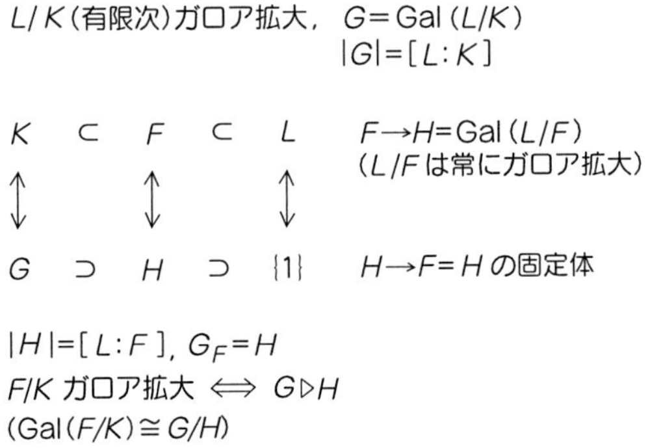

L/K (有限次)ガロア拡大，$G = \mathrm{Gal}(L/K)$
$|G| = [L:K]$

$K \;\subset\; F \;\subset\; L$ $\quad F \to H = \mathrm{Gal}(L/F)$
$\quad\quad\quad\quad\quad\quad\quad\quad\quad$ (L/F は常にガロア拡大)
$\updownarrow \quad\quad \updownarrow \quad\quad \updownarrow$
$G \;\supset\; H \;\supset\; \{1\} \quad H \to F = H$ の固定体

$|H| = [L:F]$, $G_F = H$
F/K ガロア拡大 $\iff G \triangleright H$
($\mathrm{Gal}(F/K) \cong G/H$)

図 3.2　ガロアの基本定理(ガロア対応)

　これが歴史的に有名な**ガロア対応**である．読者がじっくりと味わえるように研究課題とした．対応は $\mathcal{H}$ から $\mathcal{F}$ へは，与えられた部分群 H で固定される L の元すべてからなる中間体 F をとればよいし，また逆の $\mathcal{F}$ から $\mathcal{H}$ への対応は，与えられた中間体 F を(元ごとに)固定する G の元すべてからなる部分群 H をとればよい．それらが互いに逆対応であることをいえば，ガロアが 20 歳のときに発見した定理を再発見することになる．モーツァルトもガロアもたしかに天才である．しかし，モーツァルトの音楽がわかるように，ガロアの発見した定理もわかるはずである．正規部分群は第 4 章で定義する．定義がわかれば，証明は難かしくないので，ここで合わせて述べてしまうことにした．

■ ガロアの定理の応用

ガロアの定理の簡単な応用を述べよう．ガロア対応を用いずに腕力だけで体 $L = \mathbb{Q}(\sqrt[3]{2}, \omega)$ のすべての部分体を決めるのはなかなか骨が折れる．しかし，ガロア対応を使えば，ほぼ瞬間的にわかる．それは，この場合はガロア群 G は 3 次の対称群となっているので，その部分群は

$$\{1\}, \ \langle (1\ 2\ 3) \rangle, \ \langle (1\ 2) \rangle, \ \langle (2\ 3) \rangle, \ \langle (1\ 3) \rangle, \ G$$

の全部で 6 個しかない．したがって，部分体は

$$L, \ \mathbb{Q}(\omega), \ \mathbb{Q}(\sqrt[3]{2}), \ \mathbb{Q}(\sqrt[3]{2}\omega), \ \mathbb{Q}(\sqrt[3]{2}\omega^2), \ \mathbb{Q}$$

とすぐ考えつく 6 個が正しい答になる．ただし，ガロア群の元の作用を具体的に決めてないので，これらの部分群と部分体が，それぞれガロア対応をしているとはいっていない．

$L_1 = \mathbb{Q}(\sqrt[3]{2}, \sqrt[3]{3})$ はガロア拡大ではないが，$L_2 = \mathbb{Q}(\sqrt[3]{2}, \sqrt[3]{3}, \omega)$ を L_1 の拡大とすれば，L_2 は $(x^3 - 2)(x^3 - 3)$ の分解体としてガロア拡大となる．

拡大次数を求めよう．$L = \mathbb{Q}(\sqrt[3]{2}, \omega)$ がガロア拡大でその部分体がすべてわかっているから，$x^3 - 3$ は L の中に根をもたない．したがって，$x^3 - 3$ は L 上で既約である．ゆえに，$[L_2 : \mathbb{Q}] = [L_2 : L][L : \mathbb{Q}] = 18$ である．

〈ちょっと考えよう●問 3.14〉

$\mathrm{Gal}(L_2) = \langle a, b, c \mid a^3 = b^3 = c^2 = 1, \ ab = ba, \ ca = a^{-1}c, \ cb = b^{-1}c \rangle$
と表示できることを示せ．

[ヒント] シンメトリー a を位数 3 で $a(\sqrt[3]{3}) = \sqrt[3]{3}$, $a(\omega) = \omega$ を満たすようにとり，また b を位数 3 で $b(\sqrt[3]{2}) = \sqrt[3]{2}$, $b(\omega) = \omega$ となるようにとってみよ．c は複素共役とする．

$G = \mathrm{Gal}(L_2)$ とおくと，巡回部分群 $\langle a \rangle, \langle b \rangle$ はともに正規部分群となる．a, b を問 3.14 のヒントで与えたように選べば，部分群 $\langle a, c \rangle, \langle b, c \rangle$ はそれぞれ拡大 $L_2/\mathbb{Q}(\sqrt[3]{3})$, $L_2/\mathbb{Q}(\sqrt[3]{2})$ のガロア群でどちらも位数 6 の 2 面体群である．

〈ちょっと考えよう●問 3.15〉

L_1 の部分体をすべて決めよ．

[ヒント] L_1 にガロア対応する G の部分群は何か．それを H とするとき，H を含むような G の部分群を全部決定せよ．それに対応する部分体が求める解である．$\mathbb{Q}, L_1$ を含めると全部で 6 つある．

任意の自然数 n に対して，1 の n 乗根はベキ根拡大に含まれると第 2 章で述べた．その証明は第 4 章で述べるが「含まれる」ということばを用いているのは，体 K に 1 の n 乗根 ζ を添加してできた拡大体 $K(\zeta)$ そのものはベキ根拡大にならないことがあるということを言外にいっている．$n=1,2,3,4,6$ までは，1 の原始 n 乗根は容易に計算できて

$$1,\ -1,\ \frac{-1\pm\sqrt{-3}}{2},\ \pm\sqrt{-1},\ \frac{1\pm\sqrt{-3}}{2}$$

となり，$n=5$ のときも難しくはなく，

$$\frac{-1+\sqrt{5}\pm\sqrt{-10-2\sqrt{5}}}{4},\ \frac{-1-\sqrt{5}\pm\sqrt{-10+2\sqrt{5}}}{4}$$

である．

したがって，これらの小さい n については，1 の n 乗根を添加した体そのものがベキ根拡大になる．しかし，$n=7$ では，このようにはいかない．ζ を 1 の原始 7 乗根とする．$K=\mathbb{Q}(\zeta)$ はガロア拡大で，そのガロア群は位数 6 の巡回群である．

$$\eta=\zeta+\zeta^6,\quad \xi=\zeta+\zeta^2+\zeta^4$$

とおくと，次が成り立つ．

―――〈ちょっと考えよう●問 3.16〉―――
η は 3 次方程式 $x^3+x^2-2x-1=0$ の根であり，ξ は 2 次方程式 $y^2+y+2=0$ の根であることを示せ．

$\xi=\dfrac{-1\pm\sqrt{-7}}{2}$ であるから，$\mathbb{Q}(\xi)=\mathbb{Q}(\sqrt{-7})$ は $\mathbb{Q}$ の 2 次拡大である．しかも，ガロア対応から，これが K に含まれる $\mathbb{Q}$ の唯一の 2 次拡大である．また，$x^3+x^2-2x-1=0$ の 3 根はどれも実数で，$\mathbb{Q}(\eta)$ は K に含まれる $\mathbb{Q}$ の唯一の 3 次拡大である．さらに，$K=\mathbb{Q}(\eta,\xi)$ が成り立つ．もし，$K/\mathbb{Q}$ がベキ根拡大であれば，$K/\mathbb{Q}(\xi)$ または，$\mathbb{Q}(\eta)/\mathbb{Q}$ が拡大次数

3の(高さ1の)ベキ根拡大となる．いずれの場合もガロア拡大であるから $x^3 - \alpha = 0$ という形の方程式の根をすべて含むので，K が1の原始3乗根 $\dfrac{-1+\sqrt{-3}}{2}$ を含むことになる．$\mathbb{Q}(\sqrt{-7})$ が K に含まれる唯一の2次拡大であったから，これは矛盾である．ゆえに，$\mathbb{Q}$ に1の原始7乗根を添加した体 $\mathbb{Q}(\zeta)$ はベキ根拡大ではない．

───〈ちょっと考えよう●問 3.17〉───

ζ を1の原始7乗根とし，$K_1 = \mathbb{Q}(\sqrt[7]{2})$，$K_2 = \mathbb{Q}(\sqrt[7]{2}\zeta)$ とする．このとき，$K_1/\mathbb{Q}$，$K_2/\mathbb{Q}$ はどちらもベキ根拡大であるが，それらの合成 $K_1 K_2$ は $\mathbb{Q}$ のベキ根拡大ではないことを示せ．

次の定理も第4章の主な目標のひとつである．

定理(ガロアの主定理) $f(x)$ を係数体が K の既約多項式とせよ．L を $f(x)$ の分解体とし，G を L/K のガロア群とする．$f(x) = 0$ の根がベキ根で解けるための必要十分条件は G が可解群になることである．

この章の終りになって，正規部分群，剰余群，可解群などの新しいことばが登場した．ガロア対応の定理は，群論を深く知らなくても述べることができるが，その応用のためには，もっと群論を学ぶ必要がある．ガロア自身もこのあたりで，群論を整備する必要を感じたにちがいない．われわれもガロアに従うことにする．

第4章
群論の基礎

　第1章で，正多角形，正多面体などのシンメトリー全体が群という数学的な構造をもった集合をなしていることを学んだ．第2章では4次以下の方程式の解法を述べ，また，5次方程式の解法の発見は困難をきわめ，200年あまりも数学者はいたずらに努力を重ねてきたことを述べた．

　第3章で述べたように，アーベルが5次以上の方程式はベキ根によっては解けないことを証明し，高次方程式論は一段落したが，完成されたわけではなかった．ベキ根で解ける方程式とそうでないものを区別する判定条件はまだわからなかった．ベキ根で解けないことの'困難さ'が何に起因するかがわからなかったのである．

　ガロアは，その困難さが**方程式の群＝ガロア群**に表われていることを発見した．正多角形や正多面体のように，誰にでもすぐわかるシンメトリーとは異なった，隠されたシンメトリーを方程式はもっていたのである．ガロア群は，与えられた方程式の根の間にどの程度のシンメトリーがあるかを示している．ガロア群の構造が複雑になればなるほど，ベキ根による解法は不可能になってゆくのである．

　第1章と第2章では，それらのことを記述するのに必要な群の性質を最小限述べた．この章では，群論の基礎を学び，ガロアの主定理を最後に証明する．まず第1,2章で学んだことを補足を加えて復習しよう．証明を書かずに述べたこともある．問と思って解いてほしい．

■ これまでの復習

(1) 巡回群 C_n. $G = \langle a \rangle$, $|G| = n$.

群 G の任意の元 x に対して，ある $i \in \mathbb{Z}$ が存在して，$x = a^i$ と表わされているとき G を**巡回群**といい，a を G の**生成元**という．群 $\langle a \rangle$ の位数 $|\langle a \rangle|$ は単に a の位数と呼ばれ $|a|$ とも書かれる．$|a|$ は有限のこともあり，また無限のこともある．それぞれ，**有限巡回群**，**無限巡回群**と呼ばれる．$|a| = 1$ のときは $G = \{1\}$ で**単位群**と呼ばれる．

はじめに，$|a|$ が無限の場合を考えよう．加法群 $\mathbb{Z}$ から G への写像 $i \to a^i$ は $\mathbb{Z}$ から G への同型写像である．したがって，G の群としての構造は $\mathbb{Z}$ の加法群としての構造とまったく同じである．正整数 m に対して，$m\mathbb{Z}$ を m で割り切れる整数全体からなる集合とすれば，$m\mathbb{Z}$ は $\mathbb{Z}$ の部分群である．H を $\mathbb{Z}$ の任意の部分群としよう．$H = \{0\}$ も部分群である．$H \neq \{0\}$ として，H に含まれる最小の正の数を h とする．x を H の任意の数とし，x を h で割りその商を q，余りを r をすれば，$x = qh + r$ となる．ただし，$0 \leq r < h$ のように r を選ぶ．h と x はともに H の元であるから，$x - qh \in H$ となり，$r \in H$ である．h は H に含まれる最小の正の数であったから，$r = 0$ となる．すなわち，$x = qh \in h\mathbb{Z}$ が成立する．x は部分群 H の任意の元であったので，$H \subseteq h\mathbb{Z}$ である．一方，$h \in H$ であるから $h\mathbb{Z} \subseteq H$ も満たされ，$H = h\mathbb{Z}$ となる．$\mathbb{Z}$ のいかなる部分群 H も非負整数 h が存在し，$H = h\mathbb{Z}$ と表わされることがわかった．

また $n \neq 0$ であれば，$\phi: i \to ni$ で定義される $\mathbb{Z}$ から $n\mathbb{Z}$ の写像 ϕ は同型写像である．ゆえに，$\mathbb{Z}$ のすべての部分群は $\{0\}$ でなければ $\mathbb{Z}$ に同型である．$\mathbb{Z}$ は自分自身に同型な真部分群を無限個含んでいることになる．巡回群 $G = \langle a \rangle$ のことばで書くと，a の位数 $|a|$ が無限のときには，G の部分群はすべて G に同型かまたは単位群である．

次に a の位数 $|a|$ が有限な場合を考えよう．$\langle a \rangle = \{1, a, a^2, \cdots, a^i, \cdots \mid i \in \mathbb{Z}\}$ であるが，有限集合であるから，異なる 2 つの整数 i, j $(i < j)$ に対して $a^i = a^j$ が成り立っている．これは $a^{j-i} = 1$ を意味する．そこで n を，$a^n = 1$ を満たす正の数の最小のものとする．このときは $a^{-1} = a^{n-1}$ であるから

$$\langle a \rangle = \{1, a, a^2, \cdots, a^{n-1}\}$$

となっている.

$\mathbb{Z}_n = \mathbb{Z}/n\mathbb{Z} = \{\overline{0}, \overline{1}, \overline{2}, \cdots, \overline{n-1}\}$ を $\mathbb{Z}$ の元を n を法として見た加法群(環でもある)とする.$\mathbb{Z}_n$ から $G = \langle a \rangle$ への写像 $\phi : \overline{i} \to a^i$, $i = 0, 1, \cdots, n-1$ は $\mathbb{Z}_n$ から G への同型写像である.ゆえに G の群としての性質は $\mathbb{Z}_n$ の構造から導かれる.整数全体からなる加法群 $\mathbb{Z}$ のすべての部分群は $m\mathbb{Z}$ という形に表わすことができる.それから,$\mathbb{Z}_n$ のすべての部分群は $m\mathbb{Z}_n$ の形になることがわかる.これは容易に示すことができるが,群とその剰余群との間にある部分群の対応関係に一般化される(問 4.5)のでここでも問として提出する.

───〈ちょっと考えよう●問 4.1〉────────────

$\mathbb{Z}_n$ のすべての部分群は $m\mathbb{Z}_n = \{m\overline{0}, m\overline{1}, \cdots, m\overline{n-1}\} = \{\overline{0}, \overline{m}, \overline{2m}, \cdots, \overline{(n-1)m}\}$ と表示できることを示せ.ただし表示されている元(剰余類)がすべて異なるとはかぎらない.

また,$m > 1$ であっても $m\mathbb{Z}_n$ が $\mathbb{Z}_n$ の真部分群とはかぎらない.たとえば,$n = 10$, $m = 3$ とすると,$3 \cdot 7 = 21 \equiv 1 \pmod{10}$ であるから,$3\mathbb{Z}_{10}$ は $\mathbb{Z}_{10}$ の生成元 $\overline{1}$ を含んでしまい $3\mathbb{Z}_{10} = \mathbb{Z}_{10}$ となる.一般に $m\mathbb{Z}_n = (m,n)\mathbb{Z}_n$ が成り立つこともユークリッドの互除法で容易に証明できる(問 3.5 参照).ここで,(m,n) は m と n の最大公約数を表わす.また n の任意の約数 d に対して,$\mathbb{Z}_n$ には位数 d の部分群がただ 1 つ存在する.それらはすべて巡回群である.

(2) **2 面体群** D_{2n}. $G = \langle a, b \mid a^n = b^2 = 1, \ ba = a^{-1}b \rangle$, $|G| = 2n$.

これは正 n 多角形の(3 次元空間での)シンメトリー群である.a で生成された巡回部分群 $H = \langle a \rangle$ の位数は n である.G の元で H に含まれていない元は ba^i, $i \in \{0, 1, 2, \cdots, n-1\}$ と表わされるが,$(ba^i)^2 = ba^i ba^i = a^{-i} b b a^i = 1$ であるから,それらはすべて位数 2 である.

d を $|G| = 2n$ の任意の約数とする.d が奇数であれば,位数 d の部分群は $H = \langle a \rangle$ の中に含まれるから,それはただ 1 つ存在する.d が偶数の場

合は，$d = 2n$ でないかぎり，位数 d の部分群が必ず2個以上存在する．

(3) n 次の対称群 S_n と交代群 A_n. $|S_n| = n!$, $|A_n| = \dfrac{n!}{2}$（ただし，$n \geq 2$）．

S_n は n 個の文字 $\{1,2,3,\cdots,n\}$ の上の置換全体からなる群である．積は置換の合成とする．S_n の元 σ は
$$\sigma = (1\ 2\ 3)(4\ 5\ 6\ 7\ 8)\cdots\cdots$$
のように互いに共通部分のない巡回置換の積として表示することができる．表示に現われる巡回置換の順序を無視すれば，それはただ1つに定まる．また上の σ が
$$\sigma = (1\ 2)(1\ 3)(4\ 5)(4\ 6)(4\ 7)(4\ 8)\cdots\cdots$$
と表わすことができるように，S_n のすべての元は2項巡回置換(**互換**と呼ばれる)の積として表わすことができる．この表示方法はただ1つではないが，表示に必要な互換の個数が偶数であるか奇数であるかは，σ によって定まる．偶数個の互換が必要なとき，σ を**偶置換**と呼び，そうでないときは**奇置換**と呼ぶ．

S_n の元は $a^{\sigma\tau} = (a^\sigma)^\tau$ のように，右から作用すると決める．たとえば，$2^{(123)(345)} = 3^{(345)} = 4$ である．

σ が偶置換のときに $\mathrm{sgn}(\sigma) = 1$，奇置換のときに $\mathrm{sgn}(\sigma) = -1$ と定義して，$\mathrm{sgn}(\sigma)$ を σ の**符号数**と呼ぶ．

S_n の偶置換全体は部分群をなし，A_n と書かれ，n 次の交代群と呼ばれる．A_n の位数は S_n の位数のちょうど半分である．

4.1 ラグランジュの定理，コーシーの定理

他にも群の例はいくらでもあるが，必要に応じて述べることにする．群に関する定理としては，まず次の2つを考えよう．

ラグランジュの定理 有限群 G の部分群の位数は G の位数の約数である．

コーシーの定理 有限群 G の位数が素数 p の倍数であれば，G は位数 p

の元を含む.

　ラグランジュの定理は存在している部分群に関する定理であり，コーシーの定理は，群 G の位数しかわからないときに，ある性質をもつ元を群の中に存在せしめる定理である．

　ラグランジュは対称群に関して証明した（ことになっている）が，彼の方法は一般の場合にも拡張できる．まず，H を部分群として，G の元 g を任意に 1 つとる．G の部分集合

$$gH = \{gh \mid h \in H\}$$

を考える．g は 1 つ決めてあるが，h は H の元すべてを動く．$gh = gh'$ から $h = h'$ を得るから，H の元の個数と gH の元の個数は等しい．次に G の元 g, g' をとり，gH と $g'H$ を比べよう．部分集合 gH と $g'H$ に共通部分があれば，$gh = g'h'$ となる H の元 h, h' が存在する．$g = g'h'h^{-1}$ となり，$gH = g'h'h^{-1}H$ であるが，H が部分群であるから，$h'h^{-1}$ は H に吸収されて $gH = g'H$ となる．

　gH は（H の G の中での）**コセット**（**剰余類**と呼ばれることも多いが，ここでは印象を強めるためコセットということばを用いることにする）と呼ばれるが，2 つのコセット $gH, g'H$ はまったく同じであるか，または共通部分がない．それゆえ，G の適当な部分集合 $\{g_1, g_2, \cdots, g_k\}$ が存在して，

$$G = g_1 H \,\dot\cup\, g_2 H \,\dot\cup\, \cdots \,\dot\cup\, g_k H$$

と互いに共通部分のないコセットの和集合として表わせる．すべての $i = 1, 2, \cdots, k$ に対して，$|H| = |g_i H|$ であるから，$|G| = k|H|$ となり，H の位数が G の位数を割り切ることが証明された．これがラグランジュの定理である．ラグランジュの定理とその証明方法は群というものが単なる集合から大きく異なっていることを示しているので，もう 1 度読み返してよく味わってほしい．読み返さずに正しく証明できるようになればさらに良い．異なるコセットの個数 k を H の（G の中での）**指数**と呼び，$[G : H]$ と書く．

　g はコセット gH の代表元と呼ばれるが，gH に属している任意の元 g' は $g' = gh$ と表示すれば，$g'H = ghH = gH$ であるから，g' もやはり同じコセット gH の代表元である．

$$Hg = \{hg \mid h \in H\}$$

で定義される部分集合もコセットと呼ばれる．前に定義したコセットと区別する意味で，第2のものを**左コセット**と呼ぶ．この場合も G の適当な部分集合 $\{g_1', g_2', \cdots, g_k'\}$ が存在して，
$$G = Hg_1' \,\dot\cup\, Hg_2' \,\dot\cup\, \cdots \,\dot\cup\, Hg_k'$$
と互いに共通部分のないコセットの和集合に分解できる．異なる左コセットの個数は(右)コセットの場合と同じ k であるが，$\{g_1', g_2', \cdots, g_k'\} = \{g_1, g_2, \cdots, g_k\}$ とはかぎらない．

群 G の部分集合はいくらでもあり，統制することはできないが，部分群はそんなに多くあるものではない．群の位数に関する帰納法で容易に証明できるが，G がアーベル群であれば，G の位数のすべての約数に対してそれを位数にもつ部分群が存在する(問 4.4 参照)．また，位数 6 の 3 次の対称群 S_3，位数 24 の 4 次の対称群 S_4 は，それぞれ，すべての約数に対して，それを位数とする部分群が存在することも確かめられる．しかし，5 次の対称群 S_5 は位数が $5! = 120$ であるが，位数 15, 30, 40 の部分群はもっていない．しかし，それ以外の約数については部分群が存在する．

〈ちょっと考えよう●問 4.2〉

h は 120 の約数で $h \neq 15, 30, 40$ とせよ．S_5 が位数 h の部分群をもつことを確かめよ．

[ヒント] まず 120 の約数 d を全部書き出してみるべきである．$d = 1, 2, 3, 4, 5, 6, 60, 120$ などの位数をもつ部分群はすぐ見つかるであろう．S_4 が S_5 の部分群であることに注意すれば，$d = 8, 12, 24$ はよい．そうすると $d = 10, 20$ だけを調べればよい．これらはやさしくはない．時間をかけて探してほしい．たとえば，$d = 10$ としよう．S_5 の元をやたら 10 個探してきてもそれらが部分群をなす可能性はほとんどない．すでに 2 種類の位数 10 の群を学んでいる．巡回群と 2 面体群である．そのどちらかが S_5 の中にないものだろうか．10 ができれば 20 はあと 1 歩である．

位数 15, 30, 40 の部分群が存在しないということは，上の問ほどは容易ではない．どのようにして存在しないことがいえるのだろうか．一般に位数 15 の群は常に巡回群になることが証明でき，一方，5 文字の上の置換から

は最大位数が 6 の元しか作れない．それゆえ，S_5 の中には位数 15 の部分群が存在しないことになる．これらのことを学ぶのがこの章の目的である．

■ 位数が素数の群は巡回群か

ラグランジュの定理を用いると，次の定理が直ちに証明できる．

定理 群 G の位数が素数であれば，G は巡回群であり，単位元以外のいかなる元も G を生成する．

[証明] 群 G の位数が素数 p であれば，G は単位元以外の元を含む．その 1 つを a としよう．a で生成された部分群 $\langle a \rangle$ は単位群ではなく，その位数は群 G の位数 p を割り切る．p は素数であったから，部分群 $\langle a \rangle$ の位数が p となり，$G = \langle a \rangle$ が成り立つ．ゆえに，G は a で生成された巡回群である．

数学のどんな分野でも，それを学習・研究していると素数が現われるが，群論では整数論と並んで，それが特に顕著に現われる．「群 G の位数が素数 p で割り切れれば，G は位数 p の元を含む」というコーシーの定理もその一例である．

しかし，コーシーの定理はかなり不十分である．その不十分性は素数ベキでも同じ結論が成り立つのに，それが示されていないことである．素数ベキのときは，シローの定理として，コーシーの定理より約 50 年後に証明されることになる．その一部を次に示す．

定理(シロー) 群 G の位数が素数ベキ p^a で割り切れれば，G は位数 p^a の部分群をもつ．

このシローの定理により，h が素数のベキのときにも，群 G の位数が h で割り切れれば，G は位数 h の部分群を含むのである．コーシーの定理は h が素数 p のときに，位数 p の部分群の存在を示したことである．この定理は，現在シローの定理と呼ばれているものの一部であるが，それについ

ては後で述べる．

さて，われわれの当面の目標はコーシーの定理である．群 G の集合としての大きさ $|G|$ が素数 p で割り切れるという条件だけで，$x^p = 1$ となる単位元ではない元 x の存在を示すのだから，考え方に飛躍が必要である．

[コーシーの定理の証明]　G の p 個の直積集合
$$G \times G \times \cdots \times G = \{(x_1, \cdots, x_p) \mid x_i \in G,\ i = 1, 2, \cdots, p\}$$
を作り，その部分集合 Ω を
$$\Omega = \{(x_1, \cdots, x_p) \in G \times G \times \cdots \times G \mid x_1 x_2 \cdots x_p = 1\}$$
とおく．Ω は，その p 個の成分 $x_1, \cdots, x_p$ の積が単位元であるような組 $(x_1, \cdots, x_p)$ からなっている．$x_1, \cdots, x_{p-1}$ は G から元を自由に選ぶことができ，また $x_p = (x_1 x_2 \cdots x_{p-1})^{-1}$ とおけばよいから
$$|\Omega| = |G|^{p-1}$$
である．ゆえに $|\Omega|$ も素数 p で割り切れる．Ω の上の変換 σ を
$$\sigma : (x_1, x_2, \cdots, x_p) \longrightarrow (x_2, x_3, \cdots, x_p, x_1)$$
によって定義する．σ が実際 Ω の上の変換であることは次の問からわかる．

――〈ちょっと考えよう●問 4.3〉――

$x_1 x_2 \cdots x_p = 1$ ならば $x_2 x_3 \cdots x_p x_1 = 1$ であることを示せ．

σ はもちろん恒等変換ではない．ゆえに σ の変換としての位数は p である．すなわち，
$$\sigma^p : (x_1, x_2, \cdots, x_p) \longrightarrow (x_1, x_2, \cdots, x_p)$$
であって σ^p は恒等変換である．Ω の元全体を $|G|^{p-1}$ 個の文字と考えて，σ をその上の置換とみなし，σ を互いに共通部分のない巡回置換の積に書く．$\sigma^p = 1$ だから p 項巡回置換または 1 項置換のみが σ の表示に現われる．1 項置換は通常表示されないが，その対応する文字が σ によって固定されることを示す．

σ の互いに共通部分のない巡回置換の積としての表示に p 項巡回置換が s 個，1 項置換が t 個あるとしよう．そのとき，
$$ps + t = |\Omega| = |G|^{p-1}$$

が成り立つ．$|G|$ が素数 p で割り切れるから，t も p で割り切れる．σ は Ω の元 $(1, 1, \cdots, 1)$ を固定するから $t \neq 0$ である．ところが，$t = |G|^{p-1} - ps$ が p で割り切れるから，σ は $(1, 1, \cdots, 1)$ 以外の元 $(x_1, x_2, \cdots, x_p)$ を固定しなければならない．

$\sigma : (x_1, x_2, \cdots, x_p) \longrightarrow (x_2, \cdots, x_p, x_1)$ という変換であったから，それが σ で固定されるためには $x_1 = x_2 = \cdots = x_p \neq 1$ となっている必要がある．$x_1 \cdots x_p = 1$ が Ω に入っているための必要条件であったから，$x_1 \cdots x_p = x_1{}^p = 1$ を意味し，x_1 が位数 p の元である．これで位数 p の元の存在が証明できた．

数学の学習を始めた頃は，このような証明は不思議である．位数 p の元がどこにあるかさっぱりわからなくて，手にとって見ることができない．しかし，位数 p の元が存在することは確実に示すことができるのである．

コーシーの定理の証明をもう1つ記そう．こちらの方が歩みは遅いが応用範囲が広い．

[コーシーの定理の別証明] まず一般論を少し述べる．G を（任意の）群とする．a と b が G の元であるとき，bab^{-1} を a の b による**共役**（共役元）という．一般に A を G の部分集合とするとき，G の部分集合 $bAb^{-1} = \{bab^{-1} \mid a \in A\}$ を A の b による共役という．

x を G の元とし，G のすべての元による x の共役全体のなす G の部分集合を C_x とおく．すなわち，

$$C_x = \{gxg^{-1} \mid g \in G\}$$

C_x は G の**共役類**と呼ばれ，x はその代表元である．$x' \in C_x$ のときは，$C_x = C_{x'}$ である．また，x' と x が G で共役でなければ

$$C_x \cap C_{x'} = \emptyset$$

である．G の各々の共役類から代表元を1つずつ選び出し，その集合を $\{x_i\}_{i \in I}$ とすれば，G は互いに共通部分のない共役類の和集合

$$G = \bigcup_{i \in I} C_{x_i}$$

として表わされる．ここで I はある適当な集合である．このように，異な

る x_i を数えあげるためだけに便宜的に用いられる集合は**添数集合**と呼ばれる. $\{x_i\}_{i \in I}$ は G の共役類の**完全代表系**と呼ばれる.

G が有限群の場合を考えよう. このときは添数集合 I も C_{x_i} も有限集合である. $I = \{1, 2, \cdots, k\}$ とおく. x を G の元とするとき,
$$C_G(x) = \{g \in G \mid gx = xg\}$$
は G の部分群であり, x の**中心化群**と呼ばれる.
$$gxg^{-1} = g'x(g')^{-1} \iff (g')^{-1}g \in C_G(x) \iff gC_G(x) = g'C_G(x)$$
であるから,
$$|C_x| = [G : C_G(x)] = \frac{|G|}{|C_G(x)|}$$
が成り立っている. ゆえに
$$|G| = \sum_{i=1}^k |C_{x_i}| = \sum_{i=1}^k \frac{|G|}{|C_G(x_i)|}$$
となる. これを群 G の**類方程式**と呼ぶ. 苦労なく得られた式であるが, 有限群ならばいつでも成り立ち, なかなか有用なものである. それを示してみよう.

G の中心 $Z(G)$ を
$$Z(G) = \{z \in G \mid gz = zg, \forall g \in G\}$$
で定義する. すなわち G のすべての元と可換な元全体の集合を G の**中心**というのである. Z はドイツ語の Zentrum からきている. $Z(G)$ が G の部分群であることは容易にわかる.

$x \in Z(G)$ であれば, $|C_x| = 1$, すなわち x と共役な元は x 自身だけである. G の中心 $Z(G)$ を用いて, 類公式を次のように書くこともできる.
$$|G| = |Z(G)| + \sum_{x_i \notin Z(G)} \frac{|G|}{|C_G(x_i)|}$$

ここで, コーシーの定理に戻ろう. $|G|$ が素数 p で割り切れるとき, 位数 p の元が G の中に存在することを証明したい. G の位数に関する帰納法で証明することにする.

まず, 一番小さい場合は, $|G| = p$ である. その場合は G は位数 p の巡回群であるから, その生成元の位数は p である. そこで, $|G| > p$ として, $|G|$ より小さい位数の群に対してはコーシーの定理が成立していると仮定

しよう．

$x_i \notin Z(G)$ であれば $|C_G(x_i)| < |G|$ である．さらに，$|C_G(x_i)|$ が p で割り切れれば，$C_G(x_i)$ は帰納法の仮定によって位数 p の元を含む．したがって，G は位数 p の元を含む．そこで，$x_i \notin Z(G)$ であれば常に $|C_G(x_i)|$ は p で割り切れないと仮定してよい．ゆえに，$\dfrac{|G|}{|C_G(x_i)|}$ は p で割り切れる．ここで類方程式を用いれば，$|Z(G)|$ が p で割り切れることになる．G の中心 $Z(G)$ はアーベル群であるが，その位数が p で割り切れることがわかった．$Z(G)$ に位数 p の元が存在すれば，それは当然 G の元であるから，さらに $G = Z(G)$ と仮定してもよい．コーシーの定理がアーベル群の場合に帰着されたのである．

これ以上進むためには新しい考え方が必要である．G を任意の群として，N をその部分群としよう．N の共役が常に N に等しいとき，N を**正規部分群**という．すなわち，すべての G の元 g に対して，

$$gNg^{-1} = N$$

が成り立っているとき，N を G の正規部分群というのである．$gNg^{-1} = N$ と $Ng = gN$ は同値である．N が正規部分群であると，$gN = Ng$ がすべての $g \in G$ について成立している．簡単なことであるが，これは著しい性質なのである．

$gNg'N = \{gng'n' \mid n, n' \in N\}$ であるが，$Ng' = g'N$ より $gNg'N = gg'NN = gg'N$ となる．これよりコセットの集合 $\{gN \mid g \in G\}$ が $gNg'N = gg'N$ を積として群をなすことが示せる．すなわち，

(1)　$1N = N$ は $\{gN \mid g \in G\}$ の単位元である．

(2)　$g^{-1}N$ は gN の逆元である．

(3)　$gNg'Ng''N = gg'g''N$ であるから結合律は G の結合律から従う．

このコセット全体の集合 $\{gN \mid g \in G\}$ を G/N と書いて，G の正規部分群 N による**剰余群**という（コセット群とは英語でもいわない）．一般に，H が群 G の単なる部分群であるときも，コセット全体の集合 $\{gH \mid g \in G\}$ は G/H と書かれ，部分群 H による**剰余空間**と呼ばれる．しかし，この場合は，$Hg = gH$ とは限らないので，左コセットを用いた場合には $H \backslash G = \{Hg \mid g \in G\}$ という記号も用いられる．

$|G/N| = [G:N] = \dfrac{|G|}{|N|}$ であるから，剰余群 G/N は G よりも位数が小さい．それゆえ，G に関する問題をその剰余群 G/N に帰着させると解きやすいことが多い．その1例を示すために，途中まで証明のできていたコーシーの定理に戻ろう．

コーシーの定理が，$G = Z(G)$，すなわち G がアーベル群の場合に帰着できることはすでに述べた．G はアーベル群であるから，そのすべての部分群が正規部分群である．まず，x を G の単位元でない元とする．x の適当なベキをとることにより，素数位数の元が生ずるから，x をはじめから素数位数とする．$|x| = p$ であればコーシーの定理は証明できたことになる．$|x| = q \neq p$ として，剰余群 $G/\langle x \rangle$ を考える．$|G| > |G|/q$ であり，p が $|G|/q$ を割り切るから，帰納法の仮定により，群 $G/\langle x \rangle$ は位数 p の元を含む．それを $y\langle x \rangle$ としよう．y と x で生成された G の部分群 $\langle x, y \rangle$ はアーベル群でその位数は pq である．

ラグランジュの定理を G の巡回部分群 $\langle y \rangle$ に適用すると，y の位数は p, q, pq のいずれかである．$|y| = p$ ならば証明は終わり，$|y| = pq$ のときは $|y^q| = p$ となるから，この場合もよい．最後の $|y| = q$ の場合を考えよう．その場合はコセット $y\langle x \rangle$ の剰余群 $G/\langle x \rangle$ における位数が q となり，y の選び方に矛盾する．これでやっとコーシーの定理の別証明ができた．

──〈ちょっと考えよう●問 4.4〉──
アーベル群に対するコーシーの定理の証明方法を用いて次のことを示せ．G を有限アーベル群とし，G の位数 $|G|$ の任意の約数を d とする．このとき G は位数 d の部分群を含む．

コーシーの定理は群の類方程式を用いて証明ができたが，元の存在を部分群の存在に変えれば実はこの方法により，素数 p でなくても p のベキ p^a でほとんど同じように進行し，シロー部分群の存在定理が証明できる．しかし，重要な定理であるから，節を新しくして述べよう．

4.2 シローの定理

定理(シロー部分群の存在) G を有限群とし，p を素数とする．G の位数は p^a で割り切れるが，$b > a$ ならば p^b では割り切れないとせよ．そのとき，G は位数 p^a の部分群をもつ．(このような位数 p^a の部分群をシロー p 部分群という．)

[証明] G の類方程式

$$|G| = |Z(G)| + \sum_{x_i \notin Z(G)} \frac{|G|}{|C_G(x_i)|}$$

を用い，群の位数に関する帰納法を使う．ある共役類の代表元 $x_i, i \in I = \{1, 2, \cdots, k\}$ に対して $|C_G(x_i)| < |G|$ で p^a が $|C_G(x_i)|$ を割り切れば，群の位数に関する帰納法によって G の部分群 $C_G(x_i)$ は位数 p^a のシロー p 部分群をもつ．そうすれば当然 G もシロー p 部分群を含むことになる．ゆえに，すべての $x_i, i \in I = \{1, 2, \cdots, k\}$ に対して $x_i \in Z(G)$ であるかまたは $|C_G(x_i)|$ は p^a で割り切れないと仮定してよい．後者の場合が成立すれば指数 $[G : C_G(x_i)]$ は p で割り切れる．すなわち，G の中心 $Z(G)$ の位数が素数 p で割り切れる場合に帰着する．コーシーの定理により，$Z(G)$ は位数 p の元 y を含む．y は G の中心に入っているから，G のすべての元と可換であり，$\langle y \rangle$ は G の正規部分群となる．剰余群 $G/\langle y \rangle$ にシローの定理を適用すれば，$G/\langle y \rangle$ は位数 p^{a-1} の部分群をもつ．それを $\{x_1\langle y \rangle, x_2\langle y \rangle, \cdots, x_{p^{a-1}}\langle y \rangle\}$ とおく．G の部分集合 $\{x_1, \cdots, x_{p^{a-1}}, y\}$ で生成された部分群 $\langle x_1, \cdots, x_{p^{a-1}}, y \rangle$ は G の位数 p^a の部分群であり，これで G のシロー p 部分群の存在が示された．

次の問 4.5 はすでに回りくどい方法(G がアーベル群の場合のコーシーの定理の証明に際して構成した部分群 $\langle x, y \rangle$，またシロー p 部分群の存在を剰余群 $G/\langle y \rangle$ のシロー p 部分群を通して構成した部分群 $\langle x_1, \cdots, x_{p^{a-1}}, y \rangle$ など)で用いてきたものである．そろそろ一般的な定理がほしい時である．群のある種の部分群と剰余群の部分群が対応しているのである．ヒントは

出さない．このような問を真面目に解くことにより群と集合の違いがわかってくるのである．問 4.5 を解いた後でもう一度コーシーの定理の証明の終りの部分とシロー部分群の存在定理の証明の最後の部分を読み返してほしい．

───〈ちょっと考えよう●問 4.5〉───
次のことを証明せよ．N を群 G の正規部分群とする．H を N を含む G の任意の部分群とすると，N は H の正規部分群であり，$H/N = \{hN | h \in H\}$ は G/N の部分群である．また，G/N の任意の部分群を $\overline{H}$ とするとき，G の部分群 H が存在して $\overline{H} = H/N$ となっている．

シローの定理はシロー部分群の存在定理ばかりではない．まとめて書くと次のようになる．

シローの定理　G を有限群とし，G の位数は素数 p の倍数であるとする．
（1）　シロー p 部分群は存在する．
（2）　すべてのシロー p 部分群は共役である．
（3）　異なるシロー p 部分群の個数は p を法として 1 に等しい．
（4）　いかなる p 部分群も，あるシロー p 部分群に含まれる．

シローが 1872 年に発表したこの定理は，数ある有限群論に関する結果の中でも最もすぐれたものの 1 つである．なお p 群とは位数が素数 p のベキの群である．

存在定理だけを考えてもすばらしい．ここで少し難しいが，次の研究課題を提出しよう．

───研究課題 4.1───
h がいかなる自然数であっても，それが素数のベキでないかぎり，群自身の位数は h で割り切れるが，位数 h の部分群を含まないような有限群 G が存在することを示せ．

しかし，hが素数ベキであれば，そのような有限群Gは存在しない．シローの定理はその存在定理だけを見ても究極の結果なのである．

シローの定理の命題(2), (3), (4)もすばらしい．どの命題も，**共役**という概念を用いて証明される．それらの3つの命題をこれから1つずつ証明してゆくのであるが，それに必要な概念をまず説明することにする．群論で共役性をはじめて本格的に使ったのがシローだといわれている．共役という概念が重要な理由の1つは，aによる共役(写像)

$$\iota_a : g \to aga^{-1}$$

はGからGへの同型写像(Gのシンメトリー)を与えるからである．

$$\iota_a(gg') = a(gg')a^{-1} = aga^{-1}ag'a^{-1} = \iota_a(g)\iota_a(g')$$

$$\iota_a(g) = \iota_a(g') \iff g = g'$$

は明らかであるし，$\iota_a(a^{-1}ga) = g$であるから，Gの任意の元gに対して$g' = a^{-1}ga$が存在して$\iota_a(g') = g$となっている．すなわち，ι_aはGのシンメトリーを与えていることが示せた．

aとa'による共役を同時に考えよう．

$$\iota_{aa'} = (aa')g(aa')^{-1} = aa'g(a')^{-1}a^{-1} = \iota_a\iota_{a'}(g)$$

であるから，積aa'による共役は共役の積$\iota_a\iota_{a'}$である．さらに，aが単位元の1に等しいときは，ι_1はGの上の単位シンメトリーであり，また，共役の逆元は逆元の共役である．すなわち，$(\iota_a)^{-1} = \iota_{a^{-1}}$である．

これらのことはGの元の共役によるシンメトリー全部の集合$\{\iota_a \mid a \in G\}$自身が群をなしていることを示している．しかも，$\iota_a\iota_{a'} = \iota_{aa'}$であるから，その群構造ももとの$G$の群構造から直接導かれる．

$$I_G = \{\iota_a \mid a \in G\}$$

とおこう．上に述べたようにI_GはGのシンメトリーのなす群である．I_GとGは一般には同型にはならない．たとえば，Gがアーベル群であれば，その共役シンメトリーはすべて単位シンメトリーになってしまう．群Gのシンメトリー(自己同型写像)には共役以外のものも存在するが，群の構造が複雑になれば，共役以外のシンメトリーは少なくなってくる．たとえば，$n \neq 6$ならば，n次の対称群S_nのシンメトリーはすべて共役によるシンメトリーである．本書ではそこまで述べることはできないのであるが，6次の対称群S_6のシンメトリーに例外的なものが存在するということが有限

群論をはかり知れないほど興味深いものにしている．ϕ をその例外的なシンメトリーとすると，ϕ は 3 項巡回置換を 3 項巡回置換の 2 つの積に移す．たとえば，$(1\ 2\ 3) \to (1\ 2\ 3)(4\ 5\ 6)$ のように移す．ほかの S_n ではこのように置換のタイプを変えるようなシンメトリーは存在しない．対称群 S_n はいわばありふれた群であるが，S_6 の例外的シンメトリーはありふれたものではない．

$$I : g \to \iota_g$$

という G から I_G への写像を考えよう．$I(gg') = \iota_{gg'} = \iota_g \iota_{g'} = I(g)I(g')$ が成り立っている．これは重要なことなので節を改めて述べよう．

4.3 準同型定理

一般に群 G, G' と G から G' への写像 f が

$$f(gg') = f(g)f(g')$$

を満たしているとき，f を G から G' への**準同型写像**という．群から群への写像としては準同型写像が最も重要なものである．

―――〈ちょっと考えよう●問 4.6〉―――
f を群 G から群 G' への準同型写像とし，$1, 1'$ をそれぞれの群の単位元とすれば，$f(1) = 1'$，$f(g^{-1}) = f(g)^{-1}$ であることを示せ．

準同型写像は 1 : 1 の写像とも上への写像とも限らないから，同型写像よりは条件が弱い．しかし，その中から同型写像をとりだすことができる．

第 1 同型定理 f を群 G から群 G' への準同型写像とするとき，

$$G/K \cong \mathrm{Im}\, f$$

が成り立つ．ここで $K = \{g \in G \mid f(g) = 1', 1' \text{ は } G' \text{ の単位元}\}$ である．K は f の**核**と呼ばれ，G の正規部分群である．また，$\mathrm{Im}\, f = \{f(g) \mid g \in G\}$ は G の f による像(イメージ=Image)全体のなす集合である．

K が G の正規部分群であること Im f が G' の部分群であることの証明は，読者にまかせよう．剰余群 G/K から群 Im f への写像 $\overline{f}$ を

$$\overline{f}(gK) = f(g)$$

と定義する．$gK = g'K$ であれば $g' = gk$, $k \in K$ と書けるから，$f(g') = f(gk) = f(g)f(k) = f(g)$ となる．$\overline{f}(gK) = f(g)$ とコセット gK の代表元を用いて定義されているが，他の代表元 g' を用いても同じ結果になることがわかった．剰余群 $G/K = \{gK \mid g \in G\}$ からある集合への写像が代表元を用いて定義されているときには，その写像が代表元のとり方に依存していないことを示すことがまず必要である．

$g \in G$ のとき $f(g) \in G'$ であるが，$f(g') = f(g)$ となっている g' をすべて求めよう．$f(g') = f(g)$ より $f(g^{-1}g') = 1'$ が得られ，それは $g^{-1}g' \in K$ を意味する．すなわち，$g' \in gK$ である．逆に $g' \in gK$ ならば，$f(g') = f(g)$ であることは上に示した．すなわち，

$$f(g) = f(g') \iff g' \in gK \iff g'K = gK$$

である．すなわち，コセット gK は $f(g)$ の逆像全体の集合なのである．

$$g_1 K g_2 K = g_1 g_2 K$$

だから，$f(g_1 g_2) = f(g_1)f(g_2)$ となるので，

$$\overline{f}(g_1 K g_2 K) = \overline{f}(g_1 g_2 K) = f(g_1 g_2) = f(g_1)f(g_2)$$
$$= \overline{f}(g_1 K)\overline{f}(g_2 K)$$

が成り立ち，$\overline{f}$ もやはり準同型写像である．しかし，$\overline{f}$ の定義域は G/K であって G ではない．しかし，値域は同じ G' である．$f(g) \in \mathrm{Im}\, f \subseteq G'$ の逆像が gK なのだから

$$\overline{f} : G/K \to \mathrm{Im}\, f$$

は 1:1 で上への準同型写像であることがわかった．いいかえれば，

$$G/K \cong \mathrm{Im}\, f$$

ということである．このように $\overline{f}$ が 2 つの群 G/K と Im f の間の同型写像を与えているが，この $\overline{f}$ を $f : G \to G'$ から誘導された (**ひき起された**ともいう) 同型写像という．

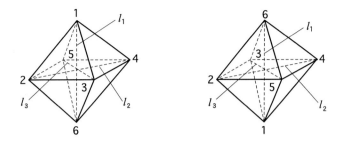

図 4.1 正 8 面体のシンメトリーで 3 本の対角線を固定するもの

第 2 章で正 6 面体のシンメトリー群 G は 4 次の対称群であると述べた．G が 4 本の対角線の上に置換群として作用しているから，そのような結論をすることができたのである．一方，正 6 面体の 1 つの面の中心とその対面の中心を結ぶ直線を考えると，それらは全部で 3 本ある．G はその 3 本の直線の上に作用している．しかし，上面と底面を保つ 180°の回転は 3 本の直線を固定するが，単位シンメトリーではない．正 6 面体のシンメトリー群 G はその 3 本の直線の上に作用しているが，その上の置換群とはいえない．このような現象は頻繁におこり，G は 3 本の直線の上の置換を「ひき起こす」という．このようにして，G から 3 次の対称群への準同型写像が生まれるのである．図 4.1 は今述べたことを正 6 面体群と同型な正 8 面体群で図示してある．

───〈ちょっと考えよう●問 4.7〉─────────

図 4.1 の 3 本の直線 l_1, l_2, l_3 をすべて固定する正 8 面体群 G の元全部の集合を N とする．次のことを示せ．
(1) N は位数 4 の正規部分群である．
(2) $G/N \cong S_3$ である．

上に述べた定理を第 1 同型定理というのは，他に 2 つ同型定理があるからである．しかし，それらの証明は読者にまかせよう．なお第 1 同型定理が一番重要で，単に準同型定理と呼ばれることが多い．

───〈ちょっと考えよう●問 4.8〉────────────
次の定理を証明せよ．
　第 2 同型定理　H と N は群 G の部分群で，さらに N は正規とせよ．そのとき，$HN = \{hn \mid h \in H, n \in N\}$ は G の部分群で，同型
$$HN/N \cong H/H \cap N$$
が成り立つ．
　第 3 同型定理　H と K は群 G の正規部分群で，さらに K は H の部分群とせよ．このとき H/K は G/K の正規部分群で
$$(G/K)/(H/K) \cong G/H$$
が成り立つ．
─────────────────────────────

　一般論を少し述べたが，共役（写像）に戻ろう．ι_a を $\iota_a(g) = aga^{-1}$ で定義される共役とするとき，G から，G の元の共役全部からできた群 $I_G = \{\iota_a \mid a \in G\}$ への写像
$$I : g \to \iota_g$$
は，$I(g_1 g_2) = I(g_1) I(g_2)$ を満たしていて，準同型写像であった．

　一般にどのようなときに ι_a が単位シンメトリーになるだろうか．ι_a が単位シンメトリーであれば，$aga^{-1} = g$ がすべての G の元 g に対して成り立つ．それは $ga = ag$ を意味し，a が G の中心 $Z(G)$ に入っていることである．逆に $a \in Z(G)$ であれば，ι_a が単位シンメトリーになることも明らかである．すなわち，
$$\iota_a = \text{単位シンメトリー} \iff a \in Z(G)$$
ということがわかった．$I(g)$ が単位シンメトリーであるということと g が G の中心に入っていることが同値なのだから，準同型写像 I の核は $Z(G)$ である．$\mathrm{Im}\, I = I_G$ であるから，第 1 同型定理により，
$$G/Z(G) \cong I_G = \{\iota_g \mid g \in G\}$$
が成り立つ．

　G の元 g を 1 つ選ぶと，ι_g という G のシンメトリーが生まれる．そのようにしてできるシンメトリーを全部集めてその集合を I_G とおくと，I_G は群の構造をもち，もとの群 G の構造と比較してみると，$G/Z(G) \cong I_G$ と

いう同型が成り立っているというのが第1同型定理からの帰結である．群 G のシンメトリー群(すなわち自己同型写像全体のなす群)を Aut_G とおけば，I_G は Aut_G の部分群である．実は，I_G は Aut_G の正規部分群になるのである．

〈ちょっと考えよう●問 4.9〉

I_G は Aut_G の正規部分群であることを示せ．

[ヒント]　$\sigma \in Aut_G$, $\iota_a \in I_G$ のとき，$\sigma \iota_a \sigma^{-1} = \iota_{\sigma(a)}$ を示せ．

I_G の I は $inner =$ 内部 からとっていて，Aut_G の Aut は $automorphism =$ 自己同型写像 からとっている．I_G は，Inn_G と書かれることもある．それらは G の中の元の共役としてシンメトリーができている．それゆえ，I_G の元を**内部シンメトリー**(内部自己同型写像)といい，Aut_G の元で I_G に入っていない元を**外部シンメトリー**(外部自己同型写像)という．

G のすべての元と可換な元のなす部分群を G の中心といい，$Z(G)$ と書いたが，$Z(G)$ はコーシーの定理，シロー部分群の存在定理などの証明，内部シンメトリー群の構造などで重要な役目をしている．$Z(G)$ の例を少し示そう．しかし，その実際の検証はすべて読者にまかせる．

(1) G がアーベル群ならば，$G = Z(G)$ である．

(2) $G = \langle a, b \mid a^n = b^2 = 1, ba = a^{-1}b \rangle \cong D_{2n}$：位数 $2n$ の 2 面体群．n が奇数ならば $Z(G) = \{1\}$ であり，n が偶数ならば $Z(G) = \langle a^{n/2} \rangle$ であり，位数 2 の巡回群である．

(3) $G = S_n, A_n$：n 次の対称群または交代群．

　　(i) $n \geq 3$ ならば，$Z(S_n) = \{1\}$．

　　(ii) $n \geq 4$ ならば，$Z(A_n) = \{1\}$．

上に述べた (3)(i) から $n \geq 3$ とすれば S_n の内部シンメトリー群は常に S_n 自身に同型である．S_n のシンメトリーは $n = 6$ のときを除けば，すべて内部シンメトリーになる．すなわち，$n \geq 3$ で $n \neq 6$ ならば $Aut_{S_n} = I_{S_n}$ である．

$n \geq 4$ としよう．そのときは，$A_n \cong I_{A_n}$ である．Aut_{A_n} は I_{A_n} よりは必ず大きく $[Aut_{A_n} : I_{A_n}] = 2$ である．ただし，$n = 6$ のときのみ例外で

$[Aut_{A_6} : I_{A_6}] = 4$ となる.

H が群 G の部分群であれば，H の a による共役 aHa^{-1} も G の部分群である．H の共役がすべて H 自身に等しいとき，H を正規部分群というのであった．正規部分群が重要な理由は，それから G/H という剰余群を作ることができ，G の種々の性質がより小さい群 G/H と H に帰着されることが多いからである．

■ 正規部分群，正規化群のもつ意味

G が群で H はその指数 2 の部分群としよう．仮定により，H に入っていない任意の G の元 g に対して
$$G = H \cup gH = H \cup Hg$$
と互いに共通部分のない和集合に分解できる．ゆえに $gH = Hg$ である．これは $gHg^{-1} = H$ を意味する．$h \in H$ ならば $hHh^{-1} = H$ は成立しているから，H は G の正規部分群となる．ゆえに次の定理が証明できた．

定理 指数 2 の部分群は常に正規部分群である．

互換 (1 2) で生成された部分群 H は 3 次対称群の中で指数は 3 であるが，H は正規ではない．上の定理は一般的には指数 2 の場合にだけ成立する．

H を群 G の部分群とするとき，H の G における正規化群 $N_G(H)$ を次のように定義する．
$$N_G(H) = \{g \in G \mid gHg^{-1} = H\}$$
$N_G(H)$ は H を含み，G の部分群になっていることなどは容易に確かめられる．$N_G(H)$ の元 g を任意にとれば，定義により $gHg^{-1} = H$ だから $N_G(H)$ の部分群として H は正規部分群である．正規とは限らない部分群 H がどの程度，正規に近いかを計るものが，H の正規化群 $N_G(H)$ である．指数 $[G : N_G(H)]$ が小さいほど H は正規部分群に近い．特に，H が正規であれば，$N_G(H) = G$ であるから，$[G : N_G(H)] = 1$ である．

一般に N が G の正規部分群であることは，
$$G \triangleright N, \quad N \triangleleft G$$
と書かれる．この記号を使えば，$N_G(H) \triangleright H$ である．しかも，もし K が

G の部分群であって，$K \triangleright H$ ならば，明らかに $N_G(H) \supset K$ である．すなわち，正規化群 $N_G(H)$ は，H を正規部分群として含む G の最大の部分群である．

――〈ちょっと考えよう●問 4.10〉――

$aHa^{-1} = bHb^{-1} \iff aN_G(H) = bN_G(H)$．これから，$H$ の(G の中での)異なった共役の個数は $[G : N_G(H)]$ に等しいことを示せ．

問 4.10 は容易に示すことができるが，重要な考え方を群論に与えてくれる．以下，それがわかるであろう．さて，いよいよシローの定理をすべて完全に証明することができる．

[シローの定理の命題(2), (3), (4)の証明] まず，有限群 G のシロー p 部分群がすべて共役であることを証明したい．P をシロー p 部分群の 1 つとして，

$$\mathfrak{S} = \{gPg^{-1} \mid g \in G\}$$

とおく．すなわち，$\mathfrak{S}$ は P の共役全体からなる集合である．実はすべてのシロー群が全部 $\mathfrak{S}$ に含まれてしまうことになるのである．

$$|\mathfrak{S}| = [G : N_G(P)]$$

であることは上の問でわかっている．これにより，$|\mathfrak{S}|$ は p で割り切れない．

Q を G の p 部分群として，$\mathfrak{S}$ の上に Q を共役で作用させよう．$P_1 \in \mathfrak{S}$ のとき，

$$\mathfrak{S}_1 = \{aP_1a^{-1} \mid a \in Q\}$$

を考える．明らかに $\mathfrak{S} \supset \mathfrak{S}_1$ である．このとき次の問が成り立つ．

――〈ちょっと考えよう●問 4.11〉――

$|\mathfrak{S}_1| = [Q : N_G(P_1) \cap Q]$ であることを示せ．

[ヒント] 問 4.10 のときのように，$a, b \in Q$ として $aP_1a^{-1} = bP_1b^{-1} \iff aN_G(P_1) = bN_G(P_1)$ からはじめよ．

$|Q|$ は p のベキだから，$|\mathfrak{S}_1|$ も p のベキである．$\mathfrak{S} \supsetneq \mathfrak{S}_1$ ならば P_2 を

$\mathfrak{S}_1$ に入っていない $\mathfrak{S}$ の元として,同じように Q による P_2 の共役全体の集合 $\mathfrak{S}_2$ を考えれば,$|\mathfrak{S}_2|$ もやはり p のベキである.$\mathfrak{S} \supsetneq \mathfrak{S}_1 \dot{\cup} \mathfrak{S}_2$ であれば,さらに $\mathfrak{S}_3$ を考える.これをくり返せば,$|\mathfrak{S}|$ は p のベキの和で表わすことができる.$|\mathfrak{S}|$ 自身は p では割り切れないのだから,$\mathfrak{S}$ の中の元 P_i で $[Q : N_G(P_i) \cap Q] = 1$ となっているものが存在する.これは,$N_G(P_i) \supset Q$ を意味し,x を Q の任意の元とすると,$xP_ix^{-1} = P_i$ が成立しているのである.これは,$xP_i = P_ix$ を意味し,x は任意の Q の元であったから,次のことが示せる.

〈ちょっと考えよう●問 4.12〉

$P_iQ = QP_i$ が成立し,積集合 P_iQ は部分群であることを示せ.

〈ちょっと考えよう●問 4.13〉

H, K を有限群 G の部分群とする.積集合 $HK = \{hk \mid h \in H, k \in K\}$ の中に含まれている元の個数は次の式で表わされることを示せ.
$$|HK| = \frac{|H||K|}{|H \cap K|}$$

この 2 つの問により,$|P_iQ| = \dfrac{|P_i||Q|}{|P_i \cap Q|}$ で,P_iQ は G の p 部分群であることがわかる.P_i はシロー p 部分群であって $|P_i|$ より大きい位数をもつ p 部分群は存在しえないので,$P_iQ = P_i$ が成り立ち,それは $Q \subset P_i$ を意味する.P_i は P の共役であったから,どのような p 部分群 Q も,1 つの決められたシロー p 部分群 P の共役に含まれてしまう.よって命題(4)が示せた.ここで,Q もシロー p 部分群とすると,$|Q| = |P_i|$ だから,$Q = P_i$ となり,Q 自身が P の共役となる.これで命題(2)のシロー p 部分群がすべて共役になることが証明できた.命題(3)の証明も上の議論にほとんど含まれている.

$Q = P$ として,いままでの議論をくり返すと,$Q \subset P$ は $Q = P$ のときにしか成り立たないから,$|\mathfrak{S}_1|, |\mathfrak{S}_2|, \cdots$,はただ 1 つだけが 1 で他は p のベキで 1 よりは大きい.したがって,それらの和である $|\mathfrak{S}|$ は p を法として

1 に等しい．これでシローの定理はすべて証明できた．

シローの定理の再確認 G を有限群とし，p を G の位数を割り切る素数とする．
（1） シロー p 部分群は存在する．
（2） すべてのシロー p 部分群は共役である．
（3） シロー p 部分群の個数は p を法として 1 に等しい．
（4） p 部分群はすべて，シロー p 部分群に含まれる．

P を 1 つのシロー p 部分群とし，シロー p 部分群の個数を n_p とすると，$n_p = [G : N_G(P)]$ である．$[G : P] = [G : N_G(P)][N_G(P) : P]$ であるから n_p は $\dfrac{|G|}{|P|}$ の約数となる．しかも，$n_p \equiv 1 \pmod{p}$ であるから，n_p の可能性はかなり少ない．

$G = S_5$, $p = 5$ として応用してみよう．P を S_5 のシロー 5 部分群とすれば，$|P| = 5$ でシロー 5 部分群の個数 n_5 は $\dfrac{60}{5} = 12$ の約数である．しかも，$n_5 \equiv 1 \pmod{5}$ であることを考慮に入れれば，$n_5 = 1$, $n_5 = 6$ の 2 つの可能性しかない．$n_5 = 1$ とすると，P が唯一のシロー 5 部分群となってしまう．しかし，$\langle (1\,2\,3\,4\,5) \rangle$ と $\langle (1\,3\,2\,4\,5) \rangle$ が異なるシロー 5 部分群であることはそれに含まれる元を比較すればすぐわかるだろう．ゆえに，シロー 5 部分群は少なくとも 2 つあり，シローの定理によって $n_5 = 6$ が唯一の可能性となる．S_5 はシロー 5 部分群をちょうど 6 個含んでいるのである．そうすると一般論で $n_p = [G : N_G(P)]$ であったから，$G = S_5$ の場合には $n_5 = 6 = [S_5 : N_{S_5}(P)]$ であり，これは $|N_{S_5}(P)| = 20$ を意味する．S_5 の位数 10, 20 の部分群を求める問題は問 4.2 として提出したが，S_5 に位数 20 の部分群が $|N_{S_5}(P)|$ として含まれていることが '手を汚さずに' わかったことになる．このことから，$|N_{S_5}(P)|$ に位数 10 の部分群が含まれていることは簡単なはずである．

■ S_5 の中になぜ位数 15, 30, 40 の部分群が存在しないか

群論の基礎を少し学んだので，5 次の対称群 S_5 の中には，位数が 15, 30, 40 の部分群のないことを証明してみよう．

位数 15 の群を H とする．H は S_5 の部分群でなくてもよい．H は常に巡回群になることを証明しよう．シローの定理を用いればほとんど瞬間的に証明できるのだが，ゆっくり進んでみる．

[1] ラグランジュの定理のみを用いる方法．
H の単位元でない元の位数は，ラグランジュの定理により，3, 5 または，15 である．15 であれば，主張が示されたことになる．それゆえ，3 または 5 と仮定しよう．H の単位元でない元の位数がすべて 5 であることは可能だろうか．a をその 1 つとすると $|\langle a \rangle| = 5$ である．b を $\langle a \rangle$ に入っていない元とすると，$|\langle b \rangle| = 5$ である．$\langle a \rangle \cap \langle b \rangle \supsetneq \{1\}$ とすると $\langle a \rangle = \langle b \rangle$ となってしまい，b の選び方に矛盾するから，$\langle a \rangle \cap \langle b \rangle = \{1\}$ である．そうすると，問 4.13 より $|\langle a \rangle \langle b \rangle| = 25$ となり，H は 25 個以上の元を含むことになる．$|H| = 15$ であったから，これは不可能である．

それゆえ，H は必ず位数 3 の元を含む．H の単位元以外の元の位数はすべて 3 であるとして，それから 5 のときのように矛盾が出るだろうか．しかし，$3 \times 3 = 9 < 15$ であるので，5 のときの議論は使えない．だからといって，他によい考えもない．このようにラグランジュの定理は群論の第一歩を記してはいるが，位数 15 という小さい群ですら満足に扱えずあまり遠くへは進めない．

[2] コーシーの定理を用いる方法．
コーシーの定理によって，H は位数 3 の元 a と位数 5 の元 b を含む．もし $ab = ba$ であれば，積 ab の位数は 15 なので，$ab = ba$ を目標としよう．$P = \langle a \rangle$，$Q = \langle b \rangle$ とおく．[1] のラグランジュの定理のみを用いるときの議論と同じようにして，Q が位数 5 のただ 1 つの部分群であることがわかる．ゆえに，H は位数 5 の元をちょうど 4 個もつ．b の $1, a, a^2$ による共役をそれぞれ考えると
$$b, \quad aba^{-1}, \quad a^2 b a^{-2}$$
である．この 3 つの位数 5 の元のうち，どれか 2 つが等しいと $ab = ba$ または $a^2 b = ba^2$ が導かれる．$a = (a^2)^2$ であるから，どちらからも $ab = ba$ が得られて目標が達せられることになる．

3つの元がすべて異なるときは b' をまだ 1 つ残っている位数 5 の元とし，a による共役を考えると，$ab'a^{-1} = b'$ となるしかないので $ab' = b'a$ がただちに言える．b' は b のあるベキに等しいから，結局 $ab = ba$ が言えることになる．これで目標だった $ab = ba$ をすべての場合に示すことができ，H が巡回群で ab がその生成元であることがわかった．このようにコーシーの定理はラグランジュの定理よりも，われわれを遠くまで運んでくれる．

[3] シローの定理を用いる方法．

n_3, n_5 をそれぞれシロー 3 部分群，シロー 5 部分群の個数とすると，n_3 は $5(= \dfrac{15}{3})$ の約数であって，$n_3 \equiv 1 \pmod{3}$，n_5 は 3 の約数であって $n_5 \equiv 1 \pmod{5}$ であるから $n_3 = n_5 = 1$ しか可能性はない．H はシロー 3 部分群とシロー 5 部分群をそれぞれ 1 つずつしかもたないのである．ゆえに，H の位数 $1, 3, 5$ の元の総数は $1 + 2 + 4 = 7$ であり，残りの 8 個はすべて位数が 15 である．よって H は位数 15 の元を含まなければならない．これは，H が位数 15 の巡回群 C_{15} であることを意味する．

シローの定理を用いると H が位数 15 の巡回群 C_{15} であることがあまりにもあっけなく証明できて不思議なほどである．15 は $3 \cdot 5$ と 2 つの素数の積であるが，2 つの(異なる)素数の積を位数としてもつ群がすべて巡回群というわけではない．15 は簡単に終わったが 21 はそうでない．巡回群とは限らない位数 21 の群でアーベル群ではないものが存在するからである．

───〈ちょっと考えよう●問 4.14〉───

G を有限群とし，その位数を pq とする．ここで p と q は異なる素数で $p > q$ とする．

(1) q が $p-1$ を割り切らないときは，G は巡回群である．

(2) q が $p-1$ を割り切るときは，G は巡回群であるか，または群
$$\langle a, b \mid a^p = b^q = 1,\ ba = a^r b \rangle$$
に同型である．ただし，r は 1 より大きくて $r^q \equiv 1 \pmod{p}$ を満たす最小の自然数である．

[ヒント] P, Q をそれぞれ G のシロー p 部分群，シロー q 部分群とする．

$n_p = 1$ しか可能性がなく，P が唯一のシロー p 部分群となる．これは P が G の正規部分群であることを意味する．a, b をそれぞれ P, Q の生成元とする．このとき

$$aba^{-1} = a^r, \ 0 < r < p$$

を満たす自然数 r が存在する．r はなぜ $r^q \equiv 1 \pmod{p}$ を満たさねばならないか．また，なぜ最小の r だけをとればよいか．次の問 4.15 以下の説明がヒントになっている．

実例を1つ与えよう．$F_p = \mathbb{Z}/p\mathbb{Z}$ はすでに定義した元の個数が素数 p の体である．$F_p = \{\bar{0}, \bar{1}, \bar{2}, \cdots, \overline{p-1}\}$ のとき，$\bar{i} + \bar{j} = \overline{i+j}, \ \bar{i} \cdot \bar{j} = \overline{ij}$ によって F_p に和と積を定義してある．

F_p から F_p への写像 $\{A_a, B_b \mid a, b \in F_p, \ b \neq \bar{0}\}$ を次のように定義する．

$$A_a(x) = x + a, \qquad B_b(x) = bx$$

───〈ちょっと考えよう●問 4.15〉───

次のことを示せ．$A_a{}^p = 1, \ B_b{}^{p-1} = 1, \ A_a B_b = B_b A_{ab^{-1}}$．$G = \{A_a B_b \mid a, b \in F_p\}$ は位数 $p(p-1)$ の群である．$A = \{A_a \mid a \in F_p\}$ とおくと，A は $A_{\bar{1}}$ で生成される位数 p の巡回群であり G の正規部分群である．

$B = \{B_b \mid b \in F_p, \ b \neq \bar{0}\}$ とおくと，実は B も巡回群となる．「素数 p を法とする整数の乗法群は巡回群である」というガウスが初めて証明したことを用いる．たとえば，$p = 13$ を法とするときには $\bar{2}$ が1つの生成元となる．すなわち $B_{\bar{2}}$ が群 B の生成元となる．

q を $p-1$ を割りきる素数として，B の位数 q の部分群を B_q とする (ガウスの結果を使えば B_q の存在はいえるし，またコーシーの定理を用いる方法もある)．このとき AB_q は位数 pq の群でアーベル群ではない．特に巡回群でもない．上の問は，位数 pq の群は巡回群でなければ，すべて AB_q に同型であることを主張している．

$p = 3, q = 2$ のときは，3 次の対称群 S_3 や，それに同型な 2 面体群 D_6 が巡回群ではない例である．これらは非アーベル群で位数が最小のもので

ある．

$p = 5, q = 3$ とすれば，$5 - 1 = 4$ は 3 で割り切れないから，すでに証明したように位数 15 の群はすべて巡回群になる．また，$p = 7, q = 3$ のときは $7 - 1 = 6$ は 3 で割り切れるから，巡回群ではない位数 21 の群がただ 1 つだけある．この場合は $r = 2$ であるから
$$\langle a, b \mid a^7 = b^3 = 1, \, ba = a^2 b \rangle$$
が求める群である．

$4^3 \equiv 1 \pmod{7}$ であり
$$\langle a', b' \mid a'^7 = b'^3 = 1, \, b'a' = a'^4 b' \rangle$$
によって定義される群の位数も 21 である．しかし，写像
$$f : \begin{cases} a \to a' \\ b \to b'^2 \end{cases}$$
により，2 つの群は同型になっている．

さて，まだ解決していなかったが，5 次の対称群 S_5 に位数 15 の部分群が入っているとすると，それは巡回群なので S_5 の中に位数 15 の元が入っていることになるが，5 文字の置換の位数は高々 6 である．たとえば，$\sigma = (1\,2\,3)(4\,5)$ の位数は 6 である．それゆえ，S_5 は位数 15 の元は含み得ない．

S_5 は位数 30 の部分群も位数 40 の部分群も含まない．しかしこれは，問とする．

───〈ちょっと考えよう●問 4.16〉───

S_5 は位数 30 の部分群も，位数 40 の部分群も含まないことを示せ．

［略解］ H を位数 40 の部分群とし，P を H のシロー 5 部分群とする．H に含まれるシロー 5 部分群の個数を n_5' とすればシローの定理により $n_5' = 1$ という可能性しかないことがわかる．すると $N_H(P) = H$ となり，$|N_H(P)| = 40$ となる．しかし，シローの定理の再確認のすぐ後で $|N_{S_5}(P)| = 20$ がすでに証明されているので，矛盾となっている．これで $|H| = 40$ の場合が決着した．さて，$|H| = 30$ としよう．n_5' を H に含まれるシロー 5 部分群の個数とすれば，$n_5' = 1, 6$ という 2 つの可能性がある．

$n_5' = 1$ であれば $|H| = 40$ のときと同じようにして矛盾が出る．$n_5' = 6$ と仮定しよう．すると H はシロー 5 部分群をちょうど 6 個含んでいることになるから，全部で $4 \times 6 = 24$ 個の位数 5 の元を含んでいる．すると残りは $30 - 24 = 6$ 個の元があるが，単位元，位数 2 の元が少なくとも 1 つ，位数 3 の元が少なくとも 2 つある．位数がわかっていない元は 2 つだけである．ここでシロー 5 部分群を離れ，H のシロー 3 部分群 Q を考察しよう．n_3' を H に含まれるシロー 3 部分群の個数とすれば $n_3' \equiv 1 \pmod{3}$ により $n_3' = 1$ でなければ $n_3' \geq 4$ であり，後者の場合は位数 3 の元が $2 \times 4 = 8$ 個以上含まれることになる．これは不可能だから $n_3' = 1$ が示せたことになる．すると Q は H の正規部分群となる．

ここで P を H のシロー 5 部分群として，問 4.8 の前半部分を用いれば PQ が H の部分群となり，さらに問 4.13 より，$|PQ| = 15$ である．位数 15 の群はつねに巡回群であるから，$N_H(P) \supset PQ$ となり，$n_5' \leq 2$ となる．これは $n_5' = 6$ という仮定に矛盾する．これでやっと S_5 に位数 30 の部分群が存在しないことが証明できた．シローの定理の強力なことは明らかだが，それだけでは満足できないものを感じたことであろう．他に近道もある．

たとえば，$[S_5 : H] = 4$ により，S_5 から 4 次の対称群 S_4 への準同型写像が作れ，それから矛盾を導きだす方がより一般的な方法を与える．しかしここではシローの定理に頼り切ることにしたのである．

5 次の対称群に執着したのは，この群の構造が，方程式のベキ根による解の存在に大きく関わっているからである．5 次以上の対称群は，4 次以下の対称群にはない性質をもちはじめる．その性質が一般 n 次方程式がベキ根では解けない理由となっているのである．

4.4 対称群の共役類

前節までで共役という概念の重要さが理解できたであろう．共役はシンメトリーを与えるから重要なのである．たとえば，群 G から 2 つの元 a, b を選んだとしよう．共役 bab^{-1} の位数は a の位数に等しい．これは共役がシンメトリーであるから当然である．しかし，a と b で生成された部分群 $\langle a, b \rangle$

の構造，その位数などは通常はまったくわからない．群論的な手法が使えないのである．それに比べて共役はシンメトリーであるので，はじめに与えられた群や元は見かけだけしか変わらない．群論は共役という概念を有効に使用するようになってからシローの定理などが生まれ発展を遂げるのである．このように，共役は重要な概念なので，ここで対称群の共役類をすべて決めておこう．一般に群 G とその元 x に対して $C_G(x) = \{g \in G \mid gx = xg\}$ とおき，$C_G(x)$ を x の中心化群と呼んだ．

$$gxg^{-1} = g'xg'^{-1} \iff gC_G(x) = g'C_G(x)$$

であるから，x を代表元とする G の共役類 C_x はちょうど $[G : C_G(x)]$ 個の元を含む．

対称群 $G = S_n$ に戻り，まず，互換を1つとり，$a = (1\ 2)$ とおく．a は $1, 2$ 以外の文字は全部固定する．$g \in G$ が a と可換であれば

$$3^{ga} = 3^{ag} = 3^g$$

であるから，$3^g \in \{3, 4, \cdots, n\}$ である．同様に，3 でなくても，$i \neq 1, 2$ であれば，$i^g \in \{3, 4, \cdots, n\}$ となる．ゆえに

$$g \in S_{n-2} \cup (1\ 2)S_{n-2} = \langle (1\ 2) \rangle \times S_{n-2} \cong C_2 \times S_{n-2}$$

となる．ただし，S_{n-2} は $n-2$ 個の文字 $\{3, 4, \cdots, n\}$ の上の対称群を S_n の部分群とみなしているとする．g がその意味で $\langle (1\ 2) \rangle \times S_{n-2}$ に属しているときにかぎって，$a = (1\ 2)$ と可換である．ゆえに

$$|C_G(a)| = 2(n-2)!$$

となる．これより $a = (1\ 2)$ が属している共役類の元の個数は

$$|C_{(1\ 2)}| = \frac{|G|}{|C_G(a)|} = \frac{n!}{2(n-2)!} = \frac{n(n-1)}{2}$$

となる．

n 次の対称群 S_n に含まれる異なった互換 $(i\ j)$ の数は n 個の文字 $\{1, 2, \cdots, n\}$ の中から2個とりだす組合せの数であるから，ちょうど $\dfrac{n(n-1)}{2}$ 個あり，この数は $|C_{(1\ 2)}|$ と同じである．これは，すべての互換は S_n の中で共役であるということを意味する．実は，このことは，もっと一般的にわかることなのである．

定理 n 次の対称群の元 σ, τ をそれぞれ共通部分のない巡回置換の積に

表示したとき，それらが同じタイプ(型)のときは σ と τ は共役である．また σ と τ が共役なのは，そのときにかぎる．

たとえば，$\sigma = (1\ 2\ 3\ 4)(7\ 8)$ と $\tau = (4\ 3\ 5\ 6)(1\ 2)$ は同じタイプをもち，S_8 の中で共役である．$\rho = (1\ 2\ 3\ 4)(4\ 5)$ と σ, τ は同じタイプとはいえない．ρ が互いに共通部分のない巡回置換の積として表示されていないからである．$\rho = (1\ 2\ 3\ 5\ 4)$ となることも確かめられ，明らかに同じタイプではない．

σ から τ への共役を実際に行う元 ϕ は上の文字が下の文字に移るとして，
$$\phi = \begin{pmatrix} 1 & 2 & 3 & 4 & 5 & 6 \\ 4 & 3 & 5 & 6 & 1 & 2 \end{pmatrix}$$
で定義される置換をとればよい．実際
$$\phi^{-1}\sigma\phi$$
の作用を計算してみると，$4 \to 1 \to 2 \to 3$ だから，4 は 3 に移る．同じようにして
$$\phi^{-1}\sigma\phi = \begin{pmatrix} 4 & 3 & 5 & 6 & 1 & 2 & 7 & 8 \\ 3 & 5 & 6 & 4 & 2 & 1 & 7 & 8 \end{pmatrix}$$
であることがわかり，$\phi^{-1}\sigma\phi = \tau$ が検証される．共役シンメトリーは，置換のタイプを変えないのである．特にすべての互換は共役である．ここで注意するが，今まで共役シンメトリーは $\iota_g(a) = gag^{-1}$ と定義してきた．しかし，置換は z^σ のように作用するので，共役は $\iota_{\phi^{-1}}(\sigma) = \phi^{-1}\sigma\phi = \tau$ のようにとる必要がある．右からの作用 z^σ と左からの作用 $\sigma(z)$ の差異はこのようなところに現れる．

上の定理の完全な証明は問とする．

――〈ちょっと考えよう◉問 4.17〉――
上の定理を証明せよ．

S_n の共役類は元の互いに共通部分のない巡回置換の積への表示にのみ依

存するから，n を
$$n = n_1 + n_2 + \cdots + n_r, \quad n \geq n_1 \geq n_2 \geq \cdots \geq n_r \geq 1$$
と表示する方法の個数が S_n の共役類の数に等しいことになる．このように n を表示することを n を**分割する**といい，その表示方法の個数を**分割数**といい，$p(n)$ で表わす．

$p(n)$ を計算してみよう．
$$5 = 5, \quad 5 = 4+1, \quad 5 = 3+2, \quad 5 = 3+1+1,$$
$$5 = 2+2+1, \quad 5 = 2+1+1+1,$$
$$5 = 1+1+1+1+1$$
が異なる表示方法のすべてだから，$p(5) = 7$ であり，5 次の対称群 S_5 は 7 個の共役類をもつことになる．上にあげた $n = 5$ の分割に従って，S_5 の共役類の代表元を並べれば

(i)　(1 2 3 4 5)，(ii)　(1 2 3 4)(5)，(iii)　(1 2 3)(4 5)，

(iv)　(1 2 3)(4)(5)，(v)　(1 2)(3 4)(5)，(vi)　(1 2)(3)(4)(5)，

(vii)　(1)(2)(3)(4)(5)

となる．1 項からなる巡回置換は通常無視するが，上にあげた代表元の表示ではそれも書いた．(vii) が S_5 の単位元にあたる．

分割数は古くから研究されていて，次の漸化式もよく知られている．
$$p(n) - p(n-1) - p(n-2) + p(n-5) + p(n-7) - \cdots$$
$$+ (-1)^k p\left(n - \frac{1}{2}k(3k-1)\right) + (-1)^k p\left(n - \frac{1}{2}k(3k+1)\right) + \cdots = 0$$
ただし，$k = 1, 2, 3, \cdots$ で，$p(0) = 1$，n が負のときは $p(n) = 0$ と定める．$p(10) = 42$，$p(100) = 190{,}569{,}292$ のように $p(n)$ は n に関して急速に増える．

このように，対称群 S_n の共役類の記述は簡明である．交代群 A_n の共役類は次のようにして決められる．
$$n = n_1 + \cdots + n_r$$
が n の分割で，$n_1 > n_2 > \cdots > n_r \geq 1$，$n_i$ はすべて奇数，という特別な形をしているものの個数を $q(n)$ とおく．たとえば，$n = 10$ とすると，$n = 9+1$，$n = 7+3$ だけが条件を満たす．ゆえに $q(10) = 2$ である．

> **研究課題 4.2**
>
> A_n の元が上に述べた特別なタイプでなければ，1つのタイプの元全体が共役類である．特別なタイプであれば，同じ個数をもつ2個の共役類にわかれる．n 次の交代群の共役類の個数は
> $$\frac{p(n)+3q(n)}{2}$$
> である．

たとえば，$n=10$ とすると $p(10)=42$, $q(10)=2$ であったから，A_{10} の共役類の個数は
$$\frac{42+3\cdot 2}{2}=24$$
である．

4.5　ガロア理論——第2部——

3章3.3節でガロア理論のあらすじを述べたが，そこでは群論の基礎を学んでいなかったので，方程式論におけるガロアの主定理を述べることができなかった．準備が整ったので，方程式のベキ根による解法と群論との関係をこれから記述する．まず定理を述べれば次のようになる．

定理(ガロアの主定理)　K を体として，$f(x)$ を多項式環 $K[x]$ の元とする．L を $f(x)$ の K の上の分解体とし，G を拡大 L/K のガロア群とする．方程式 $f(x)=0$ の根がすべてベキ根拡大に含まれているための必要十分条件は G が可解群になることである．

定理に根がすべてとあるが，それはすべての根がそれぞれという意味であって，あるひとつのベキ根拡大があって，それにすべての根が含まれていると主張(またはそれを条件に)しているわけではない．証明を工夫すれば，その強い意味でも定理は成立している．しかし，それは読者にまかせよう．

注意すべきところは，ベキ根拡大の合成ではなく（問 3.17 参照），それらの積み重ねで，大きいベキ根拡大を作る必要があるということである．この定理は通常，方程式 $f(x) = 0$ のベキ根による解法が存在するための必要十分条件を与える定理と呼ばれるので，ここで方程式 $f(x) = 0$ がベキ根で解けるということの意味をもう一度復習してみよう．それは簡単にいえば，根が係数体 K の元の(多重)ベキ根で表示されるということである．しかし，この定義には問題があった．まず第1に $\sqrt[5]{1}$ のような1のベキ根がそのままで表示に入ってくるのは許せないだろう．そうするとなかなか難しい問題を提起する．根の(多重)ベキ根での表示には，一見しただけではどこにも $\sqrt[5]{1}$ が入っていないがよく計算してみるとそれが入っているということも起こる．またガウスの仕事を半ば無視することになるから，$\sqrt[5]{1}$ を3角関数を用いて表示することも許さないことにした．他の問題で，$\sqrt[3]{1}$ はいけないがそれを $\dfrac{-1+\sqrt{-3}}{2}$ と表示すれば許すべきだろう．では $\sqrt[9]{1} = \sqrt[3]{\dfrac{-1+\sqrt{-3}}{2}}$ は許されるか．

　本書ではそのような根の(多重)ベキ根による表示に関する微妙な問題を避けて，「根がベキ根で解ける」ということを「根がベキ根拡大に含まれる」と定義した．ベキ根拡大にも3種類ほどの定義があるが，本書ではその中で一番強い定義を採用した．ガウスの定理「1のベキ根は(本書の強い意味でも)ベキ根拡大に含まれる」を用いれば，3つの定義は本質的には同じものである．しかし，具体的な数値で与えられた拡大体に対してはそれがベキ根拡大であるかないかの答は変わってくる．

　重要なことだから重ねて注意するが，ガロアの主定理は G が可解群のときには，分解体 L がベキ根拡大であると主張してはいない．あくまで L がベキ根拡大に含まれるということしかいっていない．実際，L をさらに拡大しないとベキ根拡大に達しないことも起こる．その一番簡単な例が $\mathbb{Q}$ の上の $x^7 - 1$ の分解体であった(第3章問 3.16 の直後の文節参照)．

　定理では「$f(x) = 0$ の根が すべて ベキ根拡大に含まれているためには」云々と書いた．それは多項式 $f(x)$ が既約でない場合も含めたかったからである．$f(x)$ が既約ならば，L/K のシンメトリーですべての根が移りあうので，1つの根がベキ根で解ければ他のすべての根がベキ根で解けること

になる．なお，上の定理で L, K は複素数体 $\mathbb{C}$ の部分体としてある．

可解群 G は次のように定義される．
$$G = G_0 \triangleright G_1 \triangleright \cdots \triangleright G_s = \{1\}$$
という部分群の列が存在して，すべての $i = 1, 2, \cdots, s$ について，剰余群 G_{i-1}/G_i がアーベル群になっているとき，群 G を**可解群**という．

可解群の条件の1つは，$G_{i-1} \triangleright G_i$ であるが，$G \triangleright G_i$ とは仮定していない．実は，可解群ではすべての $i = 1, 2, \cdots, s$ について $G \triangleright G_i$ が満たされ，剰余群 G_{i-1}/G_i がアーベル群になっている正規部分群の列もとれる．$G \triangleright G_i$ がすべての i に対して成立しているということは強い条件であるが，はじめに与えた可解条件と同値になる．可解群は正規部分群を豊富にもっているのである．

自分自身か単位群しか正規部分群をもっていない群を**単純群**というが，可解群は，単純群とは正反対の群であるともいえる．各々の剰余群 G_{i-1}/G_i がアーベル群であるから，可解群はアーベル群の「積み重ね」で構成されている．ガウスは1の n 乗根がベキ根を用いて表示できることを証明したが，対応するガロア群はアーベル群である．また，アーベルはガウスの手法を見て，ガロア群が可換群のときには，方程式がベキ根を用いて解けることを証明し，ガウスの結果を拡張した．可換群をアーベル群と呼んだのはジョルダンが最初である．

■ ガロア群とベキ根による方程式の解法との関係

ガロアはそれらの結果を究極的なものにし，「方程式の群(ガロア群)が可解のとき，そしてそのときに限って方程式はベキ根で解ける」ということを証明したのである．これがガロアの主定理である．可解群という名称は「方程式が解ける」ということから生じて，群そのものの定義にもなった．

〈ちょっと考えよう●問 4.18〉

(1) 可解群の部分群，剰余群はすべて可解である．

(2) N が群 G の正規部分群のとき，もし N と G/N がともに可解ならば G も可解である．

[ヒント] (1) H を G の部分群として列

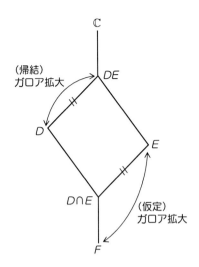

図 **4.2** ガロア拡大の推進定理

$$H \supset H \cap G_1 \supset H \cap G_2 \supset \cdots \supset H \cap G_s = \{1\}$$

を，また N を G の正規部分群として列

$$G = GN \supset G_1 N \supset G_2 N \supset \cdots \supset G_s N = N$$

を考えてみよ．3つの同型定理が使えるようになるよい機会である．
(2) これは容易なはずである．

[ガロアの主定理の証明]　まず，拡大 L/K のガロア群 G が可解群と仮定する．目的は与えられた方程式 $f(x) = 0$ の根がベキ根拡大に含まれていることを示すことである．すなわち $f(x)$ の分解体 L がベキ根拡大に含まれることを示したい．1 のベキ根を必要なだけ十分に添加することが大切である．

$K_\zeta = K(\zeta)$ とおく．ここで ζ は 1 の原始 n 乗根で，n は十分に大きい自然数である．体 $L_\zeta = L(\zeta) = LK_\zeta$ は多項式 $(x^n - 1)f(x)$ の K 上の分解体であるから，L_ζ/K はガロア拡大である．また，L_ζ も K_ζ 上の $f(x)$ の分解体であるから，L_ζ/K_ζ はガロア拡大である．

ここで次の補題が必要になる．

補題（ガロア拡大の推進定理） D/F, E/F は有限次拡大で，さらに E/F はガロア拡大とする．このとき DE/D はガロア拡大で，$\mathrm{Gal}(DE/D) \cong \mathrm{Gal}(E/D \cap E)$ である．

[補題の証明] E を $e(x) \in F[x]$ の F の上の分解体とすると，合成体 DE は $e(x)$ の D の上の分解体である．ゆえに，DE/D はガロア拡大である．$E = F(\gamma)$ となるように $\gamma \in \mathbb{C}$ をとれば $DE = D(\gamma)$ である．$g_F(x), g_D(x)$ をそれぞれ γ を根とし，F, D を係数とする既約多項式とすると，$F \subset D$ であるから，$g_D(x)$ は $g_F(x)$ を割り切る．拡大次数 $[E:F], [DE:D]$ がそれぞれ $\deg g_F(x), \deg g_D(x)$ に等しいことは第3章ですでに学んだ．また，ガロア拡大の拡大次数はガロア群の位数に等しいから，$|\mathrm{Gal}(E/F)| = \deg g_F(x)$, $|\mathrm{Gal}(DE/D)| = \deg g_D(x)$ である．

次に，
$$g_D(x) = (x-\gamma_1)(x-\gamma_2)\cdots(x-\gamma_t)$$
と1次式の積に分解してみる．ここで $\gamma_1 = \gamma$, $t = \deg g_D(x)$ である．一方，
$$g_D(x) = x^t + a_1 x^{t-1} + \cdots + a_t, \quad a_1, a_2, \cdots, a_t \in D$$
である．E/F はガロア拡大であるから，$g_F(x) = 0$ の根はすべて E の中に含まれる．特に，$\gamma_1, \gamma_2, \cdots, \gamma_t$ はすべて E の元である．

$g_D(x)$ の係数の $a_1, a_2, \cdots, a_t$ は $\gamma_1, \gamma_2, \cdots, \gamma_t$ の多項式（対称式でもある）なので，$a_1, a_2, \cdots, a_t$ はすべて $D \cap E$ の元であることがわかった．$g_D(x)$ は $D[x]$ の元として既約であるから，$g_D(x)$ は当然 $(D \cap E)[x]$ の元としても既約である．$E = (D \cap E)(\gamma)$ であるから，拡大次数の等式 $[E:D\cap E] = [DE:D]$ が証明できた．

ガロア群 $\mathrm{Gal}(DE/D)$ の元は D の元をすべて固定し，γ を $g_D(x) = 0$ の根に移す．すなわち，$g_F(x) = 0$ の根に移す．したがって，拡大 E/F のシンメトリーでもあり，$D \cap E$ の元をすべて固定する．ゆえに $\mathrm{Gal}(DE/D)$ は $\mathrm{Gal}(E/D \cap E)$ のある部分群に同型である．

ガロア群 $\mathrm{Gal}(DE/D)$ の元がすべて，自然に $\mathrm{Gal}(E/D \cap E)$ の元となり，$[E:D\cap E] = [DE:D]$ であるから，$\mathrm{Gal}(DE/D) \cong \mathrm{Gal}(E/D \cap E)$ も証明できたことになる．これで補題の証明は完成する．

この補題を $F = K$, $E = L$, $D = K_\zeta$ として適用すれば, $LK_\zeta = L_\zeta$ だから
$$\mathrm{Gal}(L_\zeta/K_\zeta) \cong \mathrm{Gal}(L/L \cap K_\zeta)$$
が得られる.

問 4.18 によって, 可解群の部分群はまた可解であるから, $\mathrm{Gal}(L/L \cap K_\zeta)$ は可解である. したがって, $\mathrm{Gal}(L_\zeta/K_\zeta)$ は可解である. まとめると,
$$K \subset K_\zeta \subset L_\zeta$$
という体の列で $L_\zeta/K_\zeta, K_\zeta/K$ のガロア群がともに可解になるものが得られた. K_ζ は K の上の $x^n - 1$ の分解体であるから, K_ζ/K がガロア拡大であることは明白であるが, そのガロア群はアーベル群である. これは, 後で問 4.21 として述べる.

L_ζ/K_ζ と K_ζ/K がともにベキ根拡大であれば, L_ζ/K もベキ根拡大となり, $L \subset L_\zeta$ だから, ガロアの主定理の半分が証明できたことになる. しかし, L_ζ/K_ζ がベキ根拡大であることは証明できるが, K_ζ/K は必ずしもベキ根拡大とはいえない. K_ζ をさらに拡大する必要が生ずるのである. しかし, その問題は後まわしにして, まずより簡単な L_ζ/K_ζ を扱おう. ζ は 1 の原始 n 乗根であり n は任意であったから, K_ζ は必要な 1 のベキ根をすべて含んでいると仮定してよい.

$H = \mathrm{Gal}(L_\zeta/K_\zeta)$ とおくと, H は可解であるから
$$H = H_0 \triangleright H_1 \triangleright \cdots \triangleright H_s = \{1\}$$
という部分群の列が存在して, 剰余群 H_{i-1}/H_i がすべての $i = 1, 2, \cdots, s$ について巡回群となっている. ここでは次の問を用いた.

───〈ちょっと考えよう●問 4.19〉───
A をアーベル群とするとき,
$$A = A_0 \triangleright A_1 \triangleright \cdots \triangleright A_s = \{1\}$$
という正規部分群の列が存在して, 剰余群 A_{i-1}/A_i がすべての $i = 1, 2, \cdots, s$ について巡回群になっているものが存在することを示せ.

A がアーベル群なら, すべての部分群は正規部分群であるから, 上の問で「正規」という条件は不必要である. 上の部分群列では, 剰余群 A_{i-1}/A_i が

すべての $i=1,2,\cdots,s$ について素数位数の巡回群とすることもできる．ガロアは，常にそうしたようである．

拡大 L_ζ/K_ζ にガロア対応を適用すると
$$K_\zeta = K_0 \subset K_1 \subset \cdots \subset K_s = L_\zeta$$
という中間体の列が存在して，$\mathrm{Gal}(K_i/K_{i-1})$ がすべての $i=1,2,\cdots,s$ について巡回群となっている．

L_ζ/K_ζ がベキ根拡大になっていることをいいたいのだが，それは s に関する帰納法で証明できるから，はじめから $s=1$ と仮定する．すなわち，拡大 L_ζ/K_ζ のガロア群 H が巡回群の場合を証明する．いいかえれば，巡回拡大がベキ根拡大であることを示せばよいのである．

ラグランジュのレゾルベントと呼ばれるものを用いる．$H=\langle\sigma\rangle\cong C_k$ とおけば，$[L_\zeta:K_\zeta]=k$ である．まず $L_\zeta=K_\zeta(\beta)$ と書き，$\eta=e^{2\pi\sqrt{-1}/k}$ とおく．η は原始 k 乗根であり，$\eta\in K_\zeta$ としてよい．$\beta'\in L_\zeta$ として
$$\alpha = \alpha(\beta') = \beta' + \eta\beta'^\sigma + \eta^2\beta'^{\sigma^2} + \cdots + \eta^{k-1}\beta'^{\sigma^{k-1}} \in L_\zeta$$
と α を定義する．$\sigma^k=1$ を用いると，
$$\begin{aligned}\alpha^\sigma &= \beta'^\sigma + \eta\beta'^{\sigma^2} + \eta^2\beta'^{\sigma^3} + \cdots + \eta^{k-1}\beta' \\ &= \eta^{-1}(\beta' + \eta\beta'^\sigma + \eta^2\beta'^{\sigma^2} + \cdots + \eta^{k-1}\beta'^{\sigma^{k-1}}) = \eta^{-1}\alpha\end{aligned}$$
を得る．α にガロア群の生成元の σ を次々と作用させると
$$\alpha,\ \alpha^\sigma = \eta^{-1}\alpha,\ \alpha^{\sigma^2} = \eta^{-2}\alpha,\ \cdots,\ \alpha^{\sigma^{k-1}} = \eta^{-k+1}\alpha$$
が得られる．

───〈ちょっと考えよう●問 4.20〉───
β の適当なベキ $\beta' = \beta^i, 0\le i\le k-1$ が存在して，$\alpha=\alpha(\beta')\ne 0$ であることを示せ．

[ヒント] $\beta^i, 0\le i\le k-1$ に対して定義される α がすべて 0 として矛盾を導け．ヴァンデルモンド (Vandermonde) の行列式を用いる．

上の問により，$\alpha\ne 0$ となるように $\beta'=\beta^i$ を選べば，$\alpha,\alpha^\sigma,\cdots,\alpha^{\sigma^{k-1}}$ の k 個の数はすべて異なる．いいかえれば，α はガロア群 H の作用で k 個の異なる元に移る．これは α が K_ζ 上の k 次の既約多項式を満たすということである．したがって，$L_\zeta=K_\zeta(\alpha)$ が得られる．$(\alpha^k)^\sigma = \eta^{-k}\alpha^k = \alpha^k$

であるから α^k は H のすべての元で固定され，$\alpha^k \in K_\zeta$ となる．ここで $a = \alpha^k$ とおけば α は K_ζ を係数体にもつ既約多項式 $x^k - a$ の根であり，$L_\zeta = K_\zeta(\sqrt[k]{a})$ と書くことができる．a の k 乗根は唯一には定まらないが，$\eta \in K_\zeta$ であるから，拡大体 $K_\zeta(\sqrt[k]{a})$ は唯一に定まる．

問 2.16 で述べたことをくり返すことになるが上の結果を k が素数 p のときに用いれば，L_ζ が K_ζ の 2 章 2.4 節の意味での高さ 1 のベキ根拡大になっている．1 の k 乗根が基礎体 K_ζ に含まれているから $a^k = b^k, b \in K_\zeta$ となることはない．また，k が素数でなくても，K_ζ が 1 の k 乗根を含んでいるから，k を素因数分解したときの素数の個数を h とすれば，L_ζ/K_ζ が高さ h のベキ根拡大となる．これで拡大 L_ζ/K_ζ がベキ根拡大となり，この部分はひとまず処理できた．

ラグランジュのレゾルベントを用いて証明したことは，一般的な定理なのでそれを取りだして記そう．

クンマー拡大の定理(その 1) ガロア拡大 E/F のガロア群 $\mathrm{Gal}(E/F)$ が位数 k の巡回群で F が 1 の(原始)k 乗根を含んでいるならば，$E = F(\alpha), \alpha^k \in F$ である．また，E/F はベキ根拡大である．

次に K_ζ/K の部分を考えよう．すでに述べたようにこの拡大そのものは必ずしもベキ根拡大にならない．はじめに問を出し，次に一般的な定理を証明しよう．

───〈ちょっと考えよう●問 4.21〉───
m を正整数，η を原始 m 乗根，$\mathbb{Q}_\eta = \mathbb{Q}(\eta)$, $G_\eta = \mathrm{Gal}(\mathbb{Q}_\eta/\mathbb{Q})$ とおくとき，G_η はアーベル群であることを示せ．

[ヒント] η はガロア群 G_η の作用により η のベキに移る．すなわち，$\sigma \in G_\eta$ に対して，ある整数 i があって，$\sigma(\eta) = \eta^i$ である．これが G_η のどの元にも成立する．

さて，クンマー拡大の定理(その 1)と問 4.21 の応用として「1 の n 乗根

ζ は有理数のベキ根表示をもつ」すなわち「ζ は $\mathbb{Q}$ のあるベキ根拡大に含まれる」という再三にわたって述べてきた定理を証明しよう．少し一般化した形で述べる．

定理(ガウス) F を $\mathbb{C}$ の任意の部分体とし，η を 1 のベキ根とする．このとき η を含む F のベキ根拡大 E が存在する．

[証明] η を 1 の m 乗根として m に関する帰納法を用いる．$m = 1$ のときはもちろん定理は成立している．k_1 を m より小さい自然数とする．帰納法の仮定により，F のベキ根拡大 F_1 が存在して F_1 は 1 の k_1 乗根を含む．次に k_2 を m より小さい他の自然数とすると，F_1 のベキ根拡大が存在して F_2 は 1 の k_2 乗根を含む．ベキ根拡大の列はベキ根拡大を与えるから F_2 は F のベキ根拡大となる．基礎体 F の任意性を用いてこの過程をくり返せば，m より小さいすべての自然数 k に対して 1 の k 乗根を含むような F のベキ根拡大 F' が存在すると仮定してよい．また m が素数のベキでなければ $m = st$ と互いに素な自然数 $s, t > 1$ の積に分解する．ここで，1 の原始 s 乗根と 1 の原始 t 乗根の積は 1 の原始 m 乗根であることに注意すれば，m は素数のベキ p^e であると仮定してよい．すなわち η は 1 の p^e 乗根である．ここで問を出そう．

---〈ちょっと考えよう●問 4.22〉---

$m = p^e$ の仮定のもとに，$E = F'(\eta)$ とおけば E/F' はガロア拡大で $\mathrm{Gal}(E/F')$ はアーベル群であり，$|\mathrm{Gal}(E/F')|$ は $p^{e-1}(p-1)$ の約数である．

[ヒント] E/F' がガロア拡大であることは容易である．ガロア拡大の推進定理と問 4.21 を用いれば，E/F' のガロア群がアーベル群であることがわかる．$m = p^e$ の場合の $\mathbb{Q}(\eta)/\mathbb{Q}$ のガロア群の位数は環 $\mathbb{Z}_m = \mathbb{Z}/m\mathbb{Z}$ の元で p と素な自然数で代表されるものの個数に等しい．それはちょうど $p^{e-1}(p-1) = p^e - p^{e-1}$ である．ふたたびガロア拡大の推進定理をよく見れば E/F' のガロア群の位数が $p^{e-1}(p-1)$ の約数であることがわかる．

ガウスの定理の証明に戻ろう．E/F' のガロア群はアーベル群であり，また仮定により，F' は1の $p^{e-1}(p-1)$ 乗根を含む．ガロア群が可解群であった拡大 L_ζ/K_ζ の場合の議論と同様にして，E/F' がベキ根拡大であることが証明される．F'/F もベキ根拡大であったから E/F はベキ根拡大である．これで有名なガウスの定理が証明された．

「1の n 乗根はベキ根を用いて表示することができる」というガウスの定理はこれまで何回となく述べながらここまでその証明を延ばしてきたのはガロア理論を使いたかったからであるが，そればかりでなく「ベキ根を用いて表示できる」という命題そのものにやや曖昧な点があったからである．歴史家によればガウスの証明は必ずしも完璧ではなかったようだ．しかし，彼を弁護するために一言加えると，ガウスの証明方法を用いれば，1の n 乗根のベキ根による表示を実際に書き上げることもできる．しかし，ここで用いた方法は実際の表示に対しては無力に近い．

さて再びガロアの主定理の証明に戻ろう．すなわち，拡大 K_ζ/K の性質を考えることである．この拡大自身は必ずしもベキ根拡大ではないが，ガウスの定理によって K_ζ を含む体 E で E/K がベキ根拡大になっているものが存在するということはわかった．しかし，E を用いると，拡大 L_ζ/K_ζ も修正しなくてはならない．そこで $M = EL_\zeta$ とおこう．

L_ζ/K_ζ はガロア拡大であるから推進定理により M/E もガロア拡大である．L_ζ/K_ζ のガロア群が可解であるから，M/E のガロア群も可解である．体 E は1のベキ根を十分に多く含んでいると仮定してよいから，ふたたび L_ζ/K_ζ での議論(ラグランジュのレゾルベントをくり返し用いる)によって M/E がベキ根拡大となる．E/K のベキ根拡大性と合わせて M/K がベキ根拡大となった．$L \subset M$ であったから，これでやっとガロアの主定理の半分が証明できたことになる．すなわち，ガロア群が可解ならば方程式の根はベキ根拡大に含まれるのである．古典的な言い方をすれば「方程式の群が可解ならば根号による解法が存在する」ということになる．

次にガロアの主定理の逆を証明しよう．方程式 $f(x) = 0$ の(すべての)根が係数体 K のあるベキ根拡大に含まれているとすれば，$f(x)$ の K の上の分解体を L とおくとき，ガロア拡大 L/K のガロア群は可解であるという

主張である．まず $f(x)$ は既約としてよいことを問としよう．

〈ちょっと考えよう●問 4.23〉

次のことを示せ．
(1) E/K, F/K をガロア拡大とすると，その合成（拡大）EF/K もガロア拡大である．
(2) （ガロアの主定理において）$f(x)$ は既約として一般性を失わない．

[ヒント] (1)は容易．次に $f(x)$ を既約多項式の積に分解し，各既約成分に対する分解体を考えよ．(1)により，ガロア拡大の合成はガロア拡大である．そのガロア群はどうなるか．

既約方程式 $f(x) = 0$ の根の 1 つを α とする．仮定により α を含む K のベキ根拡大 E が存在する．すなわち，
$$K = K_0 \subset K_1 \subset K_2 \subset \cdots \subset K_s = E$$
という部分体の列があって，すべての $i = 1, 2, 3, \cdots, s$ について，K_i/K_{i-1} は素数 p_i に関する高さ 1 のベキ根拡大となっている．すなわち，$K_i = K_{i-1}(u_i)$, $u_i{}^{p_i} \in K_{i-1}$ を満たす K_i の元 u_i が存在して $u_i{}^{p_i}$ は K_{i-1} の元の p_i 乗になっていない．拡大 K_i/K_{i-1} は必ずしもガロア拡大ではないことに注意しよう．

このままではベキ根拡大 E と $f(x)$ の分解体 L の関係はわからない．目標とすることは E を含むような体 M が存在して M/K が可解なガロア群をもつガロア拡大となっているということである．それを示すことができれば M は当然 α を含むので，ガロア拡大の一般論により M は $f(x) = 0$ のすべての根を含むことになる．よって $L \subset M$ となる．ゆえに，L/K のガロア群は可解群の剰余群として可解となる．ただしここでは，ガロア対応の正規部分群に対応するものが基礎体 K のガロア拡大であるということを用いている．それは研究課題として第 3 章の終りに提出したのであるが，ガロアの主定理の証明が終わったあとで問 4.25 として提出しその略解を述べることにする．

ベキ根拡大 E/K の高さ s に関する帰納法で，求めるガロア拡大 M の存在を示そう．帰納法の仮定により，$M' \supset K_{s-1}$ を満たすガロア拡大 M'/K

が存在してそのガロア群は可解である．η を 1 の原始 p_s 乗根としてそれを係数体 K に添加しよう．すなわち $K_\eta = K(\eta)$ を考える．K_η/K はガロア拡大であるから，合成 $M'K_\eta/K$ はガロア拡大である．問 4.18 とガロア拡大の推進定理によって $M'K_\eta/K$ のガロア群は可解となる．$M'' = M'K_\eta$ とおいて $M''' = M''(u_s)$ を考えよう．M''' はその構成法により K_{s-1} と u_s を含む．すなわち E を含む．$M' \subset M'' = M'_\eta = M'(\eta) \subset M''' = M''(u_s)$ と考えている体がだんだんと大きくなるがこれで目標に近づいているのである．

$u_s{}^{p_s} \in K_{s-1} \subset M''$ であり，1 の原始 p_s 乗根が M'' の中に入っているか $M''' = M''$ であるか，または M'''/M'' は高さ 1 のベキ根拡大である．ここでクンマー拡大に関する定理をもう 1 つ証明しよう．

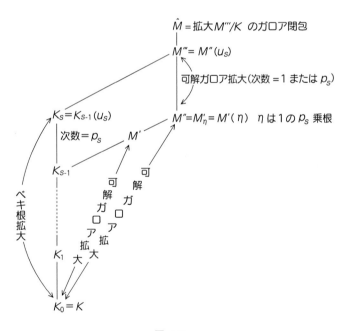

図 **4.3**

クンマー拡大の定理(その 2)　F を $\mathbb{C}$ の部分体とし 1 の原始 n 乗根を含んでいると仮定する．$a \neq 0$ で，α を多項式 $x^n - a \in F[x]$ の根とし α を F に添加した体を $E = F(\alpha)$ とおく．このとき E は $x^n - a$ の(K の上の)分

解体である．特に E/F はガロア拡大である．さらに E/F のガロア群は位数 m の巡回群となる．ここで，$\alpha^m \in F$ を満たすような最小の自然数が m であり，m は n を割り切る．$n = dm$ とし，ρ を E/F のガロア群の生成元とすると $\rho(\alpha) = \eta^d \alpha$ である．ここで η は 1 のある原始 n 乗根である．

[証明]　まず $f(x) = x^n - a \in F[x]$ は既約とは限らないことに注意しよう．しかし，$E = F(\alpha)$ はその根 $\{\alpha\eta^i \mid i = 0, 1, \cdots, n-1\}$ を全部含んでいる．ゆえに E は $f(x)$ の分解体であり，E/F はガロア拡大である．そのガロア群を G とおく．$\rho \in G$ ならば，$\rho(\alpha) = \eta_\rho \alpha$ と書くことができる．ここで $\eta_\rho{}^n = 1$ である．G から $\mathbb{C}$ への写像 $\rho \to \eta_\rho$ は準同型写像であって $\eta_\rho = 1$ ならば $\rho = 1$ であるから第 1 同型定理により G は位数 n の巡回群 $\langle \eta \rangle$ の部分群に同型である．よって，G は位数 m の巡回群で m は n を割り切る．m が定理で述べたような数であることの証明は問としよう．

―〈ちょっと考えよう●問 4.24〉――
$\alpha^m \in F$ を満たすような最小の自然数が m であることを示せ．

[ヒント]　定理の証明では $m = |G| = [E : F]$ と定義した．$G = \langle \rho \rangle$ とせよ．$\rho^m = 1$ を用いて $\alpha^m \in F$ を示せ．次に $\alpha^{m'} \in F$ として m が m' を割り切ることを証明せよ．

クンマー拡大の定理(その 1)と(その 2)を合わせてクンマー拡大の(基本)定理と通常呼んでいる．基礎体の中の 1 のベキ根の存在がいかに強力かをよく味わってほしい．(その 1)ではガロア群が巡回群であればそれはベキ根拡大しかないことを主張し，また(その 2)ではベキ根拡大は必然的に巡回群をガロア群にもつガロア拡大になってしまうことを主張している．まずクンマー拡大の定理を述べてからガロアの主定理の証明を述べると論理的にはすっきりとする．「群の発見」という題の本書ではやや回り道をしている．クンマー拡大の定理も必要だから発見したいのである．

もう一度ガロアの主定理の後半部分に戻ろう．$M''' = M''$ でなければ M'''/M'' は素数 p_s に関する高さ 1 のベキ根拡大であった．クンマー拡大の定理(その 2)により，M'''/M'' はガロア拡大となる．M'''/K もガロア

拡大であればこれで証明が終わるがそうとはかぎらない．

補題 次のことが成り立つ．
(1) E/F を(有限次)拡大とする．このとき(有限次)ガロア拡大 $\hat{E}/F$ で E を含む任意のガロア拡大を E' とするとき $\hat{E} \subset E'$ を満たすものが存在する．すなわち $\hat{E}$ は E を含む F の最小なガロア拡大である．$\hat{E}/F$ を E/F の**ガロア閉包**と呼ぶ．$\hat{E}$ を，E の F の上のガロア閉包ということもある．
(2) E/F と D/E をガロア拡大でそのガロア群がどちらも可解であるとする．このとき，拡大 D/F のガロア閉包 $\hat{D}/F$ のガロア群は可解である．

[証明] (1) E/F は単純拡大であるから $E = F(\alpha)$ を満たす元が存在する．$f(x) \in F[x]$ を α を根とする既約多項式として $f(x)$ の分解体を考えよ．$\hat{E}$ が最小であることは容易である．

(2) この部分はやや難しい．体の列 $F \subset E \subset D \subset \hat{D}$ をよく見て，いくつもある拡大の中でどれがガロア拡大かを確認せよ．G を $\hat{D}/F$ のガロア群とし，N, H を部分体 E, D にそれぞれガロア対応で定まる G の部分群とせよ．N は G の正規部分群であり，H も N の正規部分群であること，また剰余群 $G/N, N/H$ はどちらも可解群であることを確認せよ．H も可解群であれば証明は終わるが，これは容易ではない．H 自身が可解であることは直接には示すことはできなくて，N が可解なことを証明する．もちろんこれで目標は達成できている．

H の共役全体の集合を $\mathcal{H} = \{gHg^{-1} \mid g \in G\} = \{H_1 = H, H_2, \cdots, H_r\}$ とおき，$U = H_1 \cap H_2 \cap \cdots \cap H_r$ とおく．U は H の共役全部の共通部分なのである．U が G の正規部分群であることを確認せよ．すると対応する部分体 D' は F のガロア拡大となる．$\hat{D}$ が最小であったから $D' = \hat{D}$ となる．これは $U = \{1\}$ を意味する．$G \triangleright N, N \triangleright H$ により，$N \triangleright gHg^{-1}$ が任意の $g \in G$ に対して成立する．特に剰余群 N/gHg^{-1} が考えられ，それは可解群である．一般に，A が群で，B と C がその正規部分群であり，剰余群 $A/B, A/C$ がともに可解群であれば，$A/(B \cap C)$ も可解群である．これも(準)同型定理を用いて容易に証明できる．このことを何回も用いれば結局 N/U は可解群となるが，$U = 1$ であったから N 自身が可解群となる．

これで補題の証明が終わった．

拡大の列
$$K \subset M'' \subset M'''$$
に上の補題を応用しよう．M''/K, M'''/M'' はともに可解なガロア群をもつガロア拡大であった．それゆえ，$\hat{M}$ を M'''/K のガロア閉包とすれば，$\hat{M}/K$ のガロア群は可解であり，その構成から当然 M''' を含み M''' は E を含むので，この $\hat{M}$ が目標とする K のガロア拡大である．これでガロアの主定理の証明が完全に終わったのである．

ガロアの主定理の証明がやや整理ができていない感があったのは，ガウスの定理，クンマー拡大の定理，ガロア閉包，ガロア群が可解群である拡大の積み重ねに関する補題などを必要になるまで記述しなかったことによる．また1のベキ根表示ということを，しっかりと把握して議論を進めたかったことにも原因する．1のベキ根を添加することがしばしば必要になるが，それを添加した体そのものはベキ根拡大になるとはかぎらない．それゆえ考えている体を多少拡大しなければ議論が進行しないことがおこる．そうすると当初考えていた体まで多少拡大しなければならないことになる．

ガロアの主定理の証明を完全に読んで，問，補題などをよく理解し，その後で再び読むとさらにすっきりとするであろう．数学史上でも有数の大理論である．一朝一夕には自分のものとはなるまい．

長くかかったが，これでガロアの主定理の証明は完成した．方程式がベキ根で解けることが，そのガロア群が可解であるか否かによって判定できるわけである．20歳の若者が方程式論を見事に完成したのである．

ここでガロアの主定理の証明の途中で述べた補題の証明の中で，$\hat{D}/F$ のガロア群 G の正規部分群に対応する体を D' とすると D'/F はガロア拡大であると述べた．これは第3章の最後に述べた研究課題の一部であるが，大切なことなのでここでふたたび問として取り出し略証をつけておこう．

―――〈ちょっと考えよう●問 4.25〉―――
L/K をガロア拡大とし，そのガロア群を G とする．ガロア対応で，中間体 F に部分群 H が対応しているとする．このとき，F/K がガロア拡大であることと，部分群 H が G の正規部分群であることは同値である．

[略解] 3章3.3節の「ガロア対応」で，これは研究課題の一部としておいた．ここで略解を示そう．$F = K(\alpha)$ とする．F/K がガロア拡大であれば，F はある多項式 $p(x) \in K[x]$ の分解体である．ゆえに G の元はすべて F のシンメトリーをひき起こす．逆に G の元がすべて F のシンメトリーをひき起こすとして，$q(x) = \prod_{\sigma \in G}(x - \sigma(\alpha))$ とおくと $q(x)$ の係数のすべては G で固定されるから，$q(x) \in K[x]$ であり，これは F が $q(x)$ の分解体であることを示している．すなわち，中間体 F に対して F/K がガロア拡大であることと，G のすべての元が F の元を F の中に移すことは同じである．それはすべての $\sigma \in G$，すべての $x \in F$ とすべての $\tau \in H$ に対して，$\tau(\sigma(x)) = \sigma(x)$ と同値であり，これは $\sigma^{-1}(\tau(\sigma(x))) = x$ を意味する．まだ完全な証明にはなっていないが，後は読者にまかせよう．

ガロアの主定理の証明は終わったのであるが，次のことはいっておかねばならない．アーベルによってガロア以前に証明されていることであるが，ガロア理論を用いると，群論的に解決できる．本書でその証明を述べなかったアーベルの補題も不必要なのである．

定理 次数が 5 以上の方程式にはベキ根による一般的な解法は存在しない．

n を 5 以上の整数とするとき，次の 2 つのことを示す必要がある．
(1) n 次の対称群は可解ではない．
(2) n 次の対称群をガロア群として持つ方程式が存在する．
命題(1)は問とする．

――〈ちょっと考えよう◉問 4.26〉――
(1) 5次の交代群は単純群であることを示せ．
(2) $n \geq 5$ ならば，n 次の対称群はすべて非可解であることを示せ．

[ヒント] (1) 一般の群 G に対してその類方程式

$$|G| = \sum_{i=1}^{k} |C_{x_i}| = \sum_{i=1}^{k} \frac{|G|}{|C_G(x_i)|}$$

を本章 4.1 節で定義したが，それを5次の交代群 A_5 に応用する．4.4 節で与えた n 次の交代群 A_n の共役類の個数の公式 $a(n) = \frac{p(n) + 3q(n)}{2}$ を用いれば，$a(5) = 5$ が直ちにわかるが，実際に計算してみることも大切である．まず類方程式が $60 = 1 + 15 + 20 + 12 + 12$ であることを確かめよ．対応する共役類は，それぞれ，単位元，2つの2項巡回置換の積からなる共役類，3項巡回置換からなる共役類，5項巡回置換からなる共役類(2個ある)である．そこで $N \neq \{1\}$ を A_5 の正規部分群とする．N は単位元以外の元を含んでいるが，それを a としよう．N は正規部分群だから N の共役はすべて N に等しい．よって a の共役はすべて N に含まれていることになる．たとえば a が2つの2項巡回置換の積からなる類に属していれば，15個の元が全部含まれることになる．それに単位元と合わせて全部で16個が N に含まれる．しかし，N の位数は 60 を割り切るから $|N| \neq 16$ である．このような議論をすると結局，$N = A_5$ しか可能性がない．

(2) 可解群の部分群はすべて可解である．それと，5次の交代群は5次以上の交代群に含まれることに注意すればよい．

実は，$n \geq 5$ ならば，n 次の交代群はすべて単純群である．ジョルダンがはじめて n 次の交代群が単純群であることを言明した．

さて，多項式

$$f(x) = x^n + a_1 x^{n-1} + a_2 x^{n-2} + \cdots + a_n$$

の係数 $a_1, a_2, \cdots, a_n$ は文字(不定元)として，方程式 $f(x) = 0$ を考え，$x_1, x_2, \cdots, x_n$ をその根とする．

> **〈ちょっと考えよう●問 4.27〉**
> 係数体 $K = \mathbb{C}(a_1, a_2, \cdots, a_n)$ の上の $f(x)$ の分解体のガロア群は n 次の対称群となる．

[略解] $L = \mathbb{C}(x_1, x_2, \cdots, x_n)$ とおくと，L は $f(x)$ の K 上の分解体である．n 次方程式の分解体だから拡大次数 $[L:K]$ は高々 $n!$ である．S_n の元は拡大 L/K のシンメトリーである．$|S_n| = n!$ だから，$[L:K] = n!$，$\mathrm{Gal}(L/K) \cong S_n$ を得る．ガロア理論から S_n のすべての元で固定される L の元は K の元にかぎることも同時に示された．

上の問とその証明は「対称有理式は基本対称式の有理式として表示できる」ということも示している．対称多項式は基本対称式の多項式でもある．これは環論の話であるから，体論からはすぐには導けない．次数と変数の個数による帰納法で証明できる．研究課題にしておく．

> **研究課題 4.3**
> n 次の対称群 S_n が n 変数の多項式 $f = f(x_1, x_2, \cdots, x_n)$ の変数の上に置換群として作用するとし，f は S_n のすべての元で不変とせよ．このとき，n 変数の多項式 $g(y_1, y_2, \cdots, y_n)$ が存在して $f(x_1, x_2, \cdots, x_n) = g(e_1, e_2, \cdots, e_n)$ となる．ここで，$e_1, e_2, \cdots, e_n$ は $x_1, x_2, \cdots, x_n$ の基本対称式である．

問 4.26 と問 4.27 により，$n \geq 5$ とすれば，その分解体 L の係数体 K 上のガロア群が可解群とはならないような n 次方程式 $f(x) = 0$ が存在することになる．ガロアの主定理によって，このような方程式の根は K のベキ根拡大に含まれていない．すなわち，方程式 $f(x) = 0$ にはベキ根による解法は存在しないことになる．アーベルの定理がガロア理論によって見通しよく証明されたのである．

文字を係数とする方程式に関してガロア理論を適応しアーベルの歴史的に重要な定理の別証明を与えたが，やや無責任の感がしないでもない．数値を係数にもつ方程式を実例としてあげ，その根が係数体のベキ根拡大に

含まれていないことも合わせて示すべきであろう．しかし，実際の数値，たとえば，有理数係数の n 次方程式は，無限にある．ところが，その $\mathbb{Q}$ 上のガロア群は'ほとんどすべて' n 次の対称群になるといわれている．有理数係数の n 次方程式を浜の砂にたとえてみよう．そして，手にいっぱい砂をつかんでみよう．ところが，手につかんだ砂粒に対応する多項式のガロア群は，確率論的には，全部 n 次の対称群なのである．しかし，なかには幸運な人がいて，ガロア群が対称群になっていない多項式を手につかむかもしれない．しかし，方程式のガロア群を実際に決めるのはなかなか骨の折れる仕事である．四つ葉のクローバーを見てすぐわかるようにはいかない．

───〈ちょっと考えよう◉問 4.28〉───
$f(x) = x^p + a_1 x^{n-1} + a_2 x^{n-2} + \cdots + a_n$ を有理数係数の素数 p 次の既約多項式とする．$f(x) = 0$ がちょうど 2 個の虚根をもつならば，$f(x)$ の（$\mathbb{Q}$ 上の）分解体のガロア群は p 次の対称群である．

［略解］ L を $f(x)$ の $\mathbb{Q}$ 上の分解体とする．$L/\mathbb{Q}$ のガロア群 G は p 次の対称群 S_p の部分群である．G は根の上に可移に作用するから，G は p 項巡回置換を含んでいる．τ を $x + y\sqrt{-1}$ をその複素共役 $x - y\sqrt{-1}$ に移す写像とすると，τ は L のシンメトリーである．仮定により，$f(x) = 0$ はちょうど 2 個の虚根をもつから，τ は S_p の元としては互換である．そこで，S_p が p 項巡回置換と互換で生成されていることを示せばよい．

───〈ちょっと考えよう◉問 4.29〉───
p を素数とするとき，p 次の対称群は任意の p 項巡回置換と互換で生成される．

───〈ちょっと考えよう◉問 4.30〉───
5 次多項式 $x^5 - 3x - 1$ の $\mathbb{Q}$ の上の分解体を L とするとき，$L/\mathbb{Q}$ のガロア群は 5 次の対称群であることを示せ．

［ヒント］ まず $x^5 - 3x - 1 \in \mathbb{Q}[x]$ が既約であることを示す必要がある．

$\mathbb{Q}$ で分解すれば $\mathbb{Z}$ で分解するという定理を用いる．また，その定理を知らなくても，この場合は簡単である．その次に，$x^5 - 3x - 1 = 0$ がちょうど3個の実根をもつことを示せ．

次の定理はすでに2章2.3節で研究課題として述べたが，ここでガロア理論の応用としてその解を与えよう．

定理(不還元3次方程式)　K を実数体 $\mathbb{R}$ の部分体とし，$f(x) = x^3 + ax^2 + bx + c \in K[x]$ を既約3次多項式とする．方程式 $f(x) = 0$ の3根がすべて実数であるならば，どの根も実数体の中のベキ根拡大には含まれない．

[証明]　$\alpha_1, \alpha_2, \alpha_3$ を $f(x) = 0$ の3根とし，α_1 が実数体の中のベキ根拡大には含まれると仮定して矛盾を導こう．仮定により
$$K = K_0 \subset K_1 \subset \cdots \subset K_s (\subset \mathbb{R})$$
という高さ s のベキ根拡大が存在して，$\alpha_1 \in K_s$ である．上で与えた列はそのようなベキ根拡大の列の中で s が最小になるものとしてよい．ゆえに，$\alpha_1 \notin K_{s-1}$ である．高さ1のベキ根拡大の定義により，拡大次数 $[K_s : K_{s-1}]$ は素数だから，$K_s = K_{s-1}(\alpha_1)$ となる．

ここでもし α_2 または α_3 が K_{s-1} に含まれていれば，α_1 の代わりに α_2 または α_3 を用いてさらに小さい s が得られる．ゆえに α_2, α_3 のどちらも K_{s-1} に含まれていないと仮定してよい．それゆえ，K_{s-1} は $f(x) = 0$ のどの根も含んではいないと仮定できる．これは $f(x) = x^3 + ax^2 + bx + c \in K[x]$ が $K_{s-1}[x]$ の元としても既約であること，さらに $[K_s : K_{s-1}] = 3$ を意味する．K_s/K_{s-1} は素数3に関するベキ根拡大であるから，$u_s \in K_s$ が存在して $u_s^3 \in K_{s-1}$ で u_s^3 は K_{s-1} の元の3乗ではない．$d = u_s^3$ とおき，$g(x) = x^3 - d \in K_{s-1}[x]$ とおく．u_s が $g(x) = 0$ の1つの根である．$K_s = K_{s-1}(u_s) = K_{s-1}(\alpha_1)$ に注意しよう．

さて，K_{s-1} を $f(x), g(x)$ の係数体としてそれより小さい体のことは忘れてしまおう．$g(x)$ の K_{s-1} の上の分解体を M とする．$K_s \subset M$ は明らかである．M/K_{s-1} はガロア拡大で $f(x) = 0$ の1つの根を含むから，一

般論によって M は $\alpha_1, \alpha_2, \alpha_3$ を全部含む．すなわち，M は $f(x)$ の K_{s-1} の上の分解体を含む．M' を $f(x)$ の K_{s-1} の上の分解体として同じ議論をくり返すと，M' は $g(x)$ の分解体を含むことになる．すなわち $M = M'$ で M は $f(x)$ の分解体でもあり，同時に $g(x)$ の分解体でもある．（問 4.24 の後で述べた補題の中のガロア閉包ということばを用いれば，$M = M'$ は K_s の K_{s-1} の上のガロア閉包である．）

さて，$g(x) = 0$ の 3 根は $u_s, \omega u_s, \omega^2 u_s$ で，u_s は K_s の元であるから実数であり，$\omega u_s, \omega^2 u_s$ は実数ではないから M は $\mathbb{R}$ の中には含まれない．ここで $\omega = \dfrac{-1 + \sqrt{-3}}{2}$ である．ところが $f(x) = 0$ の 3 根 $\alpha_1, \alpha_2, \alpha_3$ は実数と仮定してあるから，$M \subset \mathbb{R}$ である．これは矛盾であり，定理が証明できたことになる．

3 次方程式のベキ根による解法は 16 世紀半ばイタリアで発見されたのであるが，3 根とも実数の場合も複素数を用いないとベキ根表示ができなかった．それはカルダノをはじめとして多くの数学者を悩まし，「不還元の問題」と呼ばれた．上の定理で 3 根とも実数の場合は必ず不還元であることが証明できた．ていねいに説明したので長くなったが，証明のほとんど全部が '小さい' 場合に帰着するということをいっているのにすぎない．そして，帰着された瞬間にもうほとんど終わっている．ここでもガロア理論の深さをよく味わってほしい．

最後になってしまったが，次のことも合わせて述べておこう．K を実数体 $\mathbb{R}$ の部分体とし，$f(x) = x^3 + ax^2 + bx + c \in K[x]$ とする．$f(x)$ が既約でない場合も含めて第 2 章表 2.1(2) で $f(x) = 0$ の根がすべて与えられている．上の定理で述べた不還元 3 次方程式（$f(x)$ が既約で 3 つの実根をもつ）以外の場合は，実根はすべて実ベキ根で与えることができる．ただし，公式そのものは表面的には複素根を与えることもある．読者は自ら検証してほしい．

第5章
ガロアの最後の手紙

　ガロアが決闘前夜(1832年5月29日)から翌朝まで書き続けた手紙の中に第3章,第4章で述べたことが書いてある.「親愛なる友よ＝ Mon cher ami」とオーギュスト・シュヴァリエに書いた手紙である.

　「方程式論では,ぼくは,方程式はいかなる場合にベキ根を用いて解けるのか,という論点を究明した」[1)]

　「方程式に,補助方程式の根の一つを添加するのと,根のすべてを添加するのとでは大きな違いがあることがわかる」

　1根を添加しただけの単なる拡大と多項式の分解体とは大きく違う.そのことであろう.

　「方程式の群は,添加を行なうことにより,いずれにしてもいくつかの群に区分けされる」

　L/K をガロア拡大,そのガロア群を G とする.α を L の元とすれば,体 $F = K(\alpha)$ には,G の部分群 H が対応する.ガロアが「群に区分けされる」というのは,
$$G = g_1 H + g_2 H + \cdots + g_n H \text{ [2)]}$$
というコセットによる互い共通部分のない和集合への分解であろう.G は

---

1) 引用はすべて『アーベル/ガロア・楕円関数論』,高瀬正仁訳,朝倉書店,1998, p.289〜293,から採った.
2) ガロア自身の記法である.本書では $G = g_1 H \dot{\cup} g_2 H \dot{\cup} \cdots \dot{\cup} g_n H$ と表示した.

また
$$G = Hs_1 + Hs_2 + \cdots + Hs_n$$
と左コセットの和集合にも分解できる．ガロアはコセットも群といっている．ガロアにとって，**群は群れ**なのであろう．

「このような2種類の分解は，通常一致しない．それらが一致するとき，この分解は固有といわれる」

一般に群の右コセット分解と左コセット分解は等しくないとガロアがいうのは，すべての i について $g_i H = Hs_j$ を成立させることはできないといっているのであろう．もし，それが成り立てば，$g_i \in Hs_j$ だから，$Hs_j = Hg_i$ であり，$tH = Ht$ がすべての $t \in G$ について成り立つことになる．そのようなときにはガロアは**固有分解**という名前を与えている．現代のことばでいえば，固有分解を与える部分群は正規部分群である．正規部分群の概念がここで初めて意識的に述べられている．正規部分群を考えたということだけでもガロアは歴史に残る．

G が正規部分群 N をもつとしよう．N に対応する部分体を F とすれば，F/K, L/F はともにガロア拡大である，$F = K(\alpha)$, $L = F(\beta)$, $g(x) = 0$, $h(x) = 0$ をそれぞれ α, β を根とする既約方程式とすれば，方程式の群は，$G/N, N$ となる．方程式 $f(x) = 0$ の群は G であったが，正規部分群 N があれば，小さい位数の群を方程式の群としてもつ方程式 $g(x) = 0$, $h(x) = 0$ が得られるのである．それら2つの方程式にベキ根による解法があれば，$f(x) = 0$ にもベキ根による解法が存在することになる．

「たやすく見て取れるように，ある方程式の群がいかなる固有分解も受け入れないときには，その方程式をどのように変換しても，変換された方程式の群は同個数の順列をもつことになる」

とガロアは述べている．ガロア群が正規部分群をもたなければ，それは単純群である．そのときどのように工夫しても与えられた方程式を，構造のより簡単なガロア群をもつような方程式に変換することはできない，とガロアはいっているのである．「どちらの群も同じ順列をもつ」とは現代のことばでいえば同じ位数をもつということである．すなわち，この場合には同型になる．

「それに対して，ある方程式の群がある固有分解を受け入れて，N 個

の順列から成る M 個の群に区分けされるときには，与えられた方程式は，二つの方程式，すなわち，M 個の順列から成る群をもつ方程式と，N 個の順列から成る群をもつ方程式の助けを借りて解くことができる」

方程式のガロア群が，位数が N で指数が M の正規部分群をもつ場合を述べているのである．「M 個の群」とは M 個のコセットの意味であるが，それらのコセットが群をなすことをガロアは知っていたことになる．

「だから，ある方程式の群に対して，可能性がある限りあらゆる固有分解を遂行して行けば，最終的には，変換することは可能でも，それらを構成する順列はつねに同個数になるという，いくつかの群に到達することになる」

群の正規列をどんどん細かく作っていけば，最後はすべての剰余群が単純群になる．ガロアは現代のことばでいう**組成列**[3]の概念をもっていたのである．

「もしそれらの群が各々，素数個の順列をもつとするなら，その方程式はベキ根を用いて解ける．そうでなければ，ベキ根を用いるだけでは解けない」

とガロアは続ける．それらの群とは，すべての剰余群のことをいっている．順列とガロアがいうのは群の位数のことであるから，剰余群 G_{i-1}/G_i がすべて素数位数ならば，もとの方程式はベキ根で解けるといっている．問 4.19 の後で述べたが，G が可解ならば，その組成列にあらわれる剰余群はすべて素数位数である．それゆえ，G が可解群なら，もとの方程式はベキ根で解けるといい換えられる．これが**ガロアの主定理**である．

「分解不能な群がもちうるさまざまな順列の個数のうち，最も小さいのは，その個数が素数ではないなら，$5\cdot 4\cdot 3$ だ」

ガロアは非可換単純群の一番小さなものの位数が 60 であることを知っていた．しかも，その群の構造も知っていた．シローの定理を知らずに位数 30 や 42 の群の構造をしらべるのは面倒である．しかし，ガロアはなんらかの方法をもっていたにちがいない．

---

3) 正規列，組成列は問 5.2 の後で定義する．

20歳そこそこで死んでしまったガロアの功績は真に天才といえるものだけができることである．手紙の最後に「ぼくにはもう時間がない」と書いてあるのが胸を打つ．

■ ガロアと射影変換群

ここでもう1つのことについてふれよう．ガロアはその「最後の手紙」の中で

$$x_{\frac{k}{l}} \quad x_{\frac{ak+bl}{ck+dl}}$$

という記号を与えている．彼はいったい何を考えていたのだろうか．読み進めてみるとそれは置換だということがわかる．上の記号は写像として

$$x_{\frac{k}{l}} \longrightarrow x_{\frac{ak+bl}{ck+dl}}$$

のように読む必要があるのである．それでは置換されるものは何だろうか．「ここで，$\frac{k}{l}$ は $p+1$ 個の値 $\infty \; 0 \; 1 \; 2 \; \cdots \; p-1$ を取りえる．だから，k は無限大にもなりうるという取り決めをしておけば，簡単に

$$x_k \quad x_{\frac{ak+b}{ck+d}}$$

と書くことができる．a, b, c, d にすべての値を与えると，$(p+1)p(p-1)$ 個の順列が得られる」

とガロアは続けている．これによって置換される文字の個数が $p+1$ であり，無限大を表わす記号の ∞ もその集合の中に含まれていることを知る．$\frac{ak+b}{ck+d}$ は除法であるから文字の集合は体であることが必要である．体の中でも 0 で割ることはできないが，ガロアは 0 で割ったものに相当する元が必要だった．そこで彼は $F_p = \mathbb{Z}/p\mathbb{Z}$ と記号 ∞ の和集合 $\{\infty, 0, 1, 2, \cdots, p-1\}$ を考え $x_k \; x_{\frac{ak+b}{ck+d}}$ はその上の置換として定義したのである．F_p の元は p を法として考えた整数であるが，$\bar{i}$ とは書かずに単に i と書いておく．実際，文字の上のバーは省略されることが多い．∞ が 0 で割ったものに相当する元である．

「a, b, c, d にすべての値を与えると，$(p+1)p(p-1)$ 個の順列が得られる」とガロアは書いているが，その通りにうけとると表面上は全部で p^4 個の

置換ができる．しかし，$x \longrightarrow \dfrac{x+1}{x+1}$ はすべての元 x を 1 に移し，写像ではあるが置換ではない(置換は 1 対 1 で上への写像である)．その中で置換として異なるものだけを数えるとガロアの言う通り全部で $(p+1)p(p-1)$ 個となる．この位数 $(p+1)p(p-1)$ の群は，現在は $PGL_2(F_p)$，または簡単に $PGL_2(p)$ と書かれ，体 F_p の上の 2 次元の**一般射影変換群**と呼ばれる．古くは(1 次元)線形分数変換群と呼ばれたこともある．

ガロアは，$PGL_2(p)$ は 2 つの「群」に固有分解され，(指数 2 で)「簡易化された」群は，$p \geq 5$ であればもはや固有分解されないと「最後の手紙」の中で書いている．現代のことばでいえば，$PGL_2(p)$ は指数 2 の正規部分群($PSL_2(p)$ と書かれる)をもち $PSL_2(p)$ は $p \geq 5$ ならば単純群であるということをガロアは知っていたのである．

ガロアは記号 $x_{\frac{k}{l}} \, x_{\frac{ak+bl}{ck+dl}}$ の直前に

「方程式論の最後の応用は楕円関数のモデュラー方程式に関するものだ．周期を p^2-1 等分して得られる振幅の正弦を根にもつ方程式の群は …」

と記している．通常の代数方程式論ではないところから現われた方程式の根を取り扱っているのである．方程式

$$x^n - a = 0$$

は**円分方程式**とも呼ばれている．$a=1$ の場合の方程式 $x^n - 1 = 0$ の根はガウス平面上の半径 1 の円の n(等)分点の座標になっている．第 2 章で述べたが，例えば $n=8$ の場合は

$$x = \pm 1, \quad \pm\sqrt{-1}, \quad \pm\frac{1 \pm \sqrt{-1}}{\sqrt{2}}$$

が方程式 $x^8 - 1 = 0$ の根のすべてであり，それらは明らかに円を 8 等分したところにある点である．$x^n - a = 0$ は $x^n - 1 = 0$ の一般化である．

楕円曲線とその n 分点については本章の 5.5 節で略述する．ガウスの仕事「円の等分点の座標はベキ根で解ける」の延長として，楕円曲線の等分点の座標がベキ根で解くことができるかということは 19 世紀初期の大問題であった．アーベルは一般的にはベキ根で解けないと予想した．ガロアは

$$x_k \, x_{\frac{ak+b}{ck+d}}$$

で表わされる置換の集合がその方程式の群であることを見抜き，その群が位数が小さい場合を除けば非可解になることから，楕円曲線の等分方程式が一般的にはベキ根では解けないと結論したのである．本書では楕円曲線については基本的なことにしかふれないが，ガロアが考えていた群 $PGL_2(p)$ は，楕円曲線の等分方程式を離れても，重要なのでまずそれを学ぶことからはじめる．

　ガロアの記号

$$x_{\frac{k}{l}} \quad x_{\frac{ak+bl}{ck+dl}}$$

は現代的に表示すれば

$$\begin{pmatrix} a & b \\ c & d \end{pmatrix} \begin{pmatrix} \frac{k}{l} \end{pmatrix} = \frac{ak+bl}{ck+dl}$$

となる．そして，これは

$$\begin{pmatrix} a & b \\ c & d \end{pmatrix} \begin{pmatrix} k \\ l \end{pmatrix} = \begin{pmatrix} ak+bl \\ ck+dl \end{pmatrix}$$

から導かれる．まず3番目の式を理解しよう．

5.1　行列と変換群

まず，簡単に行列の初歩を説明する．
n^2 個の数を

$$\begin{pmatrix} a_{11} & a_{12} & \cdots & a_{1n} \\ a_{21} & a_{22} & \cdots & a_{2n} \\ \cdots & \cdots & \cdots & \cdots \\ a_{n1} & a_{n2} & \cdots & a_{nn} \end{pmatrix}$$

のように n 行 n 列にならべたものを(正方)行列という．数学一般では長方形に数を並べた行列も考えるが，群論では正方行列だけでまず十分である．また日常生活では行が横，列が縦と決まっているわけではないが，数学用語としての行列では行が横で列が縦と決まっている．

$$\begin{pmatrix} 2 & 0 & 1 \\ 5 & 7 & 3 \end{pmatrix}$$

は 2 行 3 列の行列であって 3 行 2 列とは言わない．また，3 列 2 行とも通常はいわない．

n 行 n 列の行列は $n \times n$ 行列とも呼ばれる．$n \times n$ 行列の中の n^2 個の数 $a_{11}, a_{12}, \cdots, a_{nn}$ は**行列成分**と呼ばれ，その 1 つの a_{ij} は (i,j) 成分と呼ばれる．行列の成分としては，整数，実数，複素数，多項式など，その利用方法に応じて，いろいろなとり方ができる．

この章では主として $n=2$ の場合を考える．成分は，いまのところ，実数 $\mathbb{R}$ の中からとる．

$$M_2(\mathbb{R}) = \left\{ \begin{pmatrix} a & b \\ c & d \end{pmatrix} \,\middle|\, a,b,c,d \in \mathbb{R} \right\}$$

とおく．$M_2(\mathbb{R})$ に加法を与えよう．$M_2(\mathbb{R})$ から 2 つの元をとり，

$$A = \begin{pmatrix} a & b \\ c & d \end{pmatrix}, \quad B = \begin{pmatrix} \alpha & \beta \\ \gamma & \delta \end{pmatrix}$$

とおく．このとき，和 $A+B$ を次のように定義する：

$$A + B = \begin{pmatrix} a+\alpha & b+\beta \\ c+\gamma & d+\delta \end{pmatrix}$$

すなわち，成分ごとの和を行列の和とする．次に 2 つの元の積を定義して，$M_2(\mathbb{R})$ に環の構造を持たせよう．

V を 2 行 1 列の行列

$$\begin{pmatrix} x \\ y \end{pmatrix}$$

全体のなす集合とする．V の元は 2 行 1 列の行列であるが (2 次元の列) ベ

クトルと呼ばれる．成分がすべて 0 のベクトル $\begin{pmatrix} 0 \\ 0 \end{pmatrix}$ はゼロベクトルと呼ばれる．2 つのベクトルの和を

$$\begin{pmatrix} a \\ b \end{pmatrix} + \begin{pmatrix} c \\ d \end{pmatrix} = \begin{pmatrix} a+c \\ b+d \end{pmatrix}$$

と定め，また $\mathbb{R}$ の元 a に対して

$$a \begin{pmatrix} b \\ c \end{pmatrix} = \begin{pmatrix} ab \\ ac \end{pmatrix}$$

と定義して**スカラー積**と呼ぶ．このように V には和とスカラー積が与えられていて，実数体 $\mathbb{R}$ 上の 2 次元ベクトル空間と呼ばれる．また V は $\mathbb{R}^2$ とも書かれる．

■ 行列の作用とは

$M_2(\mathbb{R})$ の V への作用を次のように定める：

$$\begin{pmatrix} a & b \\ c & d \end{pmatrix} \begin{pmatrix} x \\ y \end{pmatrix} = \begin{pmatrix} ax+by \\ cx+dy \end{pmatrix}$$

$M_2(\mathbb{R})$ の 2 つの元 A, B

$$A = \begin{pmatrix} a & b \\ c & d \end{pmatrix}, \quad B = \begin{pmatrix} \alpha & \beta \\ \gamma & \delta \end{pmatrix}$$

をとり，ベクトル X を

$$X = \begin{pmatrix} x \\ y \end{pmatrix}$$

として $A(BX)$ を計算してみると，

$$\begin{pmatrix} a & b \\ c & d \end{pmatrix} \left(\begin{pmatrix} \alpha & \beta \\ \gamma & \delta \end{pmatrix} \begin{pmatrix} x \\ y \end{pmatrix} \right) = \begin{pmatrix} a & b \\ c & d \end{pmatrix} \begin{pmatrix} \alpha x + \beta y \\ \gamma x + \delta y \end{pmatrix}$$

$$= \begin{pmatrix} a(\alpha x + \beta y) & + & b(\gamma x + \delta y) \\ c(\alpha x + \beta y) & + & d(\gamma x + \delta y) \end{pmatrix}$$

$$= \begin{pmatrix} (a\alpha + b\gamma)x & + & (a\beta + b\delta)y \\ (c\alpha + d\gamma)x & + & (c\beta + d\delta)y \end{pmatrix}$$

$$= \begin{pmatrix} a\alpha + b\gamma & a\beta + b\delta \\ c\alpha + d\gamma & c\beta + d\delta \end{pmatrix} \begin{pmatrix} x \\ y \end{pmatrix}$$

となる．$M_2(\mathbb{R})$ の V の上の作用を考えるということは，$M_2(\mathbb{R})$ の元を V から V への写像と考えるということである．V から V への写像 $X \to A(BX)$ は合成写像であるから，

$$A(BX) = (AB)X$$

が成り立つように行列 A と B の積を定めないと作用としての有用性はない．そこで，上に計算した $A(BX)$ から A と B の積は

$$\begin{pmatrix} a & b \\ c & d \end{pmatrix} \begin{pmatrix} \alpha & \beta \\ \gamma & \delta \end{pmatrix} = \begin{pmatrix} a\alpha + b\gamma & a\beta + b\delta \\ c\alpha + d\gamma & c\beta + d\delta \end{pmatrix}$$

と定義すればよいことがわかる．ゆえに上の式により $M_2(\mathbb{R})$ の 2 元の積を定め AB と書く．

2 つの行列 A, B の積を作るときには，A では成分が行を動き，そして B では列を動く．それぞれ対応する成分を掛けて，それらの和をとっているのである．一般の $n \times n$ 行列 A と B の積 AB も同じようにする．A の i 行と B の j 列の対応する数の積をつくり，それら n 個の積の和をつくれば，それが積 AB の (i,j) 成分である．きちんと書けば，

$$A = \begin{pmatrix} a_{11} & \cdots & a_{1n} \\ \cdots & \cdots & \cdots \\ a_{n1} & \cdots & a_{nn} \end{pmatrix}, \quad B = \begin{pmatrix} b_{11} & \cdots & b_{1n} \\ \cdots & \cdots & \cdots \\ b_{n1} & \cdots & b_{nn} \end{pmatrix}, \quad C = AB$$

に対して，C の (i,j) 成分 c_{ij} は

$$c_{ij} = \sum_{k=1}^{n} a_{ik} b_{kj}$$

と定義される．$M_n(\mathbb{R})$ が環の構造をもつことの検証は問として読者にまかせる．

〈ちょっと考えよう●問 5.1〉

$M_n(\mathbb{R})$ が（上に定義した和と積によって）環の構造をもつことを確かめよ．零元，（積の）単位元も確認せよ．

■ 一般線形群と特殊線形群

すでに定義した

$$\begin{pmatrix} a & b \\ c & d \end{pmatrix} \begin{pmatrix} x \\ y \end{pmatrix} = \begin{pmatrix} ax+by \\ cx+dy \end{pmatrix}$$

により，2×2 の行列は2次元ベクトル空間 V の上の写像を与える．右辺のベクトル

$$\begin{pmatrix} ax+by \\ cx+dy \end{pmatrix}$$

は $x = y = 0$ のときは 0 ベクトルになるが，その逆も成立するのは，どういうときであろうか．

$$\begin{cases} ax + by = 0 \\ cx + dy = 0 \end{cases}$$

という連立1次方程式の解が $x = y = 0$ に限るのは，a, b, c, d がどのような条件を満たさなければならないかという問題である．

$a = c = 0$ であれば任意の x と $y = 0$ が解だから，a または c は 0 ではない．まず $a \neq 0$ としよう．$\dfrac{c}{a}(ax+by) = cx + \dfrac{cb}{a}y = 0$ を上に与えられた連立方程式の第2式から辺々引くと

$$dy - \frac{bc}{a}y = 0$$

が得られる．すなわち，$(ad-bc)y = 0$ となる．これから $y = 0$ と結論できるためには，$ad-bc \neq 0$ が必要である．逆に $ad-bc \neq 0$ であれば，$y = 0$ が得られ，それを第1式に代入すれば，$x = 0$ も得られる．$a \neq 0$ の代わりに $c \neq 0$ と仮定しても同様な推論により，まったく同じ結論が得られる．

上で証明したように

$$\begin{pmatrix} a & b \\ c & d \end{pmatrix} \begin{pmatrix} x \\ y \end{pmatrix} = \begin{pmatrix} 0 \\ 0 \end{pmatrix} \iff \begin{pmatrix} x \\ y \end{pmatrix} = \begin{pmatrix} 0 \\ 0 \end{pmatrix}$$

が成立するためには $ad-bc \neq 0$ が必要十分条件である．このように $ad-bc$ は重要な数であり，行列 A の**行列式**(determinant)と呼ばれ，$\det A$ と書かれる．$\det A = ad-bc \neq 0$ のとき

$$A' = \begin{pmatrix} \dfrac{d}{\det A} & \dfrac{-b}{\det A} \\ \dfrac{-c}{\det A} & \dfrac{a}{\det A} \end{pmatrix}$$

で行列 A' を定義し，上で定義した行列の積を用いて計算すると

$$AA' = A'A = \begin{pmatrix} 1 & 0 \\ 0 & 1 \end{pmatrix}$$

となる．また

$$\begin{pmatrix} 1 & 0 \\ 0 & 1 \end{pmatrix} \begin{pmatrix} x \\ y \end{pmatrix} = \begin{pmatrix} x \\ y \end{pmatrix}$$

だから

$$I = \begin{pmatrix} 1 & 0 \\ 0 & 1 \end{pmatrix}$$

とおくと I は V の恒等写像を与え，環 $M_2(\mathbb{R})$ の単位元でもある．A' は A の逆元だから A^{-1} と書く．そこで

$$GL_2(\mathbb{R}) = \left\{ \begin{pmatrix} a & b \\ c & d \end{pmatrix} \,\middle|\, a,b,c,d \in \mathbb{R},\ ad - bc \neq 0 \right\}$$

とおく．$GL_2(\mathbb{R})$ は実数体上の（2次元の）**一般線形群**（general linear group）と呼ばれる．

〈ちょっと考えよう●問5.2〉

次のことを証明せよ．
(1) $\det I = 1,\ \det(AB) = \det A \det B$.
(2) $GL_2(\mathbb{R})$ は群である．
(3) $Z(GL_2(\mathbb{R})) = \left\{ \begin{pmatrix} a & 0 \\ 0 & a \end{pmatrix} \,\middle|\, a \neq 0 \right\}$.

$\begin{pmatrix} a & 0 \\ 0 & a \end{pmatrix}$ は（$a = 0$ の場合も含めて）**スカラー行列**と呼ばれる．問 5.2(1) より，$\det A \neq 0$ ならば，$\det A^{-1} = (\det A)^{-1}$ である．また $\det A = \det B = 1$ のときは，$\det(AB) = 1$ である．ゆえに

$$SL_2(\mathbb{R}) = \left\{ \begin{pmatrix} a & b \\ c & d \end{pmatrix} \,\middle|\, a,b,c,d \in \mathbb{R},\ ad - bc = 1 \right\}$$

とおけば，$SL_2(\mathbb{R})$ は $GL_2(\mathbb{R})$ の部分群となっている．$SL_2(\mathbb{R})$ は（2次元の）**特殊線形群**（special linear group）と呼ばれる．$GL_2(\mathbb{R})$ の中で，

$$\det(CAC^{-1}) = \det C \det A (\det C)^{-1} = \det A$$

だから，$\det A = 1$ ならば，A の共役はすべて $SL_2(\mathbb{R})$ の中に入る．これは $SL_2(\mathbb{R})$ が $GL_2(\mathbb{R})$ の正規部分群であることを意味している．

一般に，

$$G = G_0 \triangleright G_1 \triangleright G_2 \triangleright \cdots \triangleright G_k = \{1\}$$

を満たす，群 G の（有限な）部分群列を**正規列**と呼ぶ．また，すべての $i \in \{1, 2, \cdots, k\}$ に対して，$G_{i-1} \neq G_i$ であって，$G_{i-1} \triangleright H \triangleright G_i$ となるのは，$H = G_{i-1}$ または，$H = G_i$ となる場合に限るとき，与えられた正規列を

組成列という．剰余群 $\overline{G_{i-1}} = G_{i-1}/G_i$ の正規部分群は $\overline{G_{i-1}}$ か単位群 $\{\bar{1}\}$ しかないといっても同じことである．正規列
$$GL_2(\mathbb{R}) \triangleright SL_2(\mathbb{R}) \triangleright \{1\}$$
は次の研究課題からわかるように組成列ではない．

研究課題 5.1

次のことを証明せよ．
(1) $GL_2(\mathbb{R})/SL_2(\mathbb{R}) \cong \mathbb{R}^\times$ であり，$\mathbb{R}^\times$ は組成列を持たない．
(2) $Z(SL_2(\mathbb{R})) = \{\pm I\}$ である．
(3) $SL_2(\mathbb{R}) \triangleright Z(SL_2(\mathbb{R})) \triangleright \{1\}$ は組成列である．

5.2 射影変換群

群 G が G と単位群 $\{1\}$ 以外の正規部分群をもたないとき G を単純群と呼んだ．$n \geq 5$ のとき，n 次の交代群 A_n は単純群となると 4 章 4.5 節で述べたが，前節最後の研究課題から，剰余群 $SL_2(\mathbb{R})/\{\pm I\}$ が単純群であることがわかる．
$$PSL_2(\mathbb{R}) = SL_2(\mathbb{R})/\{\pm I\}$$
と書かれ，(2次元の)**射影特殊線形群**(projective special linear group)と呼ばれる．**射影**ということばの意味を考えてみよう．
$$\boldsymbol{v} = \begin{pmatrix} v_1 \\ v_2 \end{pmatrix}$$
をゼロベクトルではないとする．すなわち，v_1, v_2 のどちらかは 0 ではないとする．2 行 1 列の行列をベクトルと呼んだのはそれが図 5.1 のように始点と終点をもつ矢じるしと同一視できるからである．上で $\boldsymbol{v}$ と書いたようにベクトルを 1 字で表わすときは通常太字で書く．本書ではベクトルの始点はことわらない限り原点とする．
$\langle \boldsymbol{v} \rangle = \left\langle \begin{pmatrix} v_1 \\ v_2 \end{pmatrix} \right\rangle$ をベクトル $\boldsymbol{v}$ で張られた直線(ベクトル $\boldsymbol{v}$ を含む直

線)とする．さらに
$$P^1(\mathbb{R}) = \{\langle v \rangle \mid v \in V = \mathbb{R}^2,\ v \neq \mathbf{0}\}$$
と定義し，この $P^1(\mathbb{R})$ を実数体 $\mathbb{R}$ 上の 1 次元**射影空間**(または**射影直線**)と呼ぶ．$P^1(\mathbb{R})$ は原点 O を通る直線全体のなす集合なのである．

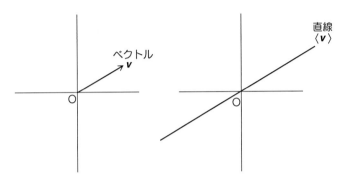

図 **5.1** ベクトルと直線

$P^1(\mathbb{R})$ をもう少しわかりやすく表示したい．v と $2v$ が同じ直線を張ることは明白であろう．一般に a を 0 でない $\mathbb{R}$ の元とすると，$\langle v \rangle = \langle av \rangle$ が成り立つ．このことを成分ごとに書くと，

$$\left\langle \begin{pmatrix} v_1 \\ v_2 \end{pmatrix} \right\rangle = \left\langle \begin{pmatrix} \dfrac{v_1}{v_2} \\ 1 \end{pmatrix} \right\rangle \quad (v_2 \neq 0 \text{ のとき})$$

$$\left\langle \begin{pmatrix} v_1 \\ v_2 \end{pmatrix} \right\rangle = \left\langle \begin{pmatrix} 1 \\ 0 \end{pmatrix} \right\rangle \quad (v_2 = 0 \text{ のとき})$$

となる．ゆえに，

$$P^1(\mathbb{R}) = \left\{ \left\langle \begin{pmatrix} \alpha \\ 1 \end{pmatrix} \right\rangle, \left\langle \begin{pmatrix} 1 \\ 0 \end{pmatrix} \right\rangle \;\middle|\; \alpha \in \mathbb{R} \right\}$$

と表示できて少し見やすくなった．$\left\langle \begin{pmatrix} \alpha \\ 1 \end{pmatrix} \right\rangle$ は図 5.2 のように原点 O と点 $(\alpha, 1)$ を通る直線である．また，$\left\langle \begin{pmatrix} 1 \\ 0 \end{pmatrix} \right\rangle$ は O と点 $(1, 0)$ を通る直線，すなわち x 軸である．

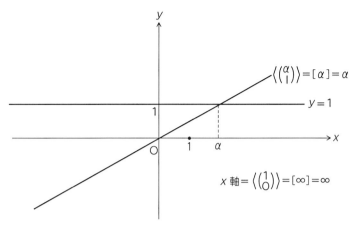

図 5.2 $P^1(\mathbb{R}) = \mathbb{R} \cup \{\infty\}$

原点 O を通る直線は，それが x 軸でない限り，直線 $y = 1$ と 1 点で交わる．その交点の x 座標を α とすれば，考えている直線は $\left\langle \begin{pmatrix} \alpha \\ 1 \end{pmatrix} \right\rangle$ である．すなわち，原点を通るすべての直線は，それが x 軸でない限り，直線 $y = 1$ の上の点 と 1 対 1 の対応をしている．除外した x 軸は直線 $y = 1$ とは交わらないが，無限遠点で交わると考えれば，平面上の原点を通るすべての直線が $y = 1$ の上の点と 1 対 1 に対応するといってもよい．実数 $\mathbb{R}$ の代わりの p 個の元からなる体 F_p を用いれば，この章の冒頭で述べたガロアの $F_p \cup \{\infty\} = \{0, 1, 2, \cdots, p-1, \infty\}$ になることがわかるであろう．しかし，それについては後の節で改めて述べる．

さて，
$$A = \begin{pmatrix} a & b \\ c & d \end{pmatrix}, \quad \boldsymbol{v} = \begin{pmatrix} v_1 \\ v_2 \end{pmatrix}$$
のとき，
$$A(\boldsymbol{v}) = \begin{pmatrix} av_1 + bv_2 \\ cv_1 + dv_2 \end{pmatrix}$$
と定義した．ここで，$\boldsymbol{v} \neq \boldsymbol{0}$，$\det A = ad - bc \neq 0$ とすれば

$$\begin{pmatrix} av_1 + bv_2 \\ cv_1 + dv_2 \end{pmatrix} \neq \mathbf{0} = \begin{pmatrix} 0 \\ 0 \end{pmatrix}$$

である．一般に $A(\alpha v) = \alpha A(v)$ であるから，$v \neq \mathbf{0}$, $A \in GL_2(\mathbb{R})$ のとき，

$$A(\langle v \rangle) = \left\langle \begin{pmatrix} av_1 + bv_2 \\ cv_1 + dv_2 \end{pmatrix} \right\rangle$$

と $GL_2(\mathbb{R})$ の $P^1(\mathbb{R})$ の上への定義とすることができる．

ここで先に得た表示の

$$P^1(\mathbb{R}) = \left\{ \left\langle \begin{pmatrix} \alpha \\ 1 \end{pmatrix} \right\rangle, \left\langle \begin{pmatrix} 1 \\ 0 \end{pmatrix} \right\rangle \,\middle|\, \alpha \in \mathbb{R} \right\}$$

を思い起こし，$v_1 = \alpha$, $v_2 = 1$ とすれば

$$\begin{pmatrix} a & b \\ c & d \end{pmatrix} \left\langle \begin{pmatrix} \alpha \\ 1 \end{pmatrix} \right\rangle = \left\langle \begin{pmatrix} a\alpha + b \\ c\alpha + d \end{pmatrix} \right\rangle$$

$$= \begin{cases} \left\langle \begin{pmatrix} \dfrac{a\alpha + b}{c\alpha + d} \\ 1 \end{pmatrix} \right\rangle & c\alpha + d \neq 0 \text{ のとき} \\ \left\langle \begin{pmatrix} 1 \\ 0 \end{pmatrix} \right\rangle & c\alpha + d = 0 \text{ のとき} \end{cases}$$

$v_1 = 1$, $v_2 = 0$ とすれば

$$\begin{pmatrix} a & b \\ c & d \end{pmatrix} \left\langle \begin{pmatrix} 1 \\ 0 \end{pmatrix} \right\rangle = \left\langle \begin{pmatrix} a \\ c \end{pmatrix} \right\rangle$$

$$= \begin{cases} \left\langle \begin{pmatrix} \dfrac{a}{c} \\ 1 \end{pmatrix} \right\rangle & c \neq 0 \text{ のとき} \\ \left\langle \begin{pmatrix} 1 \\ 0 \end{pmatrix} \right\rangle & c = 0 \text{ のとき} \end{cases}$$

となることがわかる．やや複雑になったので，記号を簡単にしたい．

射影直線 $P^1(\mathbb{R})$ の元は直線 $y = 1$ の点と 1 対 1 の対応(x 軸は**無限遠**

点に対応)しているのだった．そこで，

$$\left(\left\langle \begin{array}{c} \alpha \\ 1 \end{array} \right\rangle\right) = [\alpha], \qquad \left(\left\langle \begin{array}{c} 1 \\ 0 \end{array} \right\rangle\right) = [\infty]$$

と記す．上に計算した式は

$$\begin{pmatrix} a & b \\ c & d \end{pmatrix} [\alpha] = \begin{cases} \left[\dfrac{a\alpha+b}{c\alpha+d}\right] & c\alpha+d \neq 0 \text{ のとき} \\ [\infty] & c\alpha+d = 0 \text{ のとき} \end{cases}$$

$$\begin{pmatrix} a & b \\ c & d \end{pmatrix} [\alpha] = \begin{cases} \left[\dfrac{a}{c}\right] & c \neq 0 \text{ のとき} \\ [\infty] & c = 0 \text{ のとき} \end{cases}$$

を意味する．慣れてくれば $[\alpha]$, $[\infty]$ の $[\ ]$ 記号もなくていいだろう．そこで，単に $[\alpha] = \alpha$, $[\infty] = \infty$ と書こう．図 5.2 で $P^1(\mathbb{R}) = \mathbb{R} \cup \{\infty\}$ と表示した理由がここにある．また，2 次元ではなく，1 次元射影空間 (射影直線) と呼ぶのも同じ理由による．一般に，射影空間は，1 次元低い通常の空間に (1 つとはかぎらないが) 無限遠点をつけ加えたものとみなせるのである．さて，そのように書くと，$A = \begin{pmatrix} a & b \\ c & d \end{pmatrix}$ は，実数全体の集合 $\mathbb{R}$ と文字 ∞ との和集合 $\Omega = \mathbb{R} \cup \{\infty\}$ の上に作用しているとみなせる．しかも，$a \neq 0$ のとき

$$\frac{a}{0} = \infty$$

$c \neq 0$ のとき

$$\frac{a\infty+b}{c\infty+d} \left(= \frac{a+b/\infty}{c+d/\infty} = \frac{a+0}{c+0}\right) = \frac{a}{c}$$

$c = 0$ のときは，$\det A = ad - bc = ad \neq 0$ であるから，$a \neq 0$ となり，

$$\frac{a\infty+b}{c\infty+d} = \infty$$

と定めれば，Ω のすべての元 x に対して

$$\begin{pmatrix} a & b \\ c & d \end{pmatrix} x = \frac{ax+b}{cx+d}$$

が成り立っている．また，上に述べた ∞ に関する規則がもっとも自然なものであることも納得できるだろう．

まとめると次のようになる．実数体上の 1 次元射影空間 $P^1(\mathbb{R})$ は 2 次元ベクトル空間 $\mathbb{R}^2$ の原点を通る直線全体のなす集合であるが，
$$P^1(\mathbb{R}) = \mathbb{R} \cup \{\infty\}$$
と表示することもでき，$GL_2(\mathbb{R})$ の $P^1(\mathbb{R})$ の上への作用は
$$\begin{pmatrix} a & b \\ c & d \end{pmatrix} x = \frac{ax+b}{cx+d}, \quad x \in P^1(\mathbb{R})$$
である．

─〈ちょっと考えよう●問 5.3〉─

$GL_2(\mathbb{R})$ の元 $A = \begin{pmatrix} a & b \\ c & d \end{pmatrix}$ が $P^1(\mathbb{R})$ のすべての元 x に対して

$$\begin{pmatrix} a & b \\ c & d \end{pmatrix} x = x$$

を満たすのは，$a = d \neq 0$, $b = c = 0$ のときにかぎる．

上の問において，$\begin{pmatrix} a & b \\ c & d \end{pmatrix} \in SL_2(\mathbb{R})$ であれば行列式が 1 であるから，$a = d = \pm 1$ となる．$GL_2(\mathbb{R})$ の中心 $Z(GL_2(\mathbb{R}))$ は
$$Z(GL_2(\mathbb{R})) = \left\{ \begin{pmatrix} a & 0 \\ 0 & a \end{pmatrix} = aI \;\middle|\; a \neq 0 \right\}$$
であったが，$Z(GL_2(\mathbb{R}))$ の元だけが $P^1(\mathbb{R})$ の上に恒等的に作用する．そこで
$$PGL_2(\mathbb{R}) = GL_2(\mathbb{R})/\{aI \mid a \neq 0\}$$
と定義する．$PSL_2(\mathbb{R}) = SL_2(\mathbb{R})/\{\pm I\}$ はすでに述べてあるが，スカラー行列だけが $P^1(\mathbb{R})$ の上の恒等変換となるので，それぞれの群に含まれるスカラー行列全体のなす部分群による剰余群 $PGL_2(\mathbb{R}), PSL_2(\mathbb{R})$ を考えた

のである．

$GL_2(\mathbb{R}), SL_2(\mathbb{R})$ では，それぞれの群に含まれるスカラー行列がちょうど群の中心に等しかったが，つねにそうなるわけではない．

■ あらためて作用を定義する

$PGL_2(\mathbb{R}), PSL_2(\mathbb{R})$ の中では，$P^1(\mathbb{R})$ に恒等的に作用する元は，当然のことながら単位元のみである．作用という術語はいままでかなり曖昧に使ってきたが，ここできちんと定義しておこう．

作用の定義 G を群とし，Ω を集合とする．G の元 g，Ω の元 α をそれぞれ任意にとるとき，その組 (g, α) に対して Ω の元がただ 1 つ対応しているとせよ．この Ω の元を $g(\alpha)$ と書く．次の条件が満たされているとき，群 G は集合 Ω に作用しているという．

(1) G の単位元を 1 とするとき，$1(\alpha) = \alpha$ である（単位元 1 の作用は恒等的である）．

(2) g, h を G の 2 つの元とするとき，$(gh)(\alpha) = g(h(\alpha))$ である（作用は結合的である）．

上で定義した作用は伝統的な「左からの」作用である．本書で対称群に対して採用したように，α^g と「右からの」作用も同じように定義できる．

群 G が集合 Ω に作用していて，G の単位元だけが Ω の上に恒等的に作用するとき，G は Ω の上に「忠実に作用する」という．G は Ω の上の置換群であるともいわれる．$PGL_2(\mathbb{R})$ と $PSL_2(\mathbb{R})$ は $P^1(\mathbb{R})$ の上に忠実に作用している．

群 G が集合 Ω の上に作用していて，Ω の任意の 2 つの元 x, y に対して，$g(x) = y$ を満たす G の元 g が存在するとき，G は Ω の上に**可移**であるという．さらに，$\{x_1, \cdots, x_k\}, \{y_1, \cdots, y_k\}$ を Ω の任意の k 個の異なる元からなる 2 つの部分集合とするとき，

$$g(x_i) = y_i, \quad i = 1, 2, \cdots, k$$

を満たす G の元 g が存在するとき，G は Ω の上に k **重可移**であるという．

---〈ちょっと考えよう●問 5.4〉---
群 G は集合 Ω に作用しているとして,次のことを証明せよ.
(1) Ω から k 個の異なる元 $i_1, i_2, \cdots, i_k$ を 1 つ決める.任意の k 個の異なる Ω の元 $j_1, j_2, \cdots, j_k$ に対して,$g(i_1) = j_1, g(i_2) = j_2, \cdots, g(i_k) = j_k$ を満たす G の元 g が存在するならば,G は Ω 上 k 重可移である.
(2) n 次の対称群 S_n は $\Omega = \{1, 2, 3, \cdots, n\}$ の上に n 重可移である.
(3) n 次 ($n \geq 3$) の交代群 A_n は $\Omega = \{1, 2, 3, \cdots, n\}$ の上に $(n-2)$ 重可移である.

射影線形群に戻って,$\Omega = P^1(\mathbb{R})$ としよう.2 つのゼロでないベクトル v_1 と v_2 を $\langle v_1 \rangle \neq \langle v_2 \rangle$ を満たすように選ぶ.

$$v_1 = \begin{pmatrix} a \\ c \end{pmatrix}, \quad v_2 = \begin{pmatrix} b \\ d \end{pmatrix}$$

とおく.このとき $ad - bc = 0$ ならば $\langle v_1 \rangle = \langle v_2 \rangle$ となることが容易にわかるので $ad - bc \neq 0$ である.また,

$$\begin{pmatrix} a & b \\ c & d \end{pmatrix} \begin{pmatrix} 1 \\ 0 \end{pmatrix} = \begin{pmatrix} a \\ c \end{pmatrix}, \quad \begin{pmatrix} a & b \\ c & d \end{pmatrix} \begin{pmatrix} 0 \\ 1 \end{pmatrix} = \begin{pmatrix} b \\ d \end{pmatrix}$$

である.ゆえに射影空間に移行して

$$\begin{pmatrix} a & b \\ c & d \end{pmatrix} \left\langle \begin{pmatrix} 1 \\ 0 \end{pmatrix} \right\rangle = \left\langle \begin{pmatrix} a \\ c \end{pmatrix} \right\rangle,$$

$$\begin{pmatrix} a & b \\ c & d \end{pmatrix} \left\langle \begin{pmatrix} 0 \\ 1 \end{pmatrix} \right\rangle = \left\langle \begin{pmatrix} b \\ d \end{pmatrix} \right\rangle$$

が成り立つ.ここで $\alpha = ad - bc$ とおけば $\alpha \neq 0$ であり,さらに

$$\begin{pmatrix} a/\alpha & b \\ c/\alpha & d \end{pmatrix} \left\langle \begin{pmatrix} 1 \\ 0 \end{pmatrix} \right\rangle = \left\langle \begin{pmatrix} a/\alpha \\ c/\alpha \end{pmatrix} \right\rangle = \left\langle \begin{pmatrix} a \\ c \end{pmatrix} \right\rangle,$$

$$\begin{pmatrix} a/\alpha & b \\ c/\alpha & d \end{pmatrix} \left\langle \begin{pmatrix} 0 \\ 1 \end{pmatrix} \right\rangle = \left\langle \begin{pmatrix} b \\ d \end{pmatrix} \right\rangle$$

となる．

$$\det \begin{pmatrix} a/\alpha & b \\ c/\alpha & d \end{pmatrix} = \frac{1}{\alpha}(ad - bc) = 1$$

であるから，$\begin{pmatrix} a/\alpha & b \\ c/\alpha & d \end{pmatrix}$ は $SL_2(\mathbb{R})$ の元となり，問 5.4(1) により，$SL_2(\mathbb{R})$ が $P^1(\mathbb{R})$ 上に 2 重可移に作用することが示された．スカラー行列は $P^1(\mathbb{R})$ の上に恒等置換として作用するのだから，$PSL_2(\mathbb{R})$ が $P^1(\mathbb{R})$ の上に 2 重可移置換群となる．$GL_2(\mathbb{R})$ は $SL_2(\mathbb{R})$ を含むから 2 重可移であり，そうであれば $PGL_2(\mathbb{R})$ も $P^1(\mathbb{R})$ の上に当然 2 重可移である．

本節では実数体 $\mathbb{R}$ の上の射影変換群を記述したが，有理数体 $\mathbb{Q}$，複素数体 $\mathbb{C}$ の上でも同じように定義できて，$PGL_2(\mathbb{Q})$, $PGL_2(\mathbb{C})$ などと書かれる．その性質も $PGL_2(\mathbb{R})$ に準ずる．

5.3 有限体上の射影変換群

ガロアは「最後の手紙」のなかで群 $PGL_2(F_p)$ について述べている．$PGL_2(F_p)$ は，p を素数とするとき，p 個の元を持つ有限体 F_p の上に定義された射影変換群である．これからは，$PGL_2(F_p)$ などは単に $PGL_2(p)$ と書くことにする．群 $PGL_2(\mathbb{R})$ の類推から明らかであるが，

$$GL_2(p) = \left\{ \begin{pmatrix} a & b \\ c & d \end{pmatrix} \;\middle|\; a,b,c,d \in F_p,\; ad - bc \neq 0 \right\}$$

と定義すれば，その中心は

$$Z(GL_2(p)) = \left\{ \begin{pmatrix} a & 0 \\ 0 & a \end{pmatrix} \;\middle|\; a \in F_p^\times \right\}$$

である．$PGL_2(p) = GL_2(p)/Z(GL_2(p))$ がガロアの考えた群である．

すでに本章の冒頭の部分で述べたが，ガロアは「最後の手紙」の中で

$$x_{\frac{k}{l}} \quad x_{\frac{ak+bl}{ck+dl}}$$

という記号を与えている．これは

$$x_{\frac{k}{l}} \longrightarrow x_{\frac{ak+bl}{ck+dl}}$$

という写像を考えていると理解すれば，すでに学んだ行列のベクトル空間の上の作用

$$\begin{pmatrix} a & b \\ c & d \end{pmatrix} \begin{pmatrix} k \\ l \end{pmatrix} = \begin{pmatrix} ak+bl \\ ck+dl \end{pmatrix}$$

や射影空間の上の作用

$$\begin{pmatrix} a & b \\ c & d \end{pmatrix} \left(\frac{k}{l} \right) = \frac{ak+bl}{ck+dl}$$

と同じものである．
　「ここで，$\frac{k}{l}$ は $p+1$ 個の値 $\infty\ 0\ 1\ 2\ \cdots\ p-1$ を取りえる．だから，k は無限大にもなりうるという取り決めをしておけば，簡単に

$$x_k \quad x_{\frac{ak+b}{ck+d}}$$

と書くことができる」とガロアが「最後の手紙」に書いているように，p 個の元からなる体 F_p 上の 1 次元射影直線 $P^1(F_p) = \{\infty, 0, 1, 2, \cdots, p-1\}$ に対してその上の置換を考えているのである．

──〈ちょっと考えよう●問5.5〉──
$|GL_2(p)| = (p-1)^2 p(p+1)$, $|PGL_2(p)| = (p-1)p(p+1)$ であることを証明せよ．

[ヒント]　$A = \begin{pmatrix} a & b \\ c & d \end{pmatrix} \in GL_2(p)$ とせよ．a, b, c, d は $ad - bc \neq 0$ を満たしていさえすれば，体 F_p の元なら何でもよい．a と b はともに 0 であってはいけないから，全部で $p^2 - 1$ 個の組み (a, b) の選び方があ

る．(a,b) を決めると $ad - bc = 0$ となる (c,d) の組みは全部で p 個ある．それゆえ $ad - bc \neq 0$ を満たす (c,d) の組みは $p^2 - p$ 個ある．ゆえに $|GL_2(p)| = (p^2 - 1)(p^2 - p)$ である．$|Z(GL_2(p))| = p - 1$ はやさしい．

ガロアも $PGL_2(p)$ の位数が $(p+1)p(p-1)$ であると述べ，さらに 2 つの群(コセット)に固有分解されると記している．そこで $SL_2(\mathbb{R}), PSL_2(\mathbb{R})$ に習って
$$SL_2(p) = \{A \in GL_2(p) | \det A = 1\}$$
$$PSL_2(p) = SL_2(p)/Z(SL_2(p))$$
と定義しよう．$Z(SL_2(p)) = \left\{ \pm \begin{pmatrix} 1 & 0 \\ 0 & 1 \end{pmatrix} \right\}$ である．

──〈ちょっと考えよう●問 5.6〉──
$|SL_2(p)| = (p-1)p(p+1)$, $|PSL_2(p)| = \dfrac{1}{2}(p-1)p(p+1)$ であることを証明せよ．

[ヒント] 問 5.5 のヒントに習っても証明できるが第 1 同型定理を用いてみよ．$GL_2(p)$ から $F_p^\times$ への準同型を考えよ．

問 5.6 は $p = 2$ のときには少し修正が必要である．実際，$SL_2(2) = PSL_2(2) \cong D_6$(位数 6 の 2 面体群)であるから問 5.6 の後半部分は $p = 2$ の場合は正しくない．ガロアはそんなことは気にしていない．数時間後には死ぬとわかっている決闘に出かけるのだ．ガロアの気持ちになって，この節でも少し不正確ではあるが $p = 2$ のことは気にしないことにする．

上の 2 つの問で得たように $PSL_2(p)$ の位数は $PGL_2(p)$ の位数のちょうど半分である．ゆえに，もし $PSL_2(p) \subset PGL_2(p)$ であれば，ガロアの主張の「2 つの群(コセット)に固有分解される」という部分も証明されたことになる．ところが，$SL_2(p) \subset GL_2(p)$ は明らかであっても $PSL_2(p) \subset PGL_2(p)$ とはいえない．$Z(SL_2(p))$ と $Z(GL_2(p))$ が異なる群だから，剰余群 $SL_2(p)/Z(SL_2(p))$ は剰余群 $GL_2(p)/Z(GL_2(p))$ の部分群とはいえないのである．

ガロアの手紙をよく読むと

$$x_k \quad x_{\frac{ak+b}{ck+d}}$$

で定義された置換のうち，$ad-bc$ が p の平方剰余になっているものだけを選べば，2つの群に固有分解されると述べている．整数 n に対してある整数 m が存在して $n \equiv m^2 \pmod{p}$ が成立しているとき，n は素数 p を法として**平方剰余**であるという．例えば，$2 \equiv 3^2 \pmod{7}$ であるから，2 は 7 を法として平方剰余である．一方，3 はこのようには表わせないから，7 を法として平方剰余ではない．数 n が平方剰余であるかないかは素数 p によって変わってくる．p,q を 2 つの異なった素数とする．ただし p,q はどちらも 2 ではないとする．本書では，くわしくは述べないが「p が q を法として平方剰余である」，「q が p を法として平方剰余である」という 2 つの命題の間に美しい関係があり「平方剰余の相互法則」と呼ばれている．

さて

$$H = \left\{ \begin{pmatrix} a & b \\ c & d \end{pmatrix} \in GL_2(p) \middle| \, ad-bc = x^2 \text{ となる } F_p \text{ の元 } x \text{ が存在する} \right\}$$

と定義しよう．スカラー行列 $\begin{pmatrix} a & 0 \\ 0 & a \end{pmatrix}$ $(a \neq 0)$ は明らかに H の元である．また，2 章 2.1 節で述べたように，いかなる素数 p に対しても原始根が存在するから $F_p^\times$ は巡回群であり，その位数は $p-1$ である．その生成元 r とすれば $F_p^\times = \langle r \rangle$ であり，$r = x^2$ とは表わすことはできない．しかし，指数 2 の部分群 $\langle r^2 \rangle$ のすべての元は，ある元の 2 乗になっている．$GL_2(p)$ の元を $A = \begin{pmatrix} a & b \\ c & d \end{pmatrix}$ とする．$\det A = ad-bc$ であるが $ad-bc = r^i$ と表わすとき，i が偶数であれば $A \in H$ であり，i が奇数のときは $i = 2m+1$ と表わせば，積 $\begin{pmatrix} r^{-1} & c \\ 0 & 1 \end{pmatrix} A$ は H の元となる．ゆえに $A = \begin{pmatrix} r & 0 \\ 0 & 1 \end{pmatrix} B, B \in H$ と表わすことができる．$GL_2(p)$ のすべての元

が H,または $\begin{pmatrix} r & 0 \\ 0 & 1 \end{pmatrix} H$ に属することが証明できた.これは $GL_2(p) = H \cup \begin{pmatrix} r & 0 \\ 0 & 1 \end{pmatrix} H$ を意味し,$\begin{pmatrix} r & 0 \\ 0 & 1 \end{pmatrix} \notin H$ であるから,H は $GL_2(p)$ の指数 2 の部分群であることがわかった.$H \supset Z(GL_2(p))$ であるから,射影変換に移行しても指数 2 である(問 4.8 参照).すなわち,$\overline{H} = H/Z(GL_2(p))$ とおけば $[PGL_2(p) : \overline{H}] = 2$ である.

───〈ちょっと考えよう●問 5.7〉───
第 1 同型定理を用いて $[PGL_2(p) : \overline{H}] = 2$ を簡明に示せ.

われわれが先に定義した $PSL_2(p)$ と $\overline{H}$ は同型であり,しかも集合としてもほとんど同じである.これは問とする.

───〈ちょっと考えよう●問 5.8〉───
次のことを示せ.r は $F_p^\times$ の生成元とする.
(1) $H = SL_2(p)R$.ここで,$R = \left\langle \begin{pmatrix} r & 0 \\ 0 & r \end{pmatrix} \right\rangle$
(2) $\overline{H} = H/R \cong PSL_2(p)$

ガロアは $p = 2$ または $p = 3$ でない限り,$PSL_2(p)$ は固有分解されないと述べている.言い換えれば,ガロアは $PSL_2(p)$ が $p = 2, 3$ 以外のときは単純群であるということを知っていたのである.$PSL_2(F_p)$ は $p+1$ 個の文字 $P^1(F_p) = \{\infty, 0, 1, 2, \cdots, p-1\}$ の上の置換群である.

「しかし,次数を下げるのは可能かどうかを知りたいと思う」とガロアは「最後の手紙」の中で問うている.群 $PSL_2(p)$ をもっと小さい次数の置換群として表わすことができないかという問題である.そして $p = 5, 7, 11$ の場合は p まで下げられるが,それ以上の p に対しては下げられないことが「完全に厳密に言える」とガロアはその手紙の中で述べている.

研究課題 5.2

$p \geq 5$ のとき $PSL_2(p)$ が単純群であることを示せ．また $PSL_2(p)$ が指数 p 以下の部分群をもつのは，$p = 2, 3, 5, 7, 11$ のときにかぎり，しかもその指数は p にひとしいことを示せ．

---

3 章 3.1 節で述べたように，すべての素数 p とすべての自然数 $n \geq 1$ に対して，p^n 個の元を持つ体 F_{p^n} が存在するので，$q = p^n$ として q 個の元を持つ体 F_q を考えよう．さらに，

$$GL_2(q) = \left\{ \begin{pmatrix} a & b \\ c & d \end{pmatrix} \;\middle|\; a, b, c, d \in F_q, \; ad - bc \neq 0 \right\}$$

$$SL_2(q) = \left\{ \begin{pmatrix} a & b \\ c & d \end{pmatrix} \;\middle|\; a, b, c, d \in F_q, \; ad - bc = 1 \right\}$$

と定義する．これらは有限群であり，位数も困難なく求めることができる．

〈ちょっと考えよう●問 5.9〉

$|GL_2(q)| = (q-1)^2 q(q+1)$, $|SL_2(q)| = (q-1)q(q+1)$ であることを示せ．

$GL_2(q)$, $SL_2(q)$ の中心もスカラー行列からなる．

$$PGL_2(q) = GL_2(q)/Z(GL_2(q))$$
$$PSL_2(q) = GL_2(q)/Z(SL_2(q))$$

と定義する．

〈ちょっと考えよう●問 5.10〉

次のことを示せ．
$$|PGL_2(q)| = (q-1)q(q+1),$$

$$|PSL_2(q)| = \begin{cases} (q-1)q(q+1) & q = 2^n \text{ のとき} \\ \dfrac{1}{2}(q-1)q(q+1) & \text{その他のとき} \end{cases}$$

ガロアの気持ちになって $p=2$ の場合は不正確なまま述べてきたが，問 5.10 は $p=q=2$ の場合も正しく含めてある．

正規部分群の概念はガロアに始まる．$PSL_2(p)$, $p \neq 2,3$, が単純群であることはガロアによるが，一般の有限体 F_q の場合には，モアが 1893 年に証明している．体 F_q は 1830 年頃にガロアによって F_p の代数拡大として意識されていたのだが，素体 F_p 以外はなかなか数学者には使われなかったようである．あの著名なジョルダンでさえ，一般の有限体は敬遠している．有限体の構造の唯一性がなかなかはっきりしなかったことがその理由のようである．有限体がガロア体に限るということもモアが証明した．1890 年代のことである．

5.4 楕円曲線

18 世紀から 19 世紀のはじめにかけての数学界では，5 次方程式のベキ根による解法が魅力的な問題の 1 つであった．しかし，解析学のほうでも魅力的な問題が 1 つあった．楕円の弧長を計算するときに現われる積分である．

アーベルが前者に対して本質的な貢献をしたことはすでに述べたが，この第 2 の問題でも本質的な貢献をする．前者が若い数学者のアーベルとガロアによって完結をみたように，後者はアーベルとさらに若い数学者のヤコビ（1804-51）によって著しい発展が遂げられるのである．

しかし，後者から生まれるものはあまりにも多く，その後 200 年を経た現代になってもその研究が完結する気配はない．むしろそれがもたらす裾野はどんどん広がっているとさえいえる．フェルマーの最終定理「$x^n+y^n=z^n, n>2$ は自明でない整数解を持たない」は，1994 年にワイルズによって得られた結果であるが，彼の証明にも楕円曲線論が深く関係している．

$$\frac{x^2}{a^2}+\frac{y^2}{b^2}=1$$

という式で定義される曲線を xy 座標系に描けば楕円ができる（図 5.3）．

$a \geq b$ はこれからも仮定する．x 軸と y 軸を取りかえれば常にそうなると思ってよい．楕円の長径が $2a$ で短径が $2b$ である．$e = \sqrt{a^2-b^2}$ と定

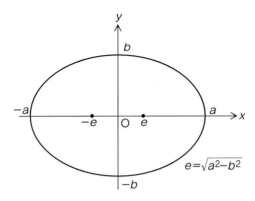

図 5.3　楕円$(a \geq b)$

義すれば，焦点は $(\pm e, 0)$ にある．楕円は惑星の軌道としてもあらわれる．

　円ならば面積も弧長も容易に求めることができる．楕円の面積も対応する円の面積に比例していることがわかるので求めることができる．しかし，楕円の弧長はそうではない．

　第 1 象限にある曲線部分は

$$y = \frac{b}{a}\sqrt{a^2 - x^2}$$

と表わされる．その部分の弧長を L とおく．一般に関数 $y = f(x)$ で表わされる曲線の $x = x_0$ と $x = x_1$ の部分にある曲線の長さは

$$\int_{x_0}^{x_1} \sqrt{1 + (f'(x))^2} dx$$

である．楕円の場合に計算を実行してみると

$$y' = \frac{-bx}{a\sqrt{a^2 - x^2}}$$

だから

$$L = \int_0^a \sqrt{1 + (f'(x))^2} dx = \int_0^a \sqrt{1 + \frac{b^2 x^2}{a^2(a^2 - x^2)}} dx$$

となる．簡単にするために変数変換をしよう．$z = \dfrac{x}{a}$ とおき，さらに $k^2 = \dfrac{a^2 - b^2}{a^2}$ とおく．

そうすると
$$L = a\int_0^1 \sqrt{\frac{1-k^2z^2}{1-z^2}}dz$$
とすこし見やすくなる．円は $k=0$ の場合で3角関数の逆関数を用いて積分できる．$k \neq 0$ の場合も $z = \sin\psi$ とおくと，
$$L = a\int_0^{\frac{\pi}{2}} \sqrt{1-k^2\sin^2\psi}d\psi$$
となる．いろいろ工夫をしても一般の場合の積分は初等関数(有理式，対数関数，指数関数，3角関数やそれらの逆関数の組み合わせ)では表わすことができない．

■ 初等関数で表わせない積分

代数方程式論に関して大きな功績を残したのはラグランジュであるが，楕円積分論に関しては，同時代にもうひとりの大家ルジャンドル(1752-1833)がいる．またその後にヤコビが続いた．
$$I = \int R(z, \sqrt{f(z)})dz$$
という形の積分を考えよう．ここで R は2変数の有理式を表わし，$f(z)$ は z の3次または4次の多項式である．初等関数では表わせない積分を考えているので，多項式 $f(x)$ は重根を持たないとする．ルジャンドルとヤコビは積分 I が次の3つの標準形に帰着することを示した．

$$\int \frac{dz}{\sqrt{(1-z^2)(1-k^2z^2)}}$$
$$\int \sqrt{\frac{1-k^2z^2}{1-z^2}}dz$$
$$\int \frac{dz}{(z^2-c^2)\sqrt{(1-z^2)(1-k^2z^2)}}.$$

ワイエルシュトラス(1815-97)の標準形と呼ばれるものもあって，それらは

$$\int \frac{dz}{\sqrt{4z^3 - g_2 z - g_3}}$$

$$\int \frac{zdz}{\sqrt{4z^3 - g_2 z - g_3}}$$

$$\int \frac{dz}{(z-a)\sqrt{4z^3 - g_2 z - g_3}}$$

である．それぞれ上から第 1 種，第 2 種，第 3 種と呼ばれている．ここで $g_2^3 - 27g_3^2 \neq 0$ である．そうでないと積分が初等関数で表わされてしまう（後出の問 5.11 参照）．係数に g_2, g_3 という文字が使われている．この g_2, g_3 には深い意味があるのであるが，本書ではそれには触れない．それゆえ，$4z^3 - g_2 z - g_3$ は $4z^3 - az - b$ と書いたり，さらに簡単にすることもできる．

研究課題 5.3

$I = \int R(z, \sqrt{f(z)}) dz$ とする．ただし，R は 2 変数の有理式を表わし，$f(z)$ は z の 3 次または 4 次の多項式とする．積分 I はルジャンドルとヤコビの標準形，ワイエルシュトラスの標準形に帰着することを示せ．

ワイエルシュトラスの標準形の第 1 種のものをとり，

$$u = \int^z \frac{dz}{\sqrt{4z^3 - g_2 z - g_3}}$$

で定義される不定積分を考える．u を z で微分して，

$$\frac{du}{dz} = \frac{1}{\sqrt{4z^3 - g_2 z - g_3}}$$

を得る．各々逆数をとると，

$$\frac{dz}{du} = \sqrt{4z^3 - g_2 z - g_3}$$

となり，z を u の関数とみて，

$$\left(\frac{dz}{du}\right)^2 = 4z^3 - g_2 z - g_3$$

が成り立つ．

$x = z$, $y = \dfrac{dz}{du}$ とおいて,
$$y^2 = 4x^3 - g_2 x - g_3$$
が得られる．通常，変数の x, y は複素数をとる．式 $y^2 = 4x^3 - g_2 x - g_3$ を満たす (x, y) は複素 2 次元空間の中に複素 1 次元の曲線を描く．これを，**楕円曲線**という．g_2, g_3 は実数とは限らないが，先に注意したように $g_2^3 - 27 g_3^2 \neq 0$ は満たすとする．

─〈ちょっと考えよう●問 5.11〉─

方程式 $x^3 + ax + b = 0$ が重根をもつための必要十分条件は $4a^3 + 27b^2 = 0$ であることを示せ．これからワイエルシュトラスの標準形の仮定 $g_2^3 - 27 g_3^2 \neq 0$ を導け．

上の問から，$g_2^3 - 27 g_3^2 \neq 0$ は方程式 $4x^3 - g_2 x - g_3 = 0$ が重根をもたないことと同値である．
$$y^2 = 4x^3 - g_2 x - g_3$$
のグラフは，$g_2 = 7$，$g_3 = -1$ の場合にその実数部分を図示すると図 5.4 のようになる．ただし，x 軸方向は 2 倍の縮尺で描いてある．現在では標準形としては，$y^2 = x^3 + ax + b$ が用いられることが多い．x 軸と y 軸を同じ縮尺で図示してみると，現在の標準形の方が見た目にはバランスのとれたよい図が書ける．本書の主役はラグランジュ，アーベル，ガロアである．それゆえ，ここでもやや古典的な標準形の $y^2 = 4x^3 - g_2 x - g_3$ をそのまま用いることにする．

図示された曲線は楕円とはまったく似ても似つかぬものである．<u>楕円曲線は楕円ではない</u>．楕円の弧長を表わす楕円積分をその起源にもっているという意味である．

楕円曲線は，正確には 3 変数の (斉次) 方程式
$$y^2 z = 4x^3 - g_2 x z^2 - g_3 z^3$$
から決まる射影曲線と考える．本章の 5.2 節で 1 次元射影空間 $P^1(\mathbb{R})$ を考えたが，それを拡張して複素数体上の 2 次元射影空間 $P^2(\mathbb{C})$ を考える．(a, b, c) を複素数体上の 3 次元空間 $\mathbb{C}^3$ の元で，a, b, c のどれかは 0 でない

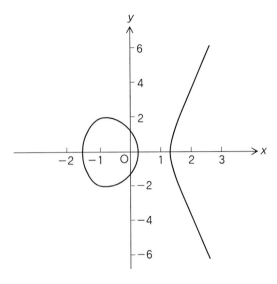

図 5.4　$y^2 = 4x^3 - 7x + 1$ のグラフ

とするとき，
$$[a:b:c] = \{(d,e,f) \in \mathbb{C}^3 \mid (d,e,f) = \alpha(a,b,c),\ \alpha \in \mathbb{C}\}$$
と定義する．1 次元射影空間のときと同じく，原点 O と点 (a,b,c) を通る直線を $[a:b:c]$ とおいたのである．そこで
$$P^2(\mathbb{C}) = \{[x:y:z] \mid x,y,z \in \mathbb{C},\ (x,y,z) \neq (0,0,0)\}$$
とおき，$P^2(\mathbb{C})$ を $\mathbb{C}$ 上の **2 次元射影空間**と呼ぶ．

複素数体 $\mathbb{C}$ の上で定義された $P^2(\mathbb{C})$ はイメージがつかみにくいが，実数体上の 2 次元射影空間 $P^2(\mathbb{R})$ は 3 次元空間 $\mathbb{R}^3$ の中の原点を通る直線全体のなす空間である．原点を通る直線をサーチライトと思えば，そのサーチライトが $y^2z = 4x^3 - g_2xz^2 - g_3z^3$ を満たしながら天空に描く軌跡（図形）が楕円曲線である．頭上の高いところに大きな紙を広げるとサーチライトがその紙の上に曲線を描く．これが楕円曲線の（実部分の）1 つのイメージを与える．

$P^1(\mathbb{R})$ のときと類似で，$z \neq 0$ のときは，$z = 1$ とおくことができて，$y^2 = 4x^3 - g_2x - g_3$ を満たす点 $[x:y:1]$ が楕円曲線上の点であり，**有限点**と呼ばれる．関係式 $y^2z = 4x^3 - g_2xz^2 - g_3z^3$ に従ってサーチライトが

天空に軌跡を描くとき，頭上高さ 1 (キロメートル) のところに大きな紙を広げれば，1 つの曲線が描かれる．それが楕円曲線の (実) 有限点からできる曲線である．

$z = 0$ を $y^2 z = 4x^3 - g_2 x z^2 - g_3 z^3$ に代入すれば，$x = 0$ となるから $y = 1$ とすることができる．このことを楕円曲線は無限遠にただ 1 つの点 $[0:1:0]$ を持っているという．サーチライトを水平線方向に向けると高さ 1 のところにおいた紙とは交わらない．しかし，$[0:1:0]$ は関係式を満たすから，無限遠に 1 点があるとするのである．原点を通る直線のことばでいえば，$[0:1:0]$ は x, y, z 座標系の y 軸である．また，無限遠点は見方による．たとえば，座標系を変えれば無限遠点は有限点になる．上で述べた大きな紙を斜めに傾ければよい．射影曲線などという難しいものを考えるのは，その方が曲線の性質が簡明に述べられるからである．例えば「m 次曲線と n 次曲線は mn 個の点で交わる」というベズーの定理は点の交わりに関する重複度はいうまでもなく，無限遠点を考えに入れておかないと成立しない．

しかし，実際の計算は
$$E = \{[x, y] \mid y^2 = 4x^3 - g_2 x - g_3\} \cup \{\infty\}$$
とおいて，E を楕円曲線と見なす方がイメージがつかみやすい．すなわち，楕円曲線を平面の中の曲線に無限遠点を付け加えたものと見なすのである．これから楕円曲線の上に加法を定義するが，ベクトルの和と紛らわしいので楕円曲線上の有限点を $[x, y]$ と書いた．しかも，この記号は $[x:y:1]$ にも通ずる．無限遠点 ∞ を $[0:1:0]$ として考える必要のあるときだけ，$[x, y] = [x:y:1]$ とすればよい．

■ 楕円曲線と加法群

さて，楕円曲線 E には次のようにして**加法群**としての構造が定まっている．無限遠点 $\infty = [0:1:0]$ をとり O とおく．実際，O は加法群の単位元になる．P, Q を E 上の点とする．P と Q を通る (射影) 直線を l とおく．$P = Q$ の場合は l は P を通る接線である．E と l の 3 つ目の交点を R とする．l' を R と O を通る直線として，S を l' と E の 3 つ目の交点とする．このとき，$S = P + Q$ と定める．3 つ目というのは重複を考えにいれ

てあるから注意が必要である．もっとも極端な場合は，$P=Q=O$で，その場合は$R=O$となる．3つとも全部同じ点になるのである．

有限点$P_1=[x_1,y_1]$, $P_2=[x_2,y_2]$で$x_1 \neq x_2$の場合に和P_1+P_2をもう一度定義してみる(計算例は図5.5を見よ)．まず，点P_1とP_2を通る直線をlとする．lとEとの交点を$P_3=[x_3,y_3]$とするとき，$P_1+P_2=[x_3,-y_3]$と定義するのである．P_3がE上の点ならば，P_1+P_2も曲線の式を満たすことは明白である．

いくつかのことを検証しなければならない．

(0)　Eのどの2点P,Qに対しても和$P+Q$が一意的に定義できる．

(1)　$P+O=P$.

(2)　$P+Q=Q+P$.

(3)　すべてのPに対してP'が存在して$P+P'=O$.

(4)　$(P+Q)+R=P+(Q+R)$.

3次曲線と直線の交点数はベズーの定理により3個であるから，(0)は成立している．しかし，2点の和を具体的に決めることができるのでベズーの定理を用いる必要はない．ここでは命題(0)でP,Qともに有限点の場合だけを証明する．一方がOの場合は命題(1)に含まれる．命題(0)〜(3)の残っている部分は問とし(4)は研究課題とする．

有限点P,Qを通る直線または接線lの方程式を
$$ax+by=cz$$
として，
$$y^2z=4x^3-g_2xz^2-g_3z^3$$
との交点を求めてみよう．a,b,cのすべては0でない．

まず，$b=0$とする．この場合は，lの方程式は$ax=cz$となり，$O=[0:1:0]$が交点になる．Eとlの有限点の交点を調べよう．$z=1$とおいて，$x=\dfrac{c}{a}$とただ1つに決まり，$y^2=4x^3-g_2x-g_3$からyが2個または1個さだまる．2個のときは，もとの点P,Q $(P \neq Q)$であり，1個のときは重根でlは$P=Q$における接線である．ゆえに，この場合は(0)が証明された．

$b \neq 0$としよう．無限点は交点ではないから，$z=1$とする．$y=\dfrac{1}{b}(-ax+c)$を$y^2=4x^3-g_2x-g_3$に代入して，xの値は重複を数えて3個となる．

いずれの場合にも和が一意的に定義できる．これで E にひとつの算法が定義できた．

───〈ちょっと考えよう●問 5.12〉───
(0)〜(3) をすべての場合について証明せよ．

─── 研究課題 5.4 ───
(4) を証明せよ．

［計算例］ $y^2 = 4x^3 - 7x + 1$ とおく．$P_1 = [0, 1]$, $P_2 = [0, -1]$, $Q_1 = [-1, 2]$, $Q_2 = [-1, -2]$ は曲線上の有限点である．$P_2 + Q_1$ を計算しよう．

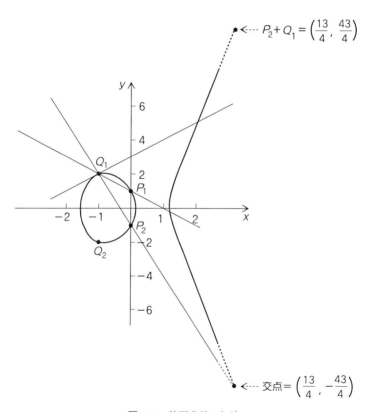

図 **5.5** 楕円曲線の加法

$y=-3x-1$ が P_2, Q_1 を通る直線の方程式であるから,$y^2=4x^3-7x+1$ と連立させ,$\left(\dfrac{13}{4}, -\dfrac{43}{4}\right)$ が直線と曲線の第3の交点である.ゆえに,$P_2+Q_1 = [0,-1]+[-1,2] = \left[\dfrac{13}{4}, \dfrac{43}{4}\right]$ である.

なお,一般の楕円曲線
$$y^2 = 4x^3 - g_2 x - g_3$$
の加法を座標で具体的に書くと
$$[x_1, y_1] + [x_2, y_2] = [x_3, y_3]$$
とするとき
$$x_3 = -x_1 - x_2 + \frac{1}{4}\left(\frac{y_1-y_2}{x_1-x_2}\right)^2$$
となる.これがアーベルの加法公式と呼ばれているものである.$x_1 = x_2$ のときはこのままでは使えない.問とする.

---〈ちょっと考えよう●問 5.13〉---

(1) アーベルの加法公式を証明せよ.また,y_3 の公式を導け.

(2) 楕円曲線 $y^2 = 4x^3 - 7x+1$ 上の点 $P_2 = [0,-1]$, $Q_1 = [-1, 2]$ に対して,公式を用いて,$x_3 = \dfrac{13}{4}$, $y_3 = \dfrac{43}{4}$ となることを確かめよ.

(3) $P_1 = [0,1]$, $Q_1 = [-1, 2]$ のとき,$P_1 + Q_1$ を求めよ.

(4) $P_1 + P_2$ を求めよ.$Q_1 + Q_1 = 2Q_1$ を求めよ.

(5) 一般に,$x_1 = x_2$, $y_1 \neq y_2$ の場合はどうなるか.また,$x = x_1 = x_2$, $y = y_1 = y_2$ のとき $2[x, y] = [x', y']$ とおくと,
$$x' = \frac{16x^4 + 8g_2 x^2 + 32g_3 x + g_2^2}{16(4x^3 - g_2 x - g_3)}$$
であることを示せ.

[(5)のヒント] 楕円曲線の y 座標は $y = \dfrac{dx}{du}$ である.$\displaystyle\lim_{u_1 \to u_2} \dfrac{y_1-y_2}{x_1-x_2}$ はロピタル(L'Hôpital)の規則によって求めることができる.

n を一般の自然数とするとき,$n[x, y] = [x', y']$ を満たす x', y' は,その

導出方法もできあがった式も簡単なものではないが，知られている(あとがきの文献[10]に詳しく書かれてある)．たとえば，x' は x の有理式 $\dfrac{P_n(x)}{Q_n(x)}$ になる．これを，

$$P_n(x) - x'Q_n(x) = 0$$

の形の書くと，一般的には，x についての次数が n^2 の方程式ができる．このように，点 $[x, y]$ の n 倍点 $[x', y']$ は計算することができる．次に上の式を x' が既知数で x が未知数と考えよう．すると未知数 x に関する n^2 次の方程式 $P_n(x) - x'Q_n(x)$ ができる．この方程式を，x を解くことができれば対応する y もわかり，点 $[x', y']$ の n (等) 分点 $[x, y]$ が計算できたことになる．問 5.13(5) は $n = 2$ のときの式を与えるが，それは x については 4 次方程式となっている．根の公式(第 2 章の表 2.1)を用いれば，x はベキ根で解ける．すなわち，楕円曲線の 2 等分点はベキ根で解けるのである．

アーベルは，一般の自然数 n に対して，x' を既知としたとき，$P_n^*(x) - x'Q_n^*(x) = 0$[4]はベキ根で解くことができるかという問題を考えた．すでに述べたように，$n = 2$ ならば，それはベキ根で解ける．また接線を用いる方法もおもしろいので，少し難しいが，次の問を出す．

───〈ちょっと考えよう●問 5.14〉───
$Q_2(x) = 0$ の根を e_1, e_2, e_3 として $P_2(x) - x'Q_2(x) = 0$ を解け．

アーベルは主として $x' = 0$ (すなわち，$P_n^*(x) = 0$) で，しかも n が奇数の場合を考えたが，その場合でも一般にはベキ根では解けないだろうと予想した(この予想は数年後ガロアによって肯定的に解かれた)．一般的には否定的な予想をしたのであるが，アーベルは $P_n^*(x) = 0$ がベキ根で解けるためには，もとの楕円曲線(アーベルにとっては楕円関数)はどのような条件を満たさなければならないかという新しい問題を考えた．そして，**虚数乗法**を持つ楕円曲線という大発見をしたのである．

---

[4] アーベルは P_n, Q_n という記号を使うが，それらはルジャンドル/ヤコビの標準形を用いて導出されているので，本書の $P_n(x), Q_n(x)$ と同じものではない．それらを区別する意味で，$P_n^*(x), Q_n^*(x)$ と書いた．アーベルの $x' = 0, P_n^*(x) = 0$ は本書の記号では $x' = \infty, Q_n(x) = 0$ に対応している．群論的には，位数 n の元を考えていることになる．

すでに述べたように楕円曲線 E は加法群の構造をもつ．それゆえ，すべての整数 n に対して曲線上の点 P を nP に移す自己準同型写像が存在する．すなわち，E の自己準同型全体の集合は $\mathbb{Z}$ を含む(すべての $P \in E$ に対して $nP = 0$ となる n は存在しないということは証明をしなければならない)．一般の楕円曲線ではこの $\mathbb{Z}$ 以外には準同型はない．しかし，ある種の楕円曲線は虚数乗法と呼ばれる自己準同型をもつ．この場合，虚数乗法は上の'実数乗法' $P \to nP$ に対比して用いられている[5]．

楕円曲線 E が虚数乗法をもつと自己準同型写像全体は，加法群として $\mathbb{Z} \oplus \mathbb{Z}$ に同型となる．一般の楕円曲線のそれが $\mathbb{Z}$ であったのにくらべると格段に自己準同型が多い．アーベルはこのような楕円曲線に対してならば，上に述べた方程式 $P_n^*(x) = 0$ がベキ根で解けるということを証明したのである．

自己準同型はシンメトリーではないが，準シンメトリーとはいえる．いかなる楕円曲線に対しても自己準同型写像全体は $\mathbb{Z} \oplus \mathbb{Z}$ より多くなることはないので，アーベルは考えている楕円曲線が準シンメトリーを可能な限り多くもっているときには，方程式 $P_n^*(x) = 0$ がベキ根で解けるということを証明したことになる．

この後の楕円曲線の話は尽きることなく現在に至る．「群の発見」は尽きることはないのである．だが他の書物に手を渡すべきだろう．

---

[5] $g_2=0$ または $g_3=0$ であれば，楕円曲線は $y^2=4x^3-g_3$ または $y^2=4x^3-g_2x$ となり，それぞれ $(x,y) \to (\omega x, \pm y)$, $(x,y) \to (-x, \pm iy)$ で定義される虚数乗法をもつ．ω は 1 の原始 3 乗根である．

第6章
アーベルとガロア

　アーベルが生まれたのが1802年で，ガロアはそれから9年後の1811年に生まれている．その頃にはもうバッハもモーツァルトもいなかった．ベートーヴェンは30代から40代になってゆくときであり，1823年に第9交響曲を書いている．1822年に未完成交響曲を書いたシューベルトも生きていた——彼はアーベルやガロアのようにすぐ死んでしまうのだが．ハイネはまだ少年で，1801年にファウスト第1部を書いたゲーテも生きていた．

　このように音楽や文学などの芸術が最高の高みに達しつつあった頃である．だが，世の中は騒然としていた．その頃の歴史年表を見ると，後から後へと戦争の記録ばかりである．イギリス，フランス，スペイン，ロシア，プロシャ，オーストリア，アメリカ，……，どの国も戦争をくり返していた．条約，和約などと戦争処理はされるが，それらは次の戦争へのしばしの息継ぎの意味しかなかった．

　他国との争いばかりかというとそうではない．1789年7月14日に勃発したフランス革命をその一番大きい例として，自国内でも争いが絶えなかった．フランス革命が終わるとナポレオンが登場し，1802年に彼は終身の第1執政となり，1804年にフランス人民の皇帝になる．1812年にナポレオンはロシア遠征で失敗し，2年後に無条件退位となる．その後100日天下もあったが，また敗れ，セントヘレナに消えてしまう．そしてまた新たな争いがおこる．そんなヨーロッパであった．

人はそれでは，互いに傷を付け合ってばかりいたのだろうか．すべての人が平和に，幸せに命が終えられるように，努力をしていた人はいなかったのだろうか．年表を開いてみると，

 1765 年 ワット：蒸気機関の改良に成功
 1814 年 スティーヴンソン：蒸気機関車を発明
 1819 年 蒸気帆船が大西洋を初めて，20 日間で横断成功
 1825 年 世界で初めての鉄道がストックトン/ダーリントン間に敷設される

というように蒸気機関に関係していることだけでもいくつかある．

だが，人はおおむね貧乏だったのだ．大量生産がどの分野でも可能な現代からみれば，技術のレベルは低かったのだ．皆が幸せになれるほどの食料も物資も生産することができなかった．

また年表を開いてみると，

 1821 年 メキシコ独立宣言
 1822 年 カトリック教会が 1616 年以来の地動説禁止を撤回
 1822 年 シャンポリオンがエジプト文字を解読
 1826 年 非ユークリッド幾何学
 1830 年 7 月革命
 1837 年 モールス，有線電信機発明

と時代は下っていく．そんな時代にアーベルもガロアも生まれたのだ．そして，2 人とも，生きたか生きないかわからないうちに，死んでしまうのである．

6.1　アーベルの歩み

アーベル(ニールス・ヘンリック)は 1802 年 8 月 5 日に生まれ，1829 年 4 月 6 日に死んだ．結核を病んでいたのである．婚約者に見守られながら，27 歳にもなれずに死んでしまうのだ．しかし，アーベルは数学の主な分野のほとんどすべてで不滅の仕事を残している．アーベル群，アーベル積分，アーベル多様体など，アーベルの名のついた数学用語を用いないで一生仕事を続けることのできる数学者はまずいないであろう．

アーベルの祖父も父親も牧師であった．彼らの教区はノルウェーのオスロ・フィヨルドの西海岸からあまり離れていないイエールスタードというところにあった．メキシコ湾流という暖かい海流の恩恵を少しは受けてはいたが，北緯 59 度のこの地方の冬は寒かった．

図 **6.1** イエールスタード，リーソル，オスロ(クリスチャニア)

イエールスタードは海に面していなかったが，近くのリーソルという町は海沿いにあった．その町にニールス・ヘンリック・サクシルド・シモンセンという事業家がいて，その娘のアンヌ・マリーとセレン・ゲオルグ・アーベルが結ばれて，天才数学者ニールス・ヘンリック・アーベルが生まれるのである．結婚後まもなくセレン・ゲオルグは妻を伴って，自分自身に与えられた教区へと出発する．その教区フィンネイには 1800 年の 1 月に着いた．そして夫妻の間に次男として生まれたのがニールス・ヘンリック・アーベルである．まもなく祖父が没し，その後任の牧師としてニールス・ヘンリックの父が任命された．1804 年，4 年ぶりにアーベル夫妻は 2 人の男の子を連れてイエールスタードに戻ることになる．そしてこの 4 人家族はそのうちに 5 人の男の子と 1 人の女の子の 8 人家族となった．

1815年の秋，13歳のニールス・ヘンリックは兄のハンス・マシアスとともにオスロのカテドラル学校(教区に付属した学校)に入学した．成績がよいというほどでもなかったが，数学だけはよくできたようだ．16歳になったアーベルにとって1818年は重要な意味をもつことになる．ホルムボエが新任の教師として学校に赴任してきたのである．ホルムボエはアーベルより7つだけ年上だったが，アーベルの数学的才能をいち早く見出すことができた．ニールス・ヘンリックはまもなく自分が難しい問題も解けることを見出したのである．その頃からアーベルは数学にひきこまれてゆき，数学にほとんど全部の時間を費やすようになった．そして，ガウス，ラグランジュ，ダランベールなどを読んだ．

教師のホルムボエは報告書に「数学の天才で，将来は優れた数学者になるだろう」と書いている．本当は「世界最高の数学者」と書きたかったらしい．幼い頃からひ弱で，独りではいられない性格であったニールス・ヘンリックはここに生涯の友人を得たのである．1819年から2年間は，カテドラル学校における最後で，アーベルは飛躍を求めて研究を続けた．数学の未解決の問題に挑戦し始めたのである．ニールス・ヘンリックは17歳になっていた．それらの未解決問題の1つに5次の代数方程式の根の公式があった．

アーベルは5次方程式の根の公式が発見できたと思った．ホルムボエもオスロ大学の教授のハンステーンもアーベルの論文の中に誤りを見つけることはできなかった．そこで彼の論文はデンマークの数学者フェルディナンド・デーゲンに送られた．デーゲンもアーベルの論文の中に誤りを見つけることはできなかったようだ．デーゲンはハンステーンに「この論文はアーベルの並々ならぬ才能を示していること」「より詳しい証明または数値例が必要」と返事を書いた．しかし，アーベルは実例を計算してみて，自分の方法が間違っていることを知るのである．

父親は牧師としても政治家としても失敗し，その失意の中に死んだ．アーベルの少年期も青春期も17歳にして，あっというまに過ぎてしまったのである．ともにオスロのカテドラル学校に行った兄はカテドラル学校を中退することになる．精神異常の兆候を示し始めるのである．ニールス・ヘンリックも若かったが家族に対する責任は彼にかかってきた．ニールスは

幼い弟妹を助けるため，自らも困窮しながらいろいろな努力をすることになる．

　1821年夏，アーベルはカテドラル学校を卒業する．もうすぐ19歳になる頃だった．そしてオスロ(クリスチャニア)大学に進み，そこで1825年までの4年間を過ごすことになる．カテドラル学校のホルムボエの指導教官であったハンステーン教授や，ラスムッセン教授，トレショウ学長などが助けの手を差しのべてくれたおかげで，まったく資力のないアーベルも学業が続けられた．アーベル自身も数学の家庭教師をして収入を得ている．またアーベルは弟ペデルの学業を助けるために，大学へ許可願いを出し，大学宿舎の彼の部屋に弟とともに住めるようにしている．

　1822年6月アーベルは準備試験をおえ，理論物理学，数学などで良い成績をとり，自分の研究ができるようになった．17歳の頃から数学の研究をしていたアーベルだったが，まだ成果といえるものはなかった．

　1823年になってアーベルははじめて自分の論文を印刷された形で発表した．それは「任意の種類の微分方程式の積分可能性を求める方法」という題であった．ラスムッセン教授はアーベルに資金を与え，コペンハーゲンに行ってデンマークの数学者に会ってくるようすすめる．アーベルは喜んで2カ月ほどの旅にでる．コペンハーゲンでは，アーベルが17歳のときに書いた「5次方程式の代数的解法」という題の論文に対して，数値計算をするようにとか，方向を変えて**楕円関数**に関する研究をしてはどうかとか，有益な助言をしてくれたデーゲンにも会った．

　また，アーベルはその1年後婚約することになるクリスティーヌ(クレリー)・ケンプにも出会っている．そればかりではなくコペンハーゲンを去る頃には，楕円関数に関する素晴らしい考えに到達していた．**楕円積分の逆関数を考えて，それが2重周期性をもつことを発見したのである．**

　また，アーベルはフェルマーの最終定理といわれた問題も考えていた．それは

$$x^n + y^n = z^n$$

という方程式は$n \geq 3$のときは整数解をもたないという'定理'である．ただし，x, y, zのどれも0ではないとする．この問題に関しては，アーベルの関係式とかアーベルの予想というものもある．フェルマーの最終定理は

最近，アンドリュー・ワイルズによって解決されたのだが，アーベルの予想はそのときまで解決しなかったようである．

アーベルは5次方程式の解法に再び取り組んだ．そのことに関しては，ラグランジュの業績が大きく，少年時代を過ごしたカテドラル学校でもアーベルが最も熱心に勉強したのがラグランジュの仕事だった．第2章で述べたが，ラグランジュの仕事は一般 n 次方程式が根号で解けるための条件を提出していた．そのため解の公式がないのではないか，とはアーベルもはじめは考えなかったようである．

数値計算をしなかったために初期の誤りはあったものの，アーベルはそのうちに5次方程式の解法は不可能ではないかと思い始める．コペンハーゲンから戻るとアーベルはその不可能性の証明を考え始める．そして彼は1823年の終り頃，ついに5次方程式の根号による解法の不可能なことを証明することができた．それについては，やはり，第2章で述べた．

アーベルは21歳になっていた．そしてこの「5次の一般方程式の解法の不可能性を証明する代数方程式に関する論文」はフランス語で書かれ，自費出版された．費用を節約するために6ページに縮められて出版された．そのため文章が簡潔になりすぎて，読みにくく，コピーを受け取った人のほとんどが理解することができなかった．また，その1部はガウスにも送られたが，彼は自分の論文と一緒にしまって忘れてしまい，一生開くことはなかったらしい．アーベルはその後さらに厳密な証明を二度も書いている．

オスロ大学の教授達はアーベルの才能を認め，王から旅行資金を受けられるようにしてくれた．彼らはアーベルが大陸，特にパリでもっと研究するべきと思ったのである．1825年の初秋，アーベルはヨーロッパ大陸へ2年間の研究旅行に出発した．友人のケイルハウ，ボエック，メーラーも一緒だった．アーベルは23歳になっていた．

アーベルはまずベルリンに行った．ベルリンの数学者に会いたかったというよりも，一緒にオスロから来た3人の友人と離れてパリに行くのが不安になったらしい．しかし結果的には計画を変更してベルリンに行ってよかった．アーベルのその後の研究に大きい影響をもつことになるオーグスト・レオポルド・クレレに会ったのである．あの有名なクレレ誌(Journal für die reine und angewandte Mathematik)を創設したクレレである．5次

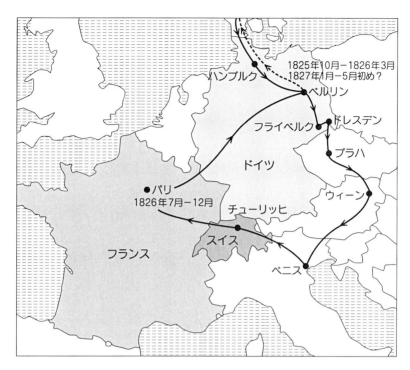

図 6.2　アーベルの大陸旅行　ドイツ，チェコスロバキア，オーストリア，イタリア，スイス，フランス

方程式の解法の不可能性を証明した論文をクレレに示したが，全部はわかってもらえなかったようだ．

　クレレはドイツには数学の専門雑誌はないので，それを準備しているとアーベルに語った．彼はアーベルの論文のいくつかを第1号にのせることを約束してくれ，論文はよく書けているがドイツ人のためにはもう少していねいに書いたほうがよいなどとアーベルに忠告もしてくれた．クレレは自分自身の研究では目覚ましい功績は残さなかったが，アーベルの数学の深さは十分に理解できた．そしてアーベルはクレレを心から尊敬していた．ベルリンに予定を変えて訪問したことは本当によいことだった．

　アーベルは代数的に解くことのできるすべての方程式をみつけることを考え始め，特別な場合としてアーベル方程式と後にいわれるものを考え始めた．しかし，一般の場合は，ガロアの出現を待ってはじめて完成するのである．

オスロ大学のラスムッセンはアーベルが大陸に旅発った1825年の秋に退職を決心した．後任の候補者は2人にかぎられていた．それはホルムボエとアーベルであった．ホルムボエは8年間もオスロの学校の教職にあり優れた教師であることは十分に証明されていた．ニールス・ヘンリック・アーベルが17歳のとき，彼の数学的才能を見出し，世界最大の数学者になるだろうと予測したのもほかならぬホルムボエなのであった．

大学当局はアーベルの才能を十分に認めながらも，大学の初等数学教育には経験の豊富なホルムボエのほうがよい，アーベルは海外研究旅行に発ったばかりであり，いま呼び戻せば彼の研究の妨げになる，などという理由から最終的にはホルムボエを文部省に推薦した．精神異常を示している兄，そしてその他に4人の弟妹を故国ノルウェーに残しているアーベルにとって，これはいかにも大きな打撃であった．アーベルは結婚を無期限に延期する手紙をクレリーに書くことになってしまったのである．

研究のために海外旅行をしているとはいえ，アーベルはやはり故国に帰りたかった．そこで兄弟姉妹のことを考えながら落ち着いて研究がしたかった．彼は寂しがりやであったのだ．

「私は生まれつき，絶対に独りでいられないし，少なくとも非常に無理をしなければ一人きりでいることができないのです．そんなとき，わたしはまったく憂鬱になり，研究する気さえおこらないのです」[1]

とハンステーンへ書いている．

1825年の秋にオスロを発ったのであるが，それから，ベルリン，フライベルク，ドレスデンなどのドイツの町でその冬を過ごし，翌年3月末，アーベル，ケイルハウ，ボエックの3人はまずウィーンへ，そしてその後，プラハに向かい，またウィーンに戻った．それからスイスを通りイタリアに向かった．そして，スイスを経て，7月にやっとパリに着いた．10カ月を旅行に費やしたのである．それは見かけ上は怠慢であったが，アーベルの頭の中にはいろいろな数学上の考えが詰まっていた．パリではそれを論文の形にすればよいだけだったのである．

ケイルハウ，ボエックなどの友人達と劇を見たり，名所を訪ねたりしな

---

[1] 『アーベルの生涯/数学に燃える青春の彷徨』，O. オア著，辻雄一訳，東京図書，1974.

がらあれだけの仕事ができるとはさすがにアーベルは天才である．アーベルはそれらの結果を逐一クレレに書き送った．今までにアーベルが会った人の中ではクレレが彼の仕事を一番よく理解していた．

パリではルジャンドル，ラプラス，コーシーなどの数学者に紹介されたが，アーベルは概ね無視されたようである．

しばらくパリで一緒に過ごしたケイルハウが帰国してしまうと，ただでさえ寂しがりのアーベルはほんとうに独りぼっちになってしまった．パリにはたしかに有名な数学者はいたのだが，彼らは老大家であってアーベルには近づきがたかった．そしてパリの学者は排他的でもあった．しかし，アーベルは王からの奨学金の条件のためにも，パリで認めてもらうためにも，大論文を完成したかったのである．

1826年の10月末にアーベルの論文がルジャンドル，コーシーによって審査されることになった．しかしコーシーは自分自身の仕事に熱中していた．科学アカデミーでの職務に時間を費やすのが惜しかったのである．アーベルも，そして，ガロアもコーシーのこのような無関心さの犠牲となってしまうのである．

ノルウェーでのアーベルの就職のことは相変わらずなんの進展もなかった．アーベルの将来はだんだんと閉ざされてきたのである．そうこうしている間に婚約者のクレリーとの関係も冷えたものになってしまった．

ノルウェーにおけるアーベルの就職をめぐる状況は悪くなるばかりであったが，ドイツではクレレがアーベルのためにと懸命に努力を続けていた．しかしクレレにもはっきりしたことはいえなかった．そのような中でもアーベルはせっせと数学の研究をした．そしてすばらしい結果が次々に生まれてきた．

アーベルの持っているお金もさびしくなり，1826年末にアーベルはパリを発って，ベルリンへ向かった．2年間滞在するはずだったパリには半年足らずしかいなかったわけである．パリにいても数学上得られるものは少なかったし，お金も底をついてきた．そしてアーベルはひとりで寂しかったのである．ベルリンにつくと彼は本当にほっとした．婚約者のクレリーからの手紙もきていた．ただお金はなく，ホルムボエに借金の手紙とその催促を書かねばならなかった．そんなときアーベルは病気になった．

彼の経済的な困窮とそして寂しがりやのことを思うと身につまされる．アーベルは 24 歳になっており，そして結核にかかっていた．アーベルはあと 2 年しか生きられないのである．その中で世界の誰もが達していない高みに達していた．そしてもっともっと高いところに到達しようとしていた．天才とは，並外れた頭脳をもっているばかりでなく，どんな状況にあってもその才能を使うことができるということなのである．

ノルウェー政府との約束の 2 年はまだ終わっていなかったが，アーベルは 4 月末ベルリンを発った．最低生活を送る覚悟ならもっと滞在することはできたろう．しかし兄弟姉妹，婚約者クレリー，そして愛する故国ノルウェーのことを思うと，外国生活はもう終わってよいと思いはじめたのだった．

コペンハーゲンで 2 年前に別れたときと変わらぬクレリーに会い，5 月 20 日アーベルはオスロに着いた．大学へ報告書を書き，また援助を願い出た．母へも会いに行った．7 月 1 日付けで援助がでることになったがアーベルは借金の返済に追われていた．定収入のないアーベルは学生時代にやったようにまた家庭教師さえ始めた．

1827 年 9 月にアーベルの論文はクレレ誌に載せられた．それは，楕円関数，2 重周期性，級数および乗積，乗法定理および分割方程式などを論じた「研究(第 1 部)」だった．それらがヨーロッパ大陸で大きな話題になりつつあったことはノルウェーのアーベルは知らなかった．ガウスですら，楕円関数に関しては，アーベルが自分を追い越したことを認めたのである．

その少し前の 2 月，アーベルは「研究(第 2 部)」を完成させた．その頃からアーベルは楕円関数は自分だけが研究しているのではなく強力な競争相手がいることを知ったのである．それはアーベルよりもさらに若いヤコビ(1804-1851)であった．アーベルのほうが先を進んでいたのだが，ヤコビのほうが地の利を得ていた．また謙虚なアーベルに対してヤコビはむしろその反対だったようだ．ヤコビは証明なしで'素晴らしい公式'を発表するようなこともした．それから 1829 年 1 月に重い病に倒れるまでアーベルはヤコビと競争することになるのである．

アーベルの名声は留まることなく高まっていった．すでに 80 歳に近い老いたルジャンドルはヤコビ，アーベルに手紙を書き，自分が生涯かけて築

き上げた楕円関数論が若い2人の研究者によって根本から書き替えられていくのを喜んだ．しかしその間もアーベルはどんどん健康を害していった．

1829年1月6日，アーベルは年末から書き始めた論文を仕上げクレレに送った．そして，そのころからは血を吐くようになった．3月にはもはやアーベルが最後のときを迎えていることはあきらかだった．そして4月6日死んだのである．

アーベルの死を知ったクレレの言葉

「だが，アーベルを尊敬せしめ，その失われたことが計り知れないほどの損失になる彼の才能だけがすばらしいのではない．アーベルはその性格の潔癖さ，高貴さ，そしてたぐい稀なる謙虚さにおいても秀でていて，彼の才能が比類ないものであったと同じように彼の人格も皆になつかしく思われているのである．」[2]

パリのアーベルから妹エリザベスへの手紙[3]

「ケイルハウが国に帰るこの機会にきみに手紙を少し書くのを怠ってはいけないね．大好きな妹，きみのことは何度も何度も思っています．そして，いつも，きみが幸せであることを願っています．いい人たちと一緒に住んでいて，ちゃんとやっているんだね．でも母や弟はどうなっているの？　ぼくはなんにも聞いていないんだよ．母に手紙を書いてからもうずいぶん経ちます．手紙が着いたということは知っているんだけれど，母からは何も聞いていないのです．ペーデルはどこにいるの？　まだ生きているの？　どこで？　ペーデルのことは非常に心配しています．ぼくが去ったとき，なにかよくなるようには見えなかったのです．彼のことでぼくがどんなに悲しく思ったかは神様しか知りません．ペーデルがぼくのことをとても好いていてくれるとは思わないし，そのことでぼくは深く悲しんでいます．なぜって，ぼくはわざと彼を傷つけたことなど全くないのだから．聞いてね，エリザベス．ぼ

---

2) Niels Henrik Abel, O. Ore 著, University of Minnesota Press, 1957, より訳出．本書「あとがき」の [3] の原著．
3) 出典は2)による．アーベルから妹エリザベスへの手紙はこれがただ1つ残っている．この手紙には日付はついていないが1826年10月16日にケイルハウはノルウェーに旅だっている．

くに必ず手紙を書かなくてはいけないよ．そうして，ペーデルのこと，母のこと，そしてほかの弟のことを話してね．

　ここパリではぼくはとても楽しくやっています．そうしてよく勉強もしています．時々，町のめずらしいものを見に行ったり，好きな気晴らしをしたりしています．けれど，故郷のことが懐かしくて，できることなら，今日にでも帰りたいのに，まだしばらくはここにいないといけないんです．春には帰ります．本当は次の夏まで外国にいなくてはいけないのですが，これ以上外国で勉強しても，とくに得ることは何もない気がするのです．船で帰るかそうでなかったら多分ベルリンを通って帰ると思います．ベルリンへは帰る前に行っておきたいのです．お金がもつかどうかはわからないのですが．

　ぼくのフィアンセが妹と一緒にアールボルグにいるのだけど，もうずいぶん長い間彼女からなにも手紙をもらっていなくて，とても心配です．でも，彼女は幸せにやっていると思います．彼女は多分書いてくれたのでしょうが，手紙がきっとどこかへいってしまったのでしょうね．

　ハンステーン夫人はどうしていますか？　元気でいることを願っています．夫人とハンステーン教授にはくれぐれもよろしく言ってください．教授には少し前に手紙を書きました．学長と夫人にも丁寧なご挨拶をしてくれないといけないよ．

　ケイルハウは親切にもきみに小さなギフトをもっていってくれました．もう少し何とかしたものにしたかったのだけれど，いまはお金がないのです．2,3個のブレスレット，ベルトのバックル，それに小さな指輪です．受けとって下さい．そして時々このやさしい兄ニールス・ヘンリック・アーベルのことを思い出してね．

　手紙をかくときには N.H. アーベル，パリ，サント・マルグリット通り，41番地，フォーブール・サン・ジェルマンと書かなくてはいけないよ．郵便代はあまりかからないと思います．かかっても2ペンス以下です．ぼくの可愛い妹．しっかりと生きるんだよ．そうして，この手紙を受け取ったらすぐ返事を書いてくださいね．」

6.2 ガロアの歩み

　エヴァリスト・ガロアは 1811 年 10 月 25 日に生まれた．そして 1832 年 5 月 31 日に死んだ．アーベルよりもほぼ 9 歳年下である．アーベルは 26 歳と 8 カ月で病にたおれ，そしてガロアは 20 歳と 7 カ月のとき決闘で致命傷を負い，翌日弟のアルフレッドに見守られながら病院で死んでしまうのである．

　ガロアがどうして決闘をすることになってしまったか，ということについては，いろいろな説がある．20 歳の青年がそのようなことになってしまうのは，決闘が非合法でなければどこの国でも起こりそうなことだ．他の人から見てあまり重要な理由と思えないことで死を選ぶこともある．父親も自殺してしまったように，ガロア自身もまっすぐではない人生を送ってきたのだ．そして，彼の生きた世の中そのものがまっすぐではなかった．

　いろいろな資料にあたって調べても決闘に関してのガロアの実像が浮かびあがってくるとは思えない．ガロアはいつのまにか，そんなことになってしまったのだろう．

　貧乏だったアーベルとは違って，ガロアは裕福な家庭に生まれた．父親は寄宿学校の校長であった．生まれた国はフランスであり，ナポレオンがその皇帝であった．ナポレオン帝国は外部には威光を放っていたが内部の腐敗はひどくなりつつあった．

　しかし数学界には『天体力学』を著わしたラプラス，『解析力学』のラグランジュ，『楕円関数論講義』のルジャンドル，画法幾何学の創始者モンジュ，などの老大家がいた．ナポレオンもまた数学を大事にしたという．複素変数関数論の創始者コーシーは 1811 年にはまだ 22 歳であった．

　ガロアは 1823 年ルイ・ル・グラン中学校に入学する．いくつかの王立中学校のなかでもルイ・ル・グラン中学校がもっとも優れていて，重要だった．しかしガロアは自由がなく，圧制と服従のルイ・ル・グランでの学校生活が好きではなかった．1824 年の初め，ガロアは，反乱を企てたとして 115 名の最優秀の生徒がルイ・ル・グラン中学校から放校処分になるのを見る．それにはガロアも影響を受けたであろうが，彼自身はそれには参加

してない.

　1826年秋にガロアは15歳になって，ルイ・ル・グラン中学校の最終学級に進んだ．その頃は，彼の学業成績は良くなかったらしい．学校側は最終学級に進まずに，第2学級をもう一度するように，と勧めたのだが父親が反対したのである．しかし，結局1827年初めに第2学級に戻ることになってしまった．ここでガロアは初めて数学を聴講することにする．その講義はルジャンドルの『幾何学原論』を教科書として使っていた．点，線，直線などの定義，公理，定理などの意味などを読み進むうちにガロアは幾何学の美しさに埋没してゆく．数学者ガロアがここに誕生するのである．

　16歳になっていたガロアは数学という熱中するものがあって，学校生活にはまだ不満があったが，もう不幸ではなかった．『幾何学原論』をすぐ読みおえたガロアは次にラグランジュの『数値方程式の解法』を読んだ．そして初めて5次方程式が代数的に解けていないことを知る．ガロアはあらゆる代数方程式がベキ根によって解くことができると信じていた．そして，その方法をみつけることが代数学の中心的問題であると思ったのである．

　1828年，まだ17歳になっていないときに，ガロアは5次方程式が代数的に解ける，という証明ができたと思った．アーベルもそのような失敗をしている．ガロアは自分の論理に欠陥があることをみつける．そしてまた不断の努力をつづけるのであった．そのうちに，ガロアは5次方程式が代数的に解けないと信じるにいたり，任意の次数の代数方程式がベキ根によって解けるための判別条件を見出すようにと研究の方向を変えたのである．

　アーベルがパリに滞在していたのは，1826年の夏からその年のクリスマスの頃までである．15歳のガロアがルイ・ル・グラン中学校の最終学級の頃である．アーベルがパリに1年後に居たならば，二人は会っていただろうと思われる．数学で共通な話題が見出せたにちがいない．アーベルが5次方程式の解法の不可能性を証明し，それを自費出版したのが1823年から24年にかけてのことであるから，ガロアはもうすでに不可能とわかっていることを4年も後から証明しようとしていたわけである．しかし，もしガロアがアーベルの仕事を知っていたとしたら，ガロア理論は生まれなかったかもしれない．

　アーベルもベキ根で解ける方程式を全部決定しようとしていた．彼はの

ちにアーベル方程式と呼ばれる特殊な方程式を考え，それはベキ根で解けることを証明した．そこでは与えられた方程式の表面的な形が一歩退いているからガウスよりは方法論的にも進んでいる．それに対して，ガロアは任意の方程式に**方程式の群**が対応していること，それが方程式のベキ根による可解性を完全に決めていることに気がつくのである．ガロアの方法の方が，はるかに本質をついていたのである．

ルイ・ル・グラン中学校の最終学級を終わると，ガロアは理工科学校(エコール・ポリテクニク)に入学したいと思った．そこに入学して，数学を1日中勉強したかったし，コーシーの講義も聞きたかった．そこで新しい生活，ほんとうの人生を始めたかったのだ．

しかしガロアは理工科学校の入学試験に合格しなかった．そして，ルイ・ル・グラン中学校でもう1年勉強することになってしまったのである．数学の講義を担当したのはリシャール教授であった．ガロアはこの教授が好きになった．

ガロアの最初の論文は「周期的連分数に関する一定理の証明」で「ジュルゴンヌ氏の数学年史」上に発表された．しかしこの論文は話題にならなかった．また，代数方程式の可解性に関する論文はフランス学士院に送られた．その論文はコーシーのところへ送付されたが彼は読まなかったらしい——アーベルの論文を読まなかったように．

1829年7月ガロアの父親が自殺する．ガロアの故郷であるブール・ラ・レーヌという小さい町の町長を17年務め，その在任中のことだった．

ルイ・ル・グラン中学校に帰るとリシャール教授はフランス学士院に送った論文についてガロアにたずねた．その論文に関してはガロア自身がすでに調べていて，コーシーが失ってしまったらしいということがわかっていたのだ．リシャール教授はクレレ誌に載ったニールス・ヘンリック・アーベルの論文をガロアに見せた．ガロアはもはやがまんができなかった．

■ ガロアの心の叫び

「アーベルは貧乏しながら27歳で死んだんですね．彼の原稿もコーシー氏がなくしたんですね．」[4)]

「それは別々の出来事ではありません．ある型にはまっていますよ．

ね，リヒャール先生，互いに関係のある出来事じゃありませんか？　ぼくの父が死に，ルイ・ル・グランに反乱があり，アーベルやぼくの原稿が消え去り，またアーベルが死んでいるんです．これらは一見，何の関係もない別々の出来事に見えています．起こった場所や場面もそれらをめぐる人々も皆ぜんぜん違ってはいます．ノルウェーからパリ，はては，ブール・ラ・レーヌにまでまたがった出来事です．しかしリヒャール先生，それは絶対に別々の出来事ではないんですよ．互いに関連しあっているし，また幾百万という他の出来事ともつながっているんです．皆ある型にはまります．明白な型にです．しかもそれらの出来事をつなぐものは，われわれの住むこの邪悪な社会組織です．これが貧しいものを軽蔑し，天才に敵意を持っているからこそ，アーベルは死んでしまったんです．」[5)]

「邪悪な社会組織では，天才は認められなくなり，凡俗ばかりがもてはやされます．それはぼくにもよくわかっています．が，それだけではありません．この邪悪な社会が持っている残忍で容赦のない暴力というものがぼくにはわかっています．」[6)]

「アーベルを殺したのと同じ力が，コーシー氏の心をも毒してしまい，コーシー氏は他人に同情を持たなくなり，他の人に対する関心を失ってしまったんです．その暴力に敵対して，生徒たちが反乱を起こしたんですし，そのうちの100人以上を放校処分にさせたのも同じ力なんです．ぼくが愛していた父を殺したのもその力です．教区司祭はその手先にすぎません．ある外部の力が，彼をブール・ラ・レーヌへ追いやって，父の権威を傷つけ，また根こそぎにしてしまえ，という厳命を与えたんです．父の死はこの力のせいなんです．虐政と弾圧の機構の中で，ただ小さい一つの歯車にしかすぎない司祭のせいではありません．この力とこそ，ぼくは闘わなければならないでしょう．ぼくは数学をやることによって，その戦いから逃れようとしたんです．しかしこの力はぼくの生活を侵略してしまって，逃しはしないぞ，と言うんです．個人に罪科はありません．個人がそのような振舞いをするのは，腐った社会組織がそうさせるからです．父が教えてくれたのはこのことです．父が死ぬまでぼくにはわからなかったんですが，いま

こそわかります.」[7]

　こうしてガロアは共和主義者になっていった．ルイ・ル・グラン中学校における最後の1年が終わった．数学の学内試験ではガロアは1等賞を得た．しかし学外対抗試験では5等賞だった．そのため念願の理工科学校に無試験で入ることはできなくなってしまった．

　1830年2月ガロアは教師予備校(エコール・プレパラトワール)に入学した．この年ガロアは論文を3つ発表した．「方程式の代数的解法に関する論文の要約」,「数値方程式の解法について」,「数論について」である．どれも『フェリュサック彙報』に載っている．

　一方，フランス国内も不穏な空気が充満してきた．年表を追ってみると次のように書かれてある．

7月27日(1830年),ジャーナリスト宣言出る．フランス国王シャルル10世の勅令(出版の自由の停止,議会の解散など)に反対するパリ市民の集会がはじまる．

7月28日,理工科学校の学生が校門を突破しパリの街頭に出る．パリの民衆がバリケードを築き,市庁舎などを占拠,ノートル・ダムの尖塔から三色旗がひるがえる．

7月29日,政府軍2連隊市民側に寝返る．ルーブル宮陥落．テュイルリー宮殿占拠．市民がパリの実権を握る．

7月30日,フランス国王シャルル10世が逃亡．その後流刑．

8月7日,ルイ・フィリップがフランス人民王として迎えられる．

8月14日,新憲法制定．

　これが,いわゆる7月革命である．

　ガロアはもはや滞まることなく共和主義者になっていった．彼の論文(それは20年後,ガロア理論として,19世紀最高の数学上の仕事の1つとなる)が,フランス学士院で捨てられるか,黙視されてしまったこともガロアをその方向へと導いてしまったにちがいない．新政府は教師予備校を高等師範学校に昇格させ,ガロアはその2学年に進級した．教師予備校は2カ

---

4),5),6),7)　ガロアの生涯/神々の愛でし人，L. インフェルト著,市井三郎訳,日本評論社新版(第3版),1996.

年の課程であったが高等師範学校は3年である．

　ガロアは19歳になっていた．そして，まもなく高等師範学校から放校という処分を受けるのである．放校になったガロアは国民護衛砲兵隊に入隊したが，1830年12月には国民護衛砲兵隊はルイ・フィリップの命により解散されてしまった．ガロアらが頼りにしていたラファイエットが国民護衛砲兵隊総司令官であったが，その職がなくなってしまった．共和主義者が負けたのである．

　翌年1月ガロアは，友人シュヴァリエの勧めに従って，代数学の連続講義をある書店で開くことにした．フランス学士院に受け入れられなかったガロアが自分の理論を講ずることにしたのである．第1回目の講義には約40名の聴講者があった．しかし数学者はいなかった．第2回目は10人しかいなかった．そしてその次は4人だった．その後は講義がなかった．

　これもシュヴァリエの勧めにしたがって，ガロアはフランス学士院へもう一度原稿を書いた．ガロアは1831年1月16日と日付けを書き，フランス学士院へ送った．それは三度目の原稿であり，それが最後のものとなった．共和主義者へと日増しに傾いてゆく自分，二度までも原稿を黙殺したフランス学士院などを思い複雑な気持ちであったろう．しかし友人シュヴァリエの勧めにガロアは従ったのである．国民護衛砲兵隊(そのころはすでに解散されていたのであるが)の19名の旧隊員が告発され，その裁判が開かれ，4月15日彼ら全員無罪となった．5月9日，無罪になった19名のための祝宴が開かれた．翌10日，ガロアは祝宴の席で国王ルイ・フィリップの命をねらうような発言をしたとの咎で逮捕される．6月15日の裁判で無罪になる．7月14日再逮捕，入獄．10月になって，ガロアはフランス学士院からの返書を受け取る．手紙が届いたという一瞬の喜びはそれを読んでみて再び絶望へと変わる．

　10月末の裁判で6カ月の禁固刑を受ける．12月の控訴審は却下．3月16日，確かに弱ってはいたが，病気というほどでもなかったとき，ガロアはサント・ペラジー監獄からある療養所に移された．そこは監獄より快適だった．同室のアントワーヌとは仲良しになった．

　さて，これからのことは正確に書くのは難しい．ガロアは1つの恋愛事件の結果，決闘に倒れるのである．死んだのは5月31日である．かくして

ガロアの20年と7カ月の苦悩に満ちた生涯は終わった．葬儀は6月2日に行われた．ガロアの柩はどこに埋められたのだろうか．たしかなことは誰も知らない．

群の発見の歴史

1500 年頃　フェロ(1465-1526)：3 次方程式の(部分的な)解法を発見．
1535　タルタリア(1499?-1557)：30 題の 3 次方程式を解き，フェロの弟子のフィオーレを公開競技で破る．
1545　カルダノ(1501-1576)：『アルス・マグナ』を著し，3 次，4 次方程式の一般的解法を発表する．4 次方程式の解法はカルダノの弟子のフェラリ(1522-1565)が発見．
1770　ラグランジュ(1736-1813)：代数方程式の解法と根の置換との関係を見出す．
1799　ルフィニ(1765-1822)：5 次方程式の解法の不可能性を発表する．欠陥あり．
1801　ガウス(1777-1855)：『数論研究』．指標の概念．
1815　コーシー(1789-1857)：置換群の定義．群論の最初の論文とみなされている．
1824　アーベル(1802-29)：5 次方程式の解法の不可能性を発表する．
1832　ガロア(1811-32)死す．5 月 31 日．
1844-46　コーシー：群論の論文多数発表する．
1846　リューヴィル(1809-82)：ガロアの仕事をはじめて編集し，印刷する．
1850 年頃　ディリクレ(1805-59)，クンマー(1810-93)，デデキント(1831-1916)，クロネッカー(1823-91)：アーベル群の概念．
1852　ベッチ(1823-92)：ガロア理論を提示する．
1854　ケイリー(1821-95)：抽象群，乗法表，同型の概念．位数 8 以下の群を分類する．
1861　マシュー(1835-90)：新単純群を 2 つ発見，さらに 3 つを予告．
1866　セレ(1819-85)：『代数学教程』，ガロア理論の完全な解説をする．
1869　ジョルダン(1838-1922)：ガロアの理論の解説．群の組成剰余群の位数の一意性．
1870　ジョルダン：『置換および代数方程式概論』．
1870　クロネッカー：アーベル群の抽象的定義．
1872　クライン(1849-1925)：エルランゲンプログラム．
1872　シロー(1832-1918)：シローの定理．共役類の考え方を初めて導入したとみなされている．
1873　マシュー：3 つの新単純群の存在証明．
1880　リー(1842-99)：論文「変換群の理論」．
1882　ウェーバー(1842-1913)：有限群の抽象的定義．
1888-90　キリング(1847-1923)：論文「有限連続変換群の構成」．
1888-93　リー／エンゲル(1861-1941)：『変換群の理論』．

1889　ヘルダー(1859-1937)：群の組成剰余群の一意性.
1893　ウェーバー：(無限)群の抽象的定義.
1894　カルタン(1869-1951)：論文「有限連続変換群の構造について」.
1896　フロベニウス(1849-1917)：有限群の指標理論.
1896　ウェーバー：『代数学教程』.
1897　バーンサイド(1852-1927)：『有限群論』.
1899　マシュケ(1853-1908)：完全可約性定理.
1900　ディクソン(1874-1954)：『線形群』. 有限単純群の表(位数 100 万以下).
1901　フロベニウス：フロベニウス核の存在.
1904　バーンサイド：$p^a q^b$-定理.
1905 年頃　シューア(1875-1941)：シューアの補題を出発点として，表現論を再定式化しはじめる.
1925-26　ワイル(1885-1955)：半単純リー環の基本定理.
1927　ピーター/ワイル：コンパクト リー群の基本定理.
1928-33　ヤング(1873-1940)：ヤング図形.
1928　ホール(1904-82)：有限可解群の深い研究.
1933　ハール(1885-1933)：局所コンパクト群の不変測度の存在.
1934　コクセター(1907-2003)：鏡映で生成される群の分類.
1936　ザッセンハウス(1912-91)：単純群分類の端緒をつける.
1952 頃　グリーソン(1921-)，モントゴメリー(1909-92)/ジッペン(1905-95)，山辺(1923-60)：ヒルベルトの第 5 問題解決.
1954　ブラウアー(1901-77)：位数の 2 の元(インボルーション)の中心化群の重要性を示す.
1955　シュバレー(1909-84)：有限リー型の群. シュバレー群.
1959　トンプソン(1932-)：フロベニウス核のベキ零性. 有限群の方向を変える.
1960　鈴木通夫(1926-98)：リー型単純群の新系列を発見.
1963　ファイト(1930-2004)/トンプソン：奇数位数の群の可解性.
1965　ヤンコー(1932-)：新しい散在型単純群発見. その後すぐさらに 2 つ発見.
1968　コンウェイ(1937-)とフィッシャー(1936-)，それぞれ 3 つの新単純群を発見する.
1970　トンプソン：フィールズ賞をうける.
1973　モンスター単純群発見される.
1974　ヤンコー：最後(26 番目)の散在型単純群を発見.
1978　モンスター単純群に関するムーンシャイン現象発見される.
1981　有限単純群の分類完了が宣言される.
1994　ゼルマノフ(1955-)：フィールズ賞をうける(制限されたバーンサイド問題の解決).
1998　ボーチャズ(1959-)：フィールズ賞をうける(コンウェイ/ノートン予想の解決).

あとがき

　第1章では，ある数学的対象のシンメトリー全部からなる集合として群を定義した．対称性を計る「計器」として群を導入したのである．群という「計器」は対称性の大きさばかりではなく，その複雑さをも計ってくれることを述べた．シンメトリーという言葉は H. ワイルの有名な著書『Symmetry』(1952)から採った．現代数学でも「対称性」の意味での「シンメトリー」という言葉はわが国でも多く使われている．

　第2章では，歴史的には代数方程式のベキ根による解法を通じて，群という概念がどのようにして芽生えてきたかについて述べた．代数方程式の解の性質を把握するのには群が不可欠であったのである．

　第3章ではガロアの理論を述べた．断わらない限り考えている体の標数は0であり，また体の拡大も有限次としてある．本書では，シンメトリー群の位数と拡大次数が等しいものをガロア拡大と定義した．シンメトリー群の位数は拡大次数を超えられないから，可能な限り多くのシンメトリーを持つものがガロア拡大である．いわば，体の拡大のうちで正多面体に相当するものをガロア拡大と呼ぶのである．

　第4章は群の基礎理論を述べた．ラグランジュの定理，コーシーの定理を証明した後，シローの定理を述べた．シロー部分群の存在定理はすこし拡張すると

　「p を素数とする．群 G の位数が p^n で割り切れるときには G は位数 p^n の部分群をもつ」

という形で述べることができる．これと次の事実

　「素数のベキではない任意の自然数 h に対して，群自身の位数は h で割り切れるが，位数 h の部分群をもっていないような有限群 G が必ず存在する」

と比較してみるとシローの定理がいかによい定理かがわかる．シローの定理には存在定理ばかりでなく，共役定理，個数定理などがありどれも重要

である．シローの定理を知らないと位数 15 の群は必ず巡回群になるという事実すら，かなりの議論が必要である．

　第 5 章は「ガロアの最後の手紙」と題したが，そこから話題を採ったのである．主として 2×2 の行列群について述べた．ガロアの最後の手紙は原文も 20 ページあまりという．その内容は高度で本書では全部は述べきれない．しかし，楕円曲線の等分点については少しだけ述べた．楕円曲線論はオイラーの時代(18 世紀)に始められ，現代に至るまで盛んに研究され続けている．現在最良と言われている自然数の因数分解の方法の 1 つとしても楕円曲線論が用いられている．

　アーベル，ガロア以後，現代まで群論がどのように発展してきたかを簡単に述べよう．アーベルとガロアの同時代にはコーシーが健在で，数学の多くの分野で仕事を残すが，群の研究も続けていた．彼の仕事に関しては本書では「有限群 G の位数が素数 p で割りきれれば，G は位数 p の元を含む」という有名な定理だけを述べた．ガロアの死後，群の本格的な研究が始められるのは，ジョルダンが『置換および代数方程式論』(1870)を著し，ガロアの理論が世の中に広く知られるようになってからである．ちょうどそのころ，マシューが 5 個の単純群を発見し(1861, 73)，またシローの定理は 1872 年に発表されている．

　19 世紀の終わり頃にフロベニウスとバーンサイドという 2 人の巨人が群論界に現われる．フロベニウスは群の表現論を創始しその基本的な結果をすべて得た．群から行列群への準同型写像が表現である．定義は簡単だが，内容は広くまた深い．抽象群では数値計算はできないが，行列群ではできる．行列式や固有値などの，群論的な方法では表わせない数を扱うことができるようになったのである．表現論の応用として，フロベニウスによるフロベニウス群の核の存在定理(1901)とバーンサイドの定理「位数 $p^a q^b$ の群はすべて可解である」(1904)がそのころのもっとも著しい結果である．

　20 世紀の有限群論はひとことで言うと「単純群分類の 100 年」である．また S. リーによって 1880 年頃から始められた連続群論がキリング，E. カルタンらによって整備され基本的な結果が得られた後，ワイル，シュヴァレーらによって大きな数学の分野に発展するのも 20 世紀である．

　1889 年に群の組成剰余群の一意性を証明したヘルダーは，その 3 年後

「すべての有限単純群の概要を与えることができれば，それは興味深いことである」という書き出しでひとつの論文を書いている．バーンサイドは，いかなる元の位数も 2 または奇数であるような偶数位数の単純群は $PSL_2(2^n)$ に限るという結果を発表している(1900)．この結果は，すべての位数 2 の元の中心化群が初等可換群であるような偶数位数な単純群は $PSL_2(2^n)$ に限るということであり，50 年後の 1950 年に発表されたとしても画期的な結果であっただろう．バーンサイドはまた，位数 40,000 までの群を調べて「奇数位数の単純群は素数位数以外の場合はないのではないか」と推測をしている(1911)．これはバーンサイド予想として大きな問題となり，1963 年にファイトとトンプソンによってやっと決着(予想は正しい)がつくのである．ディクソンも 1900 年代の初め，G_2 型の単純群を有限体の上に構成している．これは後にシュヴァレー群と呼ばれるものの 1 つである．

1905 年頃から，E. ネター，シューアらは群の表現論を環論的立場から再構築をはじめ，フロベニウスによって得られた基本定理が見通しよく証明できるようになった．そのほかに，対称群の既約表現に関するヤングの研究，コクセターの鏡映群に関する研究，P. ホールの可解群の研究などが，第 1 次世界大戦から第 2 次世界大戦までの間に得られている．

第 2 次世界大戦直前に，ザッセンハウスは本書の第 5 章で述べた 2 次元射影変換群 $PSL_2(q)$ を 2 重可移群として特徴づけている．この仕事は大きい意味をもっていた．$PSL_2(q)$ は構造がもっとも簡単な単純群であり，単純群の分類論はそこから始めるより方法がなかった．しかし，ザッセンハウスの仕事が発表される以前はどのように手をつけてよいかわからなかったのである．

大戦後，$PSL_2(q)$ という一番小さい単純群に注目した鈴木通夫らが，ザッセンハウス群の分類こそ，まず最初に完成すべきであるという意識に到達するのが 1950 年代の半ばである．ちょうどそのころ，単純群は位数 2 の元と可換な元全体からなる部分群を与えれば，もとの単純群の構造が本質的に決まってしまうというブラウアーの結果が発表されて，その後の単純群論の方向を示した．

そのような昂揚した学問的環境の中でトンプソンをはじめとする若い世代が育ってゆくのである．フロベニウス群の核はベキ零群であろうと当初

から予想されていた．しかし一方では，難攻不落の城のようにも思われていた．トンプソンはその問題を学位論文でとりあげ予想の肯定的解決に成功するのである(1959)．

フロベニウス群の核のベキ零性はザッセンハウス群の分類になくてはならぬものであったが，トンプソンの肯定的解決によってその分類に拍車がかかり，鈴木群とよばれる単純群の新系列の発見がもたらされた後，1960年代の初めにはその仕事は完成を見るのである．

1960年代の半ばになると一大事件が起こった．ヤンコーがまったく予想もできなかった新単純群を発見したのである．その位数は，175,560という'小さい'ものであり，しかもその群は交代群やリー型の群のようには無限系列には含まれていないものであった．それゆえヤンコーの群は散在型の単純群と呼ばれるようになった．19世紀後半に発見されたマシューの5つの単純群も散在型である．1900年に出版されたディクソンの著書の最後のページに位数100万以下の単純群の表がある．ディクソンは53個あげているが，1960年以後，位数29,120の単純群(鈴木群のひとつ)，そして，ヤンコーがさらにもう1つ発見した位数604,800の単純群を合わせて，全部で56個が位数100万以下の単純群のすべてである．

1955年ごろから本格的に始まった「有限単純群をすべて決定する」という問題は，1970年代の半ばまでに発見されるべき新単純群はすべて出そろい，その後分類論も急速に進み多くの研究者の努力により，1980年代のはじめに終結するのである．しかし，その分類論は複雑を極め，真の意味で単純群論が解明・完成したとはまだ言えない．後生に残すべき単純群論を得るためにはわれわれの弛まざる努力が必要であろう．

本書の内容に直接関係ある書物をいくつか記す．
[1] 代数学の歴史 アル-クワリズミからエミー・ネーターへ，ファン・デル・ヴェルデン著，加藤明史訳，現代数学社，1994(原著，A History of Algebra/From al-Khwārizmī to Emmy Noether, Springer Verlag, New York, 1985).

古代から近代までの代数学の歴史を知るのにはこの本 [1] が最も適している．
[2] Mathematical Thought from Ancient to Modern Times, Morris

Kline, Oxford University Press, New York, 1972.

1200ページ余りの本である．数学の歴史全般について書いてある．本もこのくらいの厚さになると通読はできない．事典として使用すべきであろう．

［3］ アーベルの生涯/数学に燃える青春の彷徨，O. オア著，辻雄一訳，東京図書，1974.

読めばいつまでも記憶に残る本である．アーベルの生涯が読者に感動を与えるのである．本書第 6 章の「アーベルの歩み」は主として [3] を参考にした．オア自身も数学者である．

［4］ Niels Henrik Abel, Arild Stubhaug 著(原著，ノルウェー語，1996)，Richard H. Daly 英訳，Springer, 2000.

アーベルの生涯についての決定版ともいうべき 580 ページの大著である．アーベルについて徹底的に調べたことがわかる．入念に集められ選ばれた 50 枚余りの絵や写真，アーベル自身の書いたノートの断片が，彼の生きた頃のヨーロッパの様子を偲ばせてくれる．

［5］ わが数学者アーベル/その生涯と発見，C. A. ビエルクネス著，辻雄一訳，現代数学社，1991.

楕円関数理論でのアーベルとヤコビの競い合いについて詳しく書いてある．本書のノルウェー語のカタカナ音は [5] にならった．ただし，数学者の名は岩波書店発行の『数学辞典』に従ったところもある．

［6］ ガロアの生涯/神々の愛でし人，L. インフェルト著，市井三郎訳，日本評論社，新版(第 3 版)，1996.

有名な物理学者でしかも祖国ポーランドで民主運動に積極的に活動し，その指導者にもなっていた人が書いた本である．初版は 1948 年．不明なことが多いガロアの生涯を連続的につなげるために創作を交えたと著者のインフェルト自身が言っている．あれだけの数学的業績をあげ，自分ではその重要さが十分にわかっていたのに，世の中の人にまったく理解されずにガロアは死んでしまうのである．創作を交えていくら劇的に書いてもガロアの真の生涯はもっと劇的なものであったに違いない．彼は，突然決闘で死んでしまうのである．数学者でなくても，ガロアの生涯を知りたくなるであろう．本書第 6 章の「ガロアの歩み」は主として [6] を参考にした．

［7］ ガロアの時代/ガロアの数学，弥永昌吉著，シュプリンガー・フェ

アラーク東京, 1999, 2002.

ガロアの残したものは彼の死に関しても彼の数学にしてもあまり多くはない. [7] には, [6] に書かれていない資料についてもふれてある. また, 没後 150 年を記念して建てられたガロアの墓碑の写真がある.

[8] Galois' theory of algebraic equations, written, translated and revised by Jean-Pierre Tignol (originally published in French, 1980), Longman Scientific & Technical, 1988.

タイプ原稿をそのまま印刷したものである. ガウスの 1 のベキ根の根号表示に関する定理, ラグランジュの仕事, ベキ根拡大などのみならず, 多くのことについて [8] が参考になった. 代数方程式の解法を 2 次方程式のバビロニア, ギリシア時代から書き始めてある. またガロアの理論も歴史を辿りながら述べてある. 全体が講話風で読み物として読める数学書である.

[9] アーベル/ガロア・楕円関数論, 高瀬正仁訳, 朝倉書店, 1998.

アーベル/ガロアと 2 人の名が並べて書名にあるが, アーベルの論文が 280 ページあまりを占め, ガロアのものは最後の手紙の 10 ページほどしかない. アーベルの論文は, 全集が 2 巻にわたるほど多く残っているが, ガロアの論文は,『数学作品集』として出版されている 60 ページだけなのである. 本書第 5 章の「ガロアの最後の手紙」の引用は [9] から採った.

[10] 楕円函数論, 竹内端三著, 岩波全書, 1936.

自分で計算しながら, 楕円関数論を学ぶのには, [10] はよい本である. 筆致もゆっくりで, 読みやすい.

以下の本は, 群論を歴史的観点からさらに学びたい人に勧める.

[11] バーンサイド 有限群論, 伊藤昇・吉岡昭子訳・解説, 共立出版, 1970.

W. Burnside の『Theory of groups of finite order』の第 2 版 (1911) の日本語訳である.

[12] Pioneers of representation theory : Frobenius, Burnside, Schur, and Brauer ; Charles W. Curtis ; American Mathematical Society, 1999.

類書がなく興味深い本である. フロベニウスが群の表現論の骨格を 1 か月間 (1896 年 4 月) で作り上げる様子が生き生きと書かれてある.

以下に，問および研究課題の該当ページをまとめた．

■問一覧

問 1.1	7	問 2.19	86	問 4.14	148
問 1.2	10	問 3.1	92	問 4.15	149
問 1.3	13	問 3.2	93	問 4.16	150
問 1.4	13	問 3.3	93	問 4.17	153
問 1.5	14	問 3.4	96	問 4.18	157
問 1.6	15	問 3.5	97	問 4.19	160
問 1.7	21	問 3.6	99	問 4.20	161
問 1.8	22	問 3.7	100	問 4.21	162
問 1.9	29	問 3.8	102	問 4.22	163
問 1.10	31	問 3.9	104	問 4.23	165
問 1.11	34	問 3.10	107	問 4.24	167
問 1.12	35	問 3.11	109	問 4.25	170
問 1.13	37	問 3.12	110	問 4.26	171
問 2.1	46	問 3.13	112	問 4.27	172
問 2.2	47	問 3.14	119	問 4.28	173
問 2.3	48	問 3.15	119	問 4.29	173
問 2.4	48	問 3.16	120	問 4.30	173
問 2.5	50	問 3.17	121	問 5.1	186
問 2.6	50	問 4.1	125	問 5.2	188
問 2.7	51	問 4.2	128	問 5.3	194
問 2.8	56	問 4.3	130	問 5.4	196
問 2.9	58	問 4.4	134	問 5.5	198
問 2.10	64	問 4.5	136	問 5.6	199
問 2.11	65	問 4.6	138	問 5.7	201
問 2.12	71	問 4.7	140	問 5.8	201
問 2.13	71	問 4.8	141	問 5.9	202
問 2.14	74	問 4.9	142	問 5.10	202
問 2.15	76	問 4.10	144	問 5.11	207
問 2.16	78	問 4.11	144	問 5.12	211
問 2.17	78	問 4.12	145	問 5.13	212
問 2.18	79	問 4.13	145	問 5.14	213

■研究課題一覧

研究課題 1.1　37
研究課題 2.1　61
研究課題 3.1　103
研究課題 3.2　110

研究課題 3.3　117
研究課題 4.1　136
研究課題 4.2　155
研究課題 4.3　172

研究課題 5.1　189
研究課題 5.2　202
研究課題 5.3　206
研究課題 5.4　211

索　引

英 数 字

1 の n 乗根　11
1 のベキ根　15
2 次元射影空間　208
2 重周期性　219
2 面体群　15, 125
determinant　187
DNA　1
$\mathrm{Gal}(L/K)$　115
k 重可移　195
L'Hôpital　212
Vandermonde　161

ア 行

アーベル群　16
アーベルの加法公式　212
アーベルの定理　85
アーベルの補題　83
アーベル方程式　52, 229
アインシュタイン　39
『アルス・マグナ』　59
位数　11, 14, 124
一般線形群　186, 188
一般相対性理論　39
イデアル　96
ヴァンデルモンド　161
裏返し　6
エコール・プレパラトワール　231
エコール・ポリテクニク　229
円分方程式　181
オイラー　43

カ 行

可移　33, 195
解　42
『解析力学』　227
可移置換群　33
回転　3
外部シンメトリー　142
ガウス　55, 78, 162, 218, 220
ガウスの定理　48
可解群　156, 179
可換群　16
核　138
拡大次数　106, 109
可算　17
加法群　10, 209
ガリレオの慣性律　39
カルダノ　58
ガロア　8, 227
ガロア群　52, 89, 90, 115, 123
ガロア体　98
ガロア対応　118
ガロアの主定理　48, 121, 155, 179
ガロア閉包　168, 175
ガロア理論　89
完全代表系　132
環の定義　95
簡約率　13
『幾何学原論』　228
基礎体　90
奇置換　22, 126
軌道　66
基本対称式　63
逆回転　5
逆元　5, 7
鏡映　29
共役　131, 137
共役類　131
行列　182
行列式　187

行列成分　183
局所座標変換　39
局所的シンメトリー　39
虚数　43
虚数乗法　213
偶奇性　21
偶置換　22, 126
クレリー・ケンプ　219
クレレ　220
クレレ誌　55, 220
群　3, 7
群の構造　5, 18
群の公理　7
群の定義　7
クンマー拡大　162, 166
係数体　90
ケイルハウ　220
結合律　7
ケプラー　27
原始 n 乗根　15
原始根　49
合成　5
合成体　78
交代群　23, 126
恒等シンメトリー　4
合同類　95, 98
コーシー　227
コーシーの定理　24, 31, 126
互換　21, 126
コセット　127
固定部分群　68
固有分解　178
根の置換　54, 71, 90

サ　行

最小分解体　91
作用　184, 195
自己準同型写像　213
自己同型写像　93
指数　24, 127
自然な無理数　82

射影空間　190
射影直線　190
射影特殊線形群　189
射影変換群　180, 181
巡回群　11, 124
巡回置換　20
準同型　18
準同型写像　18, 138
準同型定理　138, 140
順列　178
乗法群　10
剰余環　96, 98
剰余空間　133
剰余群　133
剰余類　127
初等関数　205
ジョルダン　157, 203
シロー　129
シロー p 部分群　135
シローの定理　24
真空　38
シンメトリー　3
シンメトリー群　7
推進定理　158
『数値方程式の解法』　228
スカラー積　184
スターリングの近似公式　23
正 6 面体群　32
正 8 面体群　32
正規部分群　133
正規列　188
生成元　15, 16, 124
正多面体群　28, 29
積　5
ゼロベクトル　183
線形分数変換群　181
組成列　179, 188

タ　行

体　73
第 1 同型定理　138

第 2 同型定理　　141
第 3 同型定理　　141
対称　　1
対称群　　19, 23, 126, 152
対称計　　3
対称多項式　　66
対称変換　　3
代数学の基本定理　　43
代数方程式　　41
代数方程式論　　41
体のシンメトリー　　91, 93
タイプ　　152
楕円　　203
楕円関数　　181, 219
楕円関数の逆関数　　219
『楕円関数論講義』　　227
楕円曲線　　203
楕円の弧長　　204
高さ h のベキ根拡大　　76
多項式環　　98
ダランベール　　218
タルタリア　　58
単位群　　5, 124
単位元　　7
単位元, 逆元の唯一性　　13
単位シンメトリー　　4
単純拡大　　111
単純群　　157
置換　　20
置換群　　20, 25
中間体　　76
忠実　　195
中心　　132
中心化群　　132
重複度　　209
デーゲン　　218
添数集合　　132
天体の基本法則　　27
『天体力学』　　227
同型　　12, 18, 92
同型写像　　18, 92, 124

等分点　　181
等分方程式　　182
特殊線形群　　186, 188
特殊相対性理論　　39
トレショウ学長　　219

ナ 行

内部シンメトリー　　142
ニュートンの運動法則　　39

ハ 行

ハンステーン教授　　219
非アーベル群　　16
非可換群　　16
非可算　　17
ひき起された　　139
左コセット　　128
フィオーレ　　58
フェラリ　　54, 59
フェラリの 3 次方程式　　56, 64
フェルマーの最終定理　　203, 219
フェロ　　58
不還元 3 次方程式　　174
不還元の問題　　175
副次的な無理数　　82
複素共役写像　　103
符号数　　126
不定元　　42
部分群　　11
プラトン　　25
分解体　　91
分割数　　154
平方剰余　　200
ベキ根拡大　　74
ベキ根による表示　　77
ベクトル　　183
ベズーの定理　　209
ペルシャ　　53
方程式の群　　52, 89, 90, 123, 229
方程式の根　　42
方程式を解く　　42

ボエック   220
ホルムボエ   218

マ 行

無限位数   14
無限遠   209
無限遠点   192, 209
無限巡回群   15, 124
無限体   73
メービウス関数   102
メーラー   220
モア   203
モデュラー方程式   181
モンジュ   227
モンスター   23

ヤ 行

ヤコビ   203
有限群   11
有限次拡大   109
有限巡回群   124

有限体   73, 98, 197
有限点   208
誘導された   139
有理関数体   109
要素   5

ラ 行

ライプニッツ   43
ラグランジュ   8, 54, 218, 227
ラグランジュの定理   24, 33, 71, 72, 126
ラスムッセン教授   219
ラプラス   227
リヒャール教授   229
リンデマン   109
類方程式   132
ルイ・ル・グラン   227
ルジャンドル   205, 227
ルフィニ   54
ローレンツ変換   39
ロピタル   212

◤岩波オンデマンドブックス◥

数学,この大きな流れ
群の発見

	2001年11月21日　第 1 刷発行
	2013年11月 5 日　第12刷発行
	2017年 5 月10日　オンデマンド版発行
著　者	原田耕一郎(はらだ こういちろう)
発行者	岡本　厚
発行所	株式会社　岩波書店
	〒101-8002　東京都千代田区一ツ橋 2-5-5
	電話案内　03-5210-4000
	http://www.iwanami.co.jp/
印刷／製本・法令印刷	

© Koichiro Harada 2017
ISBN 978-4-00-730609-9　　Printed in Japan